主编 廖彬生 胡小勇 陈光 刘俊陶

火力发电厂热力设备检修培训教材

江西高校出版社
JIANGXI UNIVERSITIES AND COLLEGES PRESS

图书在版编目(CIP)数据

火力发电厂热力设备检修培训教材／廖彬生等主编.
南昌：江西高校出版社，2024.11. -- ISBN 978-7
-5762-5233-0

Ⅰ. TM621.4

中国国家版本馆 CIP 数据核字第 2024QS9109 号

出 版 发 行	江西高校出版社
社　　　址	江西省南昌市洪都北大道96号
总编室电话	(0791)88504319
销 售 电 话	(0791)88522516
网　　　址	www.juacp.com
印　　　刷	江西新华印刷发展集团有限公司
经　　　销	全国新华书店
开　　　本	700 mm × 1000 mm　1/16
印　　　张	21.5
字　　　数	370 千字
版　　　次	2024 年 11 月第 1 版
印　　　次	2024 年 11 月第 1 次印刷
书　　　号	ISBN 978-7-5762-5233-0
定　　　价	88.00 元

赣版权登字 -07-2024-716

版权所有　侵权必究

图书若有印装问题,请随时向本社印制部(0791-88513257)退换

前言

为了使专业教学适应科学技术的发展,适应培养高层次应用型、技能型人才的需要,促进我国电力事业的高质量可持续发展,我们适时编写了本书。

本书针对我国电厂和电力企业的热力设备检修岗位需求,以国能九江发电有限公司 660 MW 超临界一次再热机组为参考组织编写,主要内容包括管道检修、阀门检修、风机检修、水泵检修、锅炉本体检修和汽轮机本体检修等。

本书结合其他机组进行全面、准确的编写,结合生产实际深入浅出地介绍和讲解各种类型的热力设备检修工艺。本书适合电厂检修、运行和维护等专业人员和电力高校学生学习和借鉴。

本书参阅了参考文献中列举的文献及有关电厂的技术资料、说明书、图纸等内容,在此,编者对所有支持本书的专家、学者表示衷心的感谢。

限于编者水平,书中不足之处,敬请广大读者批评指正。

目录 CONTENTS

第一章　管道检修　/001

第一节　管道规范　/001

第二节　管道附件　/004

第三节　管道的日常维护及注意事项　/007

第四节　管道的检验和检修工艺　/008

第五节　管道加工　/015

第六节　管道水压试验和清洗　/028

第七节　汽水管道金属监督　/030

第二章　阀门检修　/033

第一节　阀门分类及检查　/033

第二节　阀门的研磨及填料垫片更换　/039

第三节　阀门检修工艺　/048

第四节　阀门水压试验　/069

第五节　阀门常见故障及案例分析　/070

第三章　风机检修　/074

第一节　风机的拆卸与检查　/074

第二节　转子找动静平衡　/086

第三节　联轴器找中心　/096

　　第四节　送风机、引风机及一次风机的检修　/101

　　第五节　风机常见故障及处理　/118

第四章　水泵检修　/126

　　第一节　泵的类型及结构　/126

　　第二节　泵的拆卸及检查　/131

　　第三节　泵的测量　/134

　　第四节　密封装置检修及水泵装复　/141

　　第五节　给水泵、凝结水泵和循环水泵检修及故障处理　/147

第五章　锅炉本体检修　/176

　　第一节　检修常用工具和常用方法　/176

　　第二节　锅炉本体系统与设备　/195

　　第三节　锅炉受热面清扫和检查　/205

　　第四节　锅炉受热面和燃烧器的检修　/213

　　第五节　锅炉受热面管子常见事故　/253

第六章　汽轮机本体检修　/257

　　第一节　汽轮机检修管理　/257

　　第二节　汽轮机设备结构及检修项目　/263

　　第三节　汽缸检修　/274

　　第四节　隔板和隔板套检修　/297

　　第五节　转子检修　/303

　　第六节　汽封和盘车装置检修　/314

　　第七节　汽轮机常见故障及案例分析　/322

参考文献　/335

第一章 管道检修

火电厂的热力系统是由热力设备、管道及各种附件按热力循环的顺序和要求连接而成的,生产过程的进行及工质的输送都要通过管道来完成。火电厂的主要管道系统有主蒸汽管道系统、除氧给水系统、再热蒸汽管道系统、旁路系统、给水回热加热系统、疏放水系统、循环冷却水系统、工业水系统等。管道系统是由管子及管道附件组成的,它们的状况会影响到电厂的安全性及经济性,在生产系统中的地位十分重要。

第一节 管道规范

管道规范一般用公称压力和公称直径来表示。它们是国家标准规定中的压力等级和计算直径,以便选用管子、管件和对管道进行计算。

一、公称压力

公称压力是指某种钢材在特定温度下与管道系统部件耐压能力有关的参考数值,这一特定温度,碳素钢一般为 200 ℃,耐热合金钢一般为 350 ℃。

GB/T 1048—2019 规定公称压力可用 PN 表示,没有量纲。但公称压力作为一种与温度有关的特殊压力,肯定与压力单位有关联,对应的压力单位为 1 bar(0.1 MPa)。例如:公称压力为 10 bar,记为:PN10。

工作压力是指为了管道系统的运行安全,根据管道输送介质的各级最高工作温度所规定的最大压力。工作压力一般用 Pt 表示。管道最大允许工作压力随管道材质和使用温度的高低而变化。碳素钢、耐热合金钢制成的管子及管件允许的最大工作压力随着温度的升高而逐渐降低。

管道最大允许工作压力不仅取决于管道材料和壁厚,还与管道内介质工作温度有关,这一特性给管道的设计、制造和选用带来不便,为了实现标准化,因此采用公称压力作为衡量管道承压等级的技术规范。公称压力是为了设计、制造和使用方便,而人为地规定的一种名义压力。

二、公称直径

我国管材产品目录中标注的是管道外径 ϕ 和壁厚 S,表示方法为 $\phi \times S$。例如外径 108 mm,壁厚 4 mm,则表示为 $\phi 108 \times 4$。对于材料相同、外径相同的管道,如果公称压力不同,壁厚就有可能不同,以适应不同的压力,不同的壁厚使得实际内径也不同,这对于管道的设计、制造和使用带来了诸多不便。为了标准化,采用公称直径作为技术规范。

公称直径是指为使管子、管件连接尺寸统一而规定的标准计算直径,也称公称通径或名义直径,用符号 DN 加公称直径尺寸表示。例如:公称直径为 100 mm,记为:DN100。公称直径主要是指管子内径,但不一定等于管子的实际内径。介质压力不同,管壁厚度一般也不同,从而出现不同内径,特别是高压管道的公称直径与管子内径往往相差很大。对于同种管材的管道,公称直径相同则对应的外径也相同。

有缝钢管常用英寸表示,1 英寸 = 8 英分,1 英寸折合成公制单位为 25.4 mm,因此 DN25 管子也叫 1 寸管。

三、管子材料

火电厂的管子材料主要是碳素钢管和合金钢管。发电厂的管子用钢应满足一定的强度、塑性、硬度、冲击韧性及疲劳强度等机械性能要求和满足良好的焊接等加工工艺性能要求。特别是主蒸汽管道、再热蒸汽管道等管子长期处于高温下工作,容易出现高温氧化、应力松弛、蠕变、热疲劳等现象。因此,为使高温管子安全可靠运行,其管材除应具有足够的高温强度和持久塑性等性能外,还要具有很高的抗氧化性能、足够的耐腐蚀性、组织稳定性和抗蠕变性等。

我国常用钢材有普通碳素钢、优质碳素钢、普通低合金钢和耐热钢。钢材的钢号及推荐使用温度见表 1 - 1。

表 1 - 1 钢材的钢号及推荐使用温度

钢种	钢号	推荐使用温度/℃	允许的上限温度/℃	用途
普通碳素钢	Q235 - AF	0 ~ 200	250	水冷壁管、省煤器管等
	Q235 - A	- 20 ~ 300	350	

续表 1-1

钢种	钢号	推荐使用温度/℃	允许的上限温度/℃	用途
优质碳素钢	10	-20~140	450	壁温≤450 ℃的导管、联箱
	20	-20~150	450	壁温≤500 ℃的受热面管
普通低合金钢	16Mn	-40~450	475	中低压管道
	15MnV（12CrMo 的待用钢）	-20~150	500	壁温≤510 ℃的导管、联箱 壁温≤540 ℃的受热面管
耐热钢	15CrMo	510	540	壁温≤510 ℃的导管、联箱 壁温≤550 ℃的受热面管
	10CrMo910（德国钢号）	540~555	570	壁温≤540 ℃的导管、联箱 壁温≤580 ℃的过热器、再热器
	12MoVWBSIRc	540~555	580	壁温≤580 ℃的过热器、再热器
	12Gr2MoWVB（钢 102）	540~555	600	壁温为 600~620 ℃的超高参数炉过热器、导管
	12Gr3MoVSlTlB	540~555	600	壁温为 600~620 ℃的超高参数锅炉过热器、导管及壁温为 600~650 ℃的再热管
	Mnl7Gr7MoVNbBZr	—	—	壁温为 600~680 ℃的过热器、再热器、导管及联箱

20 号钢在高压锅炉上用得多，如水冷壁管、省煤器管和低温段过热器管，这种管材有较好的工艺性能；其可焊性好，容易弯管，不易裂。

合金钢管主要用于高压锅炉蒸汽温度超过 450 ℃的过热器管和再热器管。

12Gr2MoWVB 是我国自行研制的珠光体耐热钢，具有较好的机械性能、工艺性能及抗氧化性能。合金钢焊接时一般都要进行焊前顶热和焊后热处理，热弯后也要进行热处理。

四、管道种类

1. 按管子的制造工艺分类

（1）无缝钢管：用专用钢坯在中心冲孔后冷拔或热滚轧而制成的管子，常用于中高压管道。

（2）有缝钢管：用扁钢卷制，并将缝隙焊接而成，常用于低压管道。

2. 按管材的承受压力分类

(1) 低压管:工作压力≤1.6 MPa,工作温度≤300 ℃。

(2) 中压管:工作压力为 1.6~9 MPa,工作温度≤450 ℃。

(3) 高压管:工作压力>9 MPa,工作温度>450 ℃。

3. 按管内介质分类

主蒸汽管道保温外层涂红色,风烟管道涂白色;油管道涂黄色;凝结水和化学补充水管道涂绿色。

4. 按管材的化学成分分类

(1) 碳素钢管:热力设备一般用含碳量 C=0.1%~0.3% 的低碳钢管,因为低碳钢管的可焊性好,冷变形的加工性能好,例如 10 号钢。

(2) 合金钢管:在碳素钢的基础上,为了增加管道的某种特定性能,在冶炼时有目的地加入一些化学合金元素的钢材。

例如 Cr 是耐热钢的主要合金元素,其淬透性、耐磨性好,并且抗氧化、耐腐蚀,可提高强度和蠕变抗力。

5. 按管道的连接方式分类

管道的连接主要有焊接、法兰、螺纹连接三种方式。另外还有承插连接管道,承插连接管道用插口连接,插口间隙用石棉塞紧,水泥密封,一般作为回水管,属于低压管道。

第二节 管道附件

一、法兰组件

1. 法兰

法兰连接是中、低压管道连接中普遍采用的一种连接形式。在一些高压管道与设备连接处或检修时需要拆卸的地方,也采用法兰连接。

常用的法兰形式有平焊法兰和对焊法兰。平焊法兰用于设计温度小于300 ℃、公称压力小于或等于 2.45 MPa 的管道;对焊法兰用于设计温度大于 300 ℃、公称压力等于或大于 3.92 MPa 的管道。在高压蒸汽管道上有时采用活动式法兰。

法兰密封面不允许损坏,安装前应对此面进行检查,接触不好的要进行刮研。选配法兰不但要注意接口尺寸,还应保证法兰的厚度符合管道公称压力的要求。

2. 法兰垫片

在法兰接合面之间须置有垫片以使接合面密封。垫片种类有橡胶石棉板垫片、橡胶垫片、金属石棉缠绕片和金属齿形垫片。橡胶石棉板垫片广泛用于空气、蒸汽等介质的管路中。对于光滑面法兰,使用压力不超过 2.45 MPa;对于凹凸面和槽面法兰,使用压力可至 9.81 MPa,但温度不高于 450 ℃。橡胶垫片因有弹性,密封性能较好,用于介质温度低于 60 ℃、公称压力小于 0.98 MPa 的管路法兰上。金属石棉缠绕片的密封性能好,广泛用于温度低于 450 ℃、公称压力小于 9.8 MPa 的蒸汽管路。

3. 螺栓

螺栓在法兰连接中起着重要作用,对法兰接合的严密性和管道运行的安全性有很大影响。常用的是六角螺栓和双头螺栓。六角螺栓多用于低压管道的法兰连接;双头螺栓则用于高压管道的法兰连接。

二、弯头和三通

1. 弯头

弯头是管道中常用的管件,用以改变管道的走向和位置。弯头一般都由工厂制作,在现场也常有一些弯头就地制作。根据制造方法的不同,弯头可分为冷弯、热弯、冲压和焊接弯头等。

2. 三通

当管道有分支管时,需要安装三通。三通有等径三通、异径三通等,按其制造方法不同,又可分铸造三通、锻造三通和焊接三通三种。

三、管道支吊架

管道支吊架是支撑和固定管道的设施。它通常固定在梁柱或混凝土结构的预埋件上,主要功能是:承受管道、附件、管内介质的重量;承受管道温度变化所产生的推力或拉力,对管道热变形进行限制和固定;防止或减缓管道的振动。

1. 支架

支架分为固定支架、活动支架、导向支架等。固定支架用来限制管道在任何方向的位移,承受管道的自重及管道温度变化所产生的力和力矩。

焊接固定支架用温度小于或等于 450 ℃ 水平管道的固定支撑。管夹式固定支架用于 540~550 ℃ 的高温管道。安装固定支架时一定要保证托架、管箍与管壁紧密接触,把管子卡紧,起到死点的作用。

活动支架承受管道的重量,而不限制管道的水平位移。活动支架又分为滑动支架和滚动支架两种。此外,还有导向支架,用来限制或引导管道沿某个方向的位移。

2. 吊架

吊架可分为刚性吊架、弹簧吊架、恒力吊架三种。

刚性吊架的连接件没有伸缩性,适用于垂直位移为零或垂直位移很小的管道上的吊点。

弹簧吊架的连接件为弹簧组件,适用于有中、小垂直位移的管道,并允许有少量的水平位移。位移时,弹簧受压缩,不致使工作荷重发生很大变化。为保证工作状态的吊架承受工作荷重,对向上位移的吊架,安装高度要比弹簧的工作高度低一定的热位移值,对向下位移的则恰好相反。

恒力吊架允许管道有较大的热位移量,而工作荷重变化很少,一般用在高温高压蒸汽管道和锅炉的烟风管道上。

3. 支吊架的维修注意事项

(1) 各连接件如吊杆、吊环、卡箍等无锈蚀、弯曲缺陷。

(2) 所有螺纹连接件无锈蚀、滑丝等现象,紧固件不松动。

(3) 导向的滑块、管枕与台板接触良好、无锈蚀、磨损缺陷,沿位移方向移动自如,无卡涩现象。

(4) 支吊架受力情况正常,无严重偏斜和脱空现象。支吊架冷热状态位置大致与支吊架中心线对称。

(5) 弹簧支吊架的弹簧压缩量正常,无裂纹及压缩变形。

(6) 对支吊架冷热状态位置变化做记录,为检修、调整提供必要的资料。

(7) 水压试验时,所有的弹簧支吊架应卡锁固定。试验结束后立即将卡锁装置拆除。

(8) 在拆除管道前,必须充分考虑到"拆下此管"后对支吊架会产生什么样的影响。无论何种情况均不允许支吊架因拆装管道而超载及受力方向发生大的变化。

(9)在检修工作中,不允许利用支吊架作为起重作业的锚点,或作为起吊重物的承重支架。

管道附件在使用前应按要求核对其规格与钢号、所适用的公称压力和公称直径;检查外表缺陷和尺寸公差;对应进行监督的管道,其支吊架弹簧要进行压缩试验。全压缩变形试验是压至弹簧各圈互相接触保持5分钟,松开后残余变形不超过原高度的2%;如果超过时,再做第二次试验。第二次试验的残余变形不超过原高度的1%,且两次试验后残余变形的总和不超过原高度的3%。工作荷载压缩试验是在弹簧承受工作荷载下进行的,其压缩量应符合设计要求。

第三节 管道的日常维护及注意事项

一、管道的日常维护

管道的维护是一项重要的工作,正确地进行维护不仅能延长管道的运行寿命,而且对热力设备的经济性也有很大影响。在日常维护工作中,检修人员应与运行人员及时交流管道运行情况,定期检查各种管道状况。管道的日常维护工作主要包括以下内容:

1. 检查各系统管道是否有外部损伤或腐蚀,观察管道是否有振动或晃动现象。
2. 检查蒸汽管道的保温状况,若有保温层脱落现象应及时修补。保温层上的油渍应随时清除。
3. 检查管道的膨胀情况,查找管道是否有膨胀受阻的地方。
4. 检查管道上的法兰螺栓,观察是否有漏气、漏水现象。
5. 检查管道支吊架的受力情况。

二、管道的检修内容

管道的检修一般都与机组的大修同时进行。检修的主要内容有:

1. 修补好损坏的蒸汽管道保温层。
2. 对管道粉刷油漆,并做好防腐保护工作。
3. 对高温高压管道的部分焊口进行外观检查、缺陷修复。
4. 检查修理管道支吊架及管道法兰。

5. 更换因腐蚀或冲刷损坏的管道。

6. 对高温高压蒸汽管道按相关规程进行金属监督。

7. 对高压和低压疏水管道进行检查,并进行测厚检查,发现减薄时要及时更换。检修后要分项进行质量检查与验收,整理好各种记录,做好检修总结。

三、注意事项

1. 在拆卸管道前,要检查管道与运行中的管道系统是否隔离,并将管道上的疏水、排污阀门打开,排除管内汽水。在确认排污完成后,方可拆卸管道。

2. 在割管或拆法兰前必须将管子拟分开的两端临时固定牢,以保证管道分开后不发生过多的位移。

3. 在拆卸有保温层的管道时,应尽量不损坏保温层。

4. 在改装管道时,管子之间不得接触,也不得触及设备和建筑物。管道之间的距离应保证不影响管子的膨胀及敷设保温层。在改装管道的同时应将支吊架装好,在管道上两个固定支架之间,必须安置供膨胀用的 U 形弯或伸缩节。

5. 在组装管道时,应认真冲洗管子内壁,并仔细检查在未检修的管子内是否有异物。

第四节　管道的检验和检修工艺

一、管道的检验工艺

出厂的管子即使是合格产品,由于运输和保管不当,也可能发生腐蚀、损坏、变形或与不同的管子混淆的情况。由于缺陷严重影响管子的使用寿命,材质混淆甚至会造成爆管事故,因此,使用前应对其进行严格检验。检验内容有:

1. 用肉眼检查管子表面的质量。其表面应光滑无裂纹、划痕、重皮,不得有超过壁厚负公差的锈坑。

2. 用卡尺或千分尺检查管径和壁厚,尺寸偏差应符合标准中的有关规定,相对椭圆度不超过 5%。

3. 用沿管子外皮拉线的方法或将管子放在平板上检查管子的弯曲度。对于冷轧钢管,其弯曲度不超过 1.5 mm/m。对于热轧钢管,壁厚小于或等于 20 mm 时,其弯曲度不超过 1.5 mm/m;壁厚为 20～30 mm 时,弯曲度不超过

2 mm/m；壁厚大于 30 mm 时，弯曲度不超过 4 mm/m。

4. 对有焊口的管子应进行通球实验，球的直径应为管子直径的 80%～85%。

5. 对外径大于 22 mm 的钢管应进行压扁试验，以检测钢管的冷加工变形性能。对未经车制的试样，在压扁试验后，当壁厚 $S \leqslant 10$ mm 时，所出现的裂纹宽度不得大于壁厚的 10%，裂纹深度不得大于 0.5 mm；当 $S > 10$ mm 时，裂纹深度不得大于 1 mm。

6. 每根钢管出厂前均应做水压实验，应没有漏水或出汗现象。如出厂前没有做过水压试验或找不到其出厂合格证，欲考验管子的严密性和强度可做单根管水压试验。

水压试验的压力（表压）应不小于 1.25 倍设计压力，且不得小于 0.2 MPa 水压，试验的用水温度应不低于 5 ℃，也不高于 70 ℃。试验环境温度不得低于 5 ℃，否则必须采取防止冻结和冷脆破裂的措施。在管子两端把水压试验工具固定牢，在引入管上装上压力表，在引入、引出管上装上截止阀，接上水源就可进行水压试验。

7. 各类管子在使用前应按设计要求核对其规格，查明其钢号，对于属于《锅炉监察规程》规定应监督的管道，要检查其化学成分、机械性能和应用范围，对于合金钢部件要进行光谱分析以查明其钢种。

二、管道的检修工艺

1. 管道安装

各类管子在使用前应按设计要求核对其规格，检查其材质、通径及壁厚。合金钢管使用前均应逐根进行光谱分析，以验证其材质，并在管子上做出标记。管子组合前或组合件安装前，均应将管道内部清理干净，管内不得遗留任何杂物。管道水平段的倾斜方向与倾斜度应符合设计要求。在有倾斜度的管道上安装水平位置的 π 型补偿器时，补偿器的两边管段应保持水平，中间管段应与管道倾斜方向一致。管道安装若采用组合件方式时，组合件应具备足够刚性，吊装后不允许产生永久变形，且不允许长期处于临时固定状态。管道上的铸件相互焊接时，应设计加接短管，管道连接中不得强力对口。管子与设备的连接，应在设备安装定位后进行，不允许将管子的重量支承在设备上，管子和法兰连接应自然。管子对口时用直尺检查。管子对口符合要求后，应垫置牢固，避免焊接或热处理过程中管子移动。

热力管道冷拉必须符合设计规定,更换管道应保持原设计值,进行冷拉前应检查:

(1)冷拉区域各固定端安装牢固,各固定支架间所有焊口(冷拉器除外)焊接完毕并经检验合格,应做热处理的焊口亦做过热处理。

(2)所有支吊架已装设完毕,冷拉器附近吊架的吊杆应预留足够的调整裕量。支吊架弹簧应按设计值预压缩并临时固定,弹簧不承担管子载荷。

(3)管道倾斜方向及倾斜度均符合设计要求。

(4)法兰与阀门的连接螺栓已拧紧,管道冷拉后,焊口须经检验合格,应做热处理的焊口须做过热处理,方可拆除拉具。

管道敷设应整齐美观;波形补偿器应按规定拉伸或压缩,与设备相连的补偿器应在设备最终固定后方可连接,以减小应力。

对管道倾斜方向的规定,以便于疏、放水和排放空气为原则,其倾斜度一般不小于2/1000。管子或管件的对口,一般应做到内壁齐平,局部错口不应超过壁厚的10%,且不大于1 mm;外壁的差值不应超过薄件厚度的10%加1 mm,且不大于4 mm,否则应按有关规定加工成平滑的过渡斜坡。管子和管件的坡口及内外壁10~15毫米范围内的油漆、垢、锈等,在对口前应消除干净,直至显出金属光泽。对壁厚>20 mm 的坡口,应视具体情况检验是否有裂纹、夹层等缺陷。管子对口时用直尺检查,在距离接口中心200 mm 处测量,其拆口的允许偏差值为:$D<100$ mm 时,$a \not\geqslant 1$ mm;$D>100$ mm 时,$a \not\geqslant 2$ mm。

管子对焊口位置应符合下述规定:

(1)管子接口距离弯管的弯曲起点不得小于管子外径,且不少于100 mm。

(2)两对接焊缝中心线间距离不得小于管子的外径,且不少于150 mm。

(3)管子接口应布置支吊架,接口距离支吊架边缘不得少于50 mm。对于焊后需做热处理的接口,该距离不得小于焊缝宽度的5倍,且不少于100 mm。

(4)管道焊口应避开疏放水及仪表管等开孔位置,一般距开孔的边缘不得少于50 mm,且不得小于孔径。管道穿过墙壁、楼板时,位于隔板内的管段不得有焊口。

2. 管道附件

管道附件包括阀门、法兰及连接件、三通、弯头、大小头、波形补偿器、π型补偿器、流量孔板、流量喷嘴、节流孔板等。

各类管道附件使用前一般均应查明其规格、材质(或型号)、公称通径和公称压力应符合设计规定。当工作压力大于2.5 MPa或工作温度大于300 ℃的管道施工前,对所使用的管道附件须核对出厂证件,并确认下列项目均符合国家或部颁的技术标准:

(1)直接与管子焊接的附件的化学成分。

(2)压力大于或等于6.4 MPa的承压附件(包括铸、锻、焊制件)热处理后的机械性能。

(3)合金钢附件(包括铸、锻、焊制件)的金相分析结果,工作温度≥500 ℃且直径≥30 mm的合金螺栓的硬度检查结果。

所有合金钢附件(阀门内部合金钢部件除外),不论有无制造厂出厂技术证件,安装前均应进行光谱复查,并由检修人员在附件上做出标志;各异形制件(包括铸、锻、焊制件)及阀门应做外观检查,表面不应有粘砂、裂纹缩孔、折叠、夹渣、漏焊等降低强度和严密性的缺陷。

阀门使用前一般应解体,下列阀门使用前必须解体,检查检修合格后方可使用:

(1)用于工作温度<450 ℃的阀门。

(2)安全门和节流门(除制造厂有特殊规定者外)。

(3)严密性试验不合格的阀门。

管道上装有流量孔板、流量喷嘴或节流孔板者,应在管道冲洗后再进行安装,安装时应配合热工人员进行检查,其孔径、几何尺寸和方向均应正确,孔板或喷嘴不得有碰伤等缺陷。

对法兰的要求:

(1)法兰密封表面应光洁,不得有径向沟槽,且不得有气孔、裂纹、毛刺或其他降低强度和连接可靠性的缺陷。

(2)带有凹凸面或凹凸环的法兰应能自然嵌合。凸面的高度不得小于凹槽的深度。

(3)法兰端面上连接螺栓的支承部位应与法兰接合面平行,以保证法兰连接时端面受力均匀。

螺栓与螺母的螺纹应完整,无伤痕、毛刺或断丝等缺陷。螺栓与螺母应配合良好,无松动或卡涩现象。

对垫片要求：

(1)法兰的垫片材料应符合设计要求。

(2)石棉橡胶质垫片要求质地柔韧，无老化变质现象，表面不应有折损、皱纹等缺陷。

(3)金属质垫片(平垫片及齿形垫片)的表面用平尺检查应接触。垫片无裂纹、毛刺凹槽及粗糙加工缺陷，其硬度以低于法兰硬度为宜。

阀门的要求：

(1)各类阀门使用前应检查填料用料是否符合设计要求，填装方法是否正确，填料密封处的阀杆有无锈蚀，阀门开闭是否灵活，指示是否正确。

(2)使用前必须进行严密性试验，检查阀座与阀芯、阀盖及填料室各接合面的严密性。

3. 管系的改造与检修施工

对超期服役的管道进行全部或部分换管时，应根据管系的实际状况，重新进行设计计算与支吊架调整。水平管道过度挠曲影响疏水时，可采用增设弹性支吊架办法解决，但应进行荷载分配与热位移计算。水平管坡度数值或坡度方向不能满足疏水要求时，应与设计单位研究解决。

当管道系统发生下沉时，应查明原因，必要时应请设计单位协助处理。

更换管道元件前，应对作业部位两侧管子进行定尺寸、定位置的临时约束，待作业全部结束后，方可解除约束。大量更换支吊架，改变支吊架的位置、定向、类型、荷载或增加约束，应进行管系设计计算。

支吊架施工，应由有经验和有必备技术力量的部门承担。施工前应熟悉有关图纸及资料，认真核对，在施工中应精心调整，严格工艺要求。

支吊架的更换必须执行DL5031—1994《电力建设施工及验收技术规范(管道篇)》的有关规定。对单线管道，应由一端按顺序作业；对多线管道，还应平等推行作业。

与管道直接接触的管部零部件，其材料应按管道的设计温度选用，接触面应不损伤管道表面。应保证管部与管道之间在预定约束方向不发生相对滑动或转动。

支吊架施工焊接必须执行 DL5007—1992《电力建设施工及验收技术规范(火力发电厂焊接篇)》的有关规定。与管道直接焊接的管部零部件，其材料应与管道材料相同或相容。根部及管部的焊缝应符合图纸要求。支吊架的全部安装焊缝,均应进行外观检查。

为避免焊接高温影响混凝土与预埋件的连接强度,在预埋件上焊接辅助钢结构时,采用小规范的焊接工艺,也可采用间歇焊接等工艺。

4. 汽水管道维修调整标准

与管道连接的设备出现明显的变形或非正常的位移时,应分析管系的推力与力矩对设备的影响。与管道连接的设备接口焊缝出现裂纹时,应查清管道是否发生过瞬间剧烈振动,分析焊接质量,对附近的支吊架进行检查,必要时按实际情况进行管系推力与力矩核算。

固定支架的混凝土支墩发生损坏,应分析损坏原因,并及时处理。与锅炉或汽轮机接口附近的限位装置,应严格按设计图纸施工。运行单位发现推力与力矩异常时,应立即处理。运行中经常泄漏的法兰接合面,应考虑管系推力与力矩的影响。

厂房或设备基础发生异常沉降或遭受地震后,应对管道系统进行测量与记录,并请有关单位进行管端附加推力与力矩核算,必要时提出处理措施。

5. 管系的冲击与振动

当机组的管系发生明显振动、水锤或汽锤现象,应及时对管系进行目测检查,并记录发生振动、水锤或汽锤的时间、工况,采取措施予以防止。

地震后应及时对管系进行察看,检查管道与设备接口焊缝是否异常、支吊架零部件是否损坏、管道是否变形,出现异常应及时处理。

当管系出现较大振幅的低频振(晃)动时,应检查支吊架荷载是否符合设计规定。严禁未经计算就用强制约束办法来限制振动。常用的消振办法为:

(1)请设计单位用提高管系刚度的办法来消振,并应对支吊架进行认真的调整。

(2)请设计单位用增设减振器的办法来消振,在振动管道沿线试加减振附加力,以确定消振的最佳位置。

(3)如用增设阻尼器的办法消振,应请设计单位确定装设位置,根据该位置的位移量、位移方向及惯性荷载选择型号、连杆长度与根部布置。

(4)因汽、液两相不稳定流动而振动的管道,一般不用强制约束的办法来限制振动,应从运行工况、系统结构布置与适当的支吊架改进来综合治理。

6. 管系过应力

根部或管部钢结构或连接件刚度或强度不足引起管系过应力时,应按汽水管道支吊架设计原则进行补刚处理。严禁利用管道作为其他重物起吊的支吊点,也不得在管道或吊架上增加设计时没有考虑任何永久性或临时性荷载。

管道个别部件损坏时,除进行损坏部件的材质分析外,必要时还应根据管系的状况,对管系重新进行应力分析,以确定部件的失效原因,并采取相应对策予以纠正。

当管道某一焊口多次发生裂纹时,应进行如下工作:

(1)分析焊接及管材质量。

(2)检查裂纹焊口邻近支吊架状态是否正常,并测定其热位移方向和位移量。

(3)根据管系的实际状况进行应力分析,然后进行焊口损坏原因的综合分析,并采取有效措施予以纠正。

当更换的管子、管件或保温材料在重量、尺寸、外形布置或材质等方面与原设计不同时,应进行应力分析,以防管道系统任何部位产生过应力。

管道上多处支吊架弹簧被压死,常造成管系过应力,应根据管系实际状况,对管系重新进行应力分析,以确定支吊架弹簧压死的原因,并采取相应对策予以纠正。

蒸汽管道水压试验时,应将弹性支吊架锁定,保护弹簧。如无法锁定或锁定后其承载能力不足,应对部分支吊架进行临时加固或增设临时支吊架,加固或增设的支吊架要经计算核准。如管系设计未考虑水压试验工况,在水压前,应通过计算增设临时支吊架。

对母管制的蒸汽管道系统,当发生过异常情况或进行换管改造时,应根据管系实际状况,进行机、炉运行方式的方案验算。对有旁路系统的蒸汽管道系统,必要时也应进行运行方式的方案验算。

7. 管道的保温工艺要求

保温前应清除管道表面的锈垢,以保证保温层与管壁贴合良好。

高温大直径管道应采用两层保温砖,内层采用两半圆砖,外层采用120°弧形砖。小直径管道采用两半圆的单层保温砖即可。保温砖应干砌并与管壁紧密贴合,保温砖之间用灰浆勾缝,多层铺砌时应压级、错缝。外径为28 mm及以下管道,可用石棉绳或多层矿纤紧密缠一层或几层(采用多层时,应反向回绕,缝隙错开）。除矿纤或石棉绳外，还可用玻璃丝布作保护层。

对未包金属皮的保温管道应抹面保护。表面平整，无裂缝，不脱皮。保温层外径在 200 mm 及以下时，抹面厚度为 15 mm 左右；200 mm 以上时，抹面厚度为 20 mm。

伸缩缝用石棉绳缠绕，外包玻璃丝布。

在主蒸汽管道、高低温再热蒸汽管道上，严禁使用技术参数达不到要求的各种保温材料，以保证保护层表面温度与管系受力不超限。

检修时局部拆除的保温层，应按原设计的材料与结构尺寸恢复。使用代用材料使邻近支吊架工作荷载超过 ±10% 时，须进行支吊架荷载调整。

大范围更换保温层，不得使用与原设计容重相差过大或改变原保温层结构尺寸。如需变更，应重新进行支吊架点荷重分配、热位移、管系应力及推力计算，并对支吊架逐个进行调整，必要时更换一些不能适应的支吊架。当大部分支吊架无法适应或管系受力超限时，不允许改变原保温设计。大范围拆除保温层前，应将弹性支吊架暂时锁定，保温层恢复后应解除锁定。

严禁主蒸汽管道、高低温再热蒸汽管道的任何部位因保温层脱落而裸露运行。严禁把弹簧、吊杆、滑动与导向装置的活动部分包在保温层里。

第五节　管道加工

一、管道弯制

管子弯制是管道检修的一项重要内容。弯管工艺大致可分为加热弯制与常温下弯制（即冷弯）。无论采用哪种弯管工艺，管子在弯曲处的壁厚及形状均要发生变化。这种变化不仅影响管子的强度，而且影响介质在管内的流动。因此，对管子的弯制除了解其工艺外，还应了解管子在弯曲时的截面变化。

1. 弯管的截面变化及弯曲半径

管子弯曲时，在中心线以外的各层线段都不同程度地伸长，在中心线以内的各层线段都不同程度地缩短。这种变化表示构件受力后变形，外层受拉，内层受压。在接近中心线的一层弯曲时长度没有变化，即这一层没有受拉，也没有受压，称为中性层。

实际上，管子在弯曲时，中性层以外的金属不仅受拉伸长、管壁变薄，而且外弧管壁被拉平；中性层以内的金属受压缩短、管壁变厚，挤压变形达到一定极限后管壁就出现突肋、折皱，中性层内移。这样的截面不仅管子的截面积减小了，而且由于外层的管壁被拉薄，管子强度直接受到影响。为了防止管子在弯曲时产生缺陷，要求管子的弯曲半径不能太小。弯曲半径越小，上述的缺陷就越严重。弯曲半径大，对材料的强度及减小流体在弯道处的阻力是有利的。但弯曲半径过大，弯管工作量和装配的工作量及管道所占的空间也将增大，管道的总体布置将会比较困难。

管子弯曲半径的确定应根据实际经验，考虑上述各种因素的利弊，采取以管子弯曲后最外层壁厚的减薄量不超过原管壁厚的 15% 为准。同时弯管的方法不同，管子在受力变形等方面有较大的差别，因而最小弯曲半径也各异。其最小弯曲半径分别为：

(1) 冷弯管时（不装砂、不加热），弯曲半径不小于管子外径的 4 倍。用弯管机冷弯管时，其弯曲半径不小于管子外径的 2 倍。热弯管时（装砂、加热），弯曲半径不小于管子外径的 3.5 倍。

(2) 高压汽、水管道的弯头均采用加厚管弯制，弯头的外层最薄处不得小于直管的理论计算壁厚。

2. 弯管的工艺要求

弯管前，应先做好样板，注意核实管子材质、规格，一般应选取管壁厚带有正公差的无缝钢管。弯管前管道内应灌海砂或河砂，砂中应不含泥土和可燃性杂物，灌砂前砂要烘干，砂的粒度应根据管径选用，灌砂时必须充填捣实，再用木楔楔紧；弯管时，对小管径的管子应在牢固的平台上进行，大管径应在弯管场进行。

热弯管道加热后，动作必须迅速、平衡地一次弯成，一个弯头的加热次数不允许超过三次（合金钢要求一次弯成）。加热部分不允许锤击，弯好的弯头应保温，使其缓慢冷却，弯制过程严禁浇水冷却。

最后，用压缩空气吹净弯头内的砂子及杂质。对合金钢的弯头应根据材质进行热处理，处理后进行探伤及硬度检查。

3. 弯管的质量要求

弯曲半径应符合图纸要求，无明确规定时，弯曲半径必须符合前文的规定。

热弯弯头的加热温度不得超过 1050 ℃,其最低温度碳钢为 700 ℃、合金钢为 800 ℃,且满足下列要求:

(1)升温应均匀,使管壁、砂子升温一致。

(2)加热长度:

$$L = \pi R \alpha / 180$$

式中:R——弯曲半径,π——圆周率,α——弯曲角度。

弯制好的弯头应圆滑,无分层、过烧、凹痕、裂纹等缺陷且满足如下要求:

(1)弯头弯曲部分的椭圆度:

$$\beta = (\alpha_1 - \alpha_2)/\alpha。$$

$\beta \leqslant 6\%$(公称压力$\geqslant$9.8 MPa 的管道)

$\beta \leqslant 7\%$(公称压力$\geqslant$9.8 MPa 的管道)

式中:α_1——截面上测得的最大外径

α_2——同一截面上测得的最小外径

α_0——公称外径

(2)弯管外弧部分实测壁厚不得小于设计值壁厚。

4. 热弯管工艺

目前由检修人员用加热法弯制弯头的场面已很少再现,钢管弯头的制作已专业化,各式的弯头在市场上均有出售,即使用于高温高压的合金钢弯头也可在专业厂订制,但作为一种工艺还是有必要简要介绍。

充砂、加热弯管

(1)制作弯曲样板。为了使管子弯曲准确,需做一块弯曲形状的样板,样板用圆钢按实样图中心弯制,为防止变形应焊上拉筋。

(2)管子灌砂。灌砂是为了将管子空心弯曲变为实心弯曲,从而改善弯曲质量。灌砂所用的砂要经筛选并炒干,除去砂里水分。灌砂前,将管子一端用木塞封堵。灌砂时,管子竖立,边灌砂边振实(用铜头敲打管壁),直到灌满为止,再用木塞封口。

(3)确定加热弧长。根据弯曲半径计算弯曲弧长。按图纸尺寸,将弧长、起弯点及加热长度用粉笔在管子上标示(须沿圆圈标出)。

(4)管子加热。少量小直径管子可用氧乙炔焰加热。通常在地炉上用焦炭进行加热。加热时,要随时转动管子及调整风门,使管子加热均匀。

(5)弯管。将加热好的管子放在弯管台上,如果有缝管,则应将管缝置于最上方。用水冷却加热段两端非弯曲部位,把样板放在管子中心线上,施力,使管子弯曲段沿着样板弧线弯曲。对已到位的弯曲部位可随时浇水冷却。

(6)除砂。待管子稍冷后,即可除砂。将管内砂全部排空(可用镩头振击),为清除烧结在管壁上的砂粒,可选用钢丝绞管器或用喷砂工艺进行除砂。

可控硅中频弯管

可控硅中频弯管机是利用中频电源感应加热管子,使其温度达到弯管温度并通过弯管机而达到弯管目的。图1-1是该机的示意图。

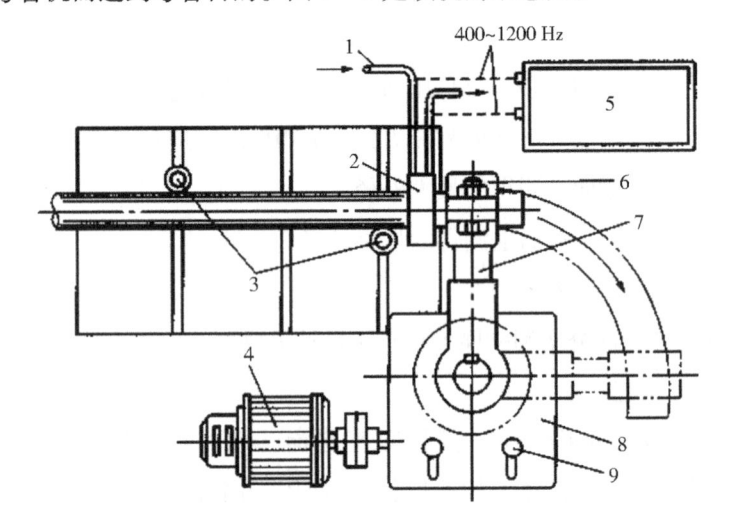

图1-1 可控硅中频弯管机示意图

1——冷却水进口管;2——中频感应圈;3——导向滚轮;4——调速电动机;
5——可控硅中频发生器;6——管卡;7——可调转臂;8——变速箱;9——变速手柄

这套装置由一套可控硅串联逆变发生器作为加热电源(以3相380 V交流电整流为500 V直流电,再逆变成400~1200 Hz的中频交流电),通过中频变压器和加热圈(中频感应圈)加热待弯的钢管(含合金钢)。

弯管的过程是:首先把钢管穿过中频感应圈2,再把钢管放置在弯管机的导向滚轮3之间,用管卡6将钢管的端部固定在转臂7上。然后启动中频电源,使在感应圈内部宽约20~30 mm的一段钢管感应发热。当钢管的受感应部位温度升到近1000 ℃时,启动弯管机的电动机4,减速轴带动转臂旋转,拖动钢管前移,同时使已红热的钢管产生弯曲变形。管子前移、加热、弯曲是一个连续的同步的过程,直到弯至所需的角度为止。

在这样的弯管设备上能弯制各种金属材料制成的薄壁和厚壁管子。如果在弯管过程中保持相应的加热条件,则如同管子处于热处理过程,就可省去随后的调质处理。

用这种弯管机弯管还可以选用一种外加的冷却装置,使用冷却装置的优点在于利用冷却液的最佳冷却速度来调整弯管的不圆度。

用这种弯管机弯管,由于管子加热只在一小段管段上,其成型逐步在加热段形成,故无须任何模具、胎具及样板。改变弯曲半径时,只需调整可调转臂的长度(即改变旋转半径)和导向滚轮的相应位置即可。这种弯管的质量优于其他任何一种弯管的,尤其是在弯制大直径(直径在 500 mm 以上)厚壁管及各类型的合金钢管时,更显示出它的突出性能。

5. 冷弯管工艺

冷弯管大都采用模具弯制,通过施力迫使管子按模具的弧形产生变形。冷弯管一般都是用薄壁管在现场进行,多用于低压管道上。冷弯管不需要充砂、加热等步骤,大都采用弯管机或模具弯制。

(1) 手动弯管机

这种弯管机通常固定在工作台上,弯管时把管子卡在管夹中固定牢。用手扳动把手,使小滚轮围绕大轮(一般做成扇形)滚动,即可将管子弯成需要的弯管。手动弯管机只适用于弯制 38 mm 以下的少量管子。

(2) 电动弯管机

电动弯管机是大轮转动,小滚轮定位。大轮由电动机通过减速箱带动旋转,旋转转速很低,一般只有 1—2 r/min,一副大小轮(相当于模具)只能弯制同一管径和相等弯曲半径的管子。

(3) 手动液压弯管机

手动液压弯管机弯管时管子被两个导向块支顶着,用手连续摇动手压油泵的压杆,手压油泵出口的高压油将工作活塞推向前,工作活塞顶着管型模具移动迫使管子弯曲,两个导向块用穿销固定在孔板上,导向块之间的距离可根据管径的大小进行调整。管形模具是管子成形的工具,它用来控制管子弯曲时的圆度。

二、管道的切割、坡口加工和焊接

管道安装时应根据施工测量的结果和安装图的要求来进行管段的切割、坡口加工和对口焊接(或法兰连接)等组合工作;管道故障检修也有可能要对故障管段进行切割、坡口加工和对口焊接等工作。

  管道切割可用手锯、气焊割管工具、无齿锯、电动锯管机等工具进行。用气焊切割工具可在切割管子的同时把坡口加工出来,管道坡口形式很多,它主要根据对口管道的管径、壁厚以及管道内使用介质参数来选取。坡口加工可用手动坡口机或电动坡口机进行。管道的焊接是由电焊工执行的。电焊工是专业工种,管道焊接时应与电焊工配合,加工坡口和正确的接头对口,方能焊接。

  1. 管道坡口的加工方法及要求

  焊接接头坡口加工的目的是使基本金属焊透,保证接头强度。对于小管径或管壁薄的管道坡口,可以用机械加工,也可以用锉刀等加工;对于大管径、管壁厚的管道坡口,可以用机械加工,也可以用火焊粗割后,用角向磨光机磨制,并用事前制作的坡口样板校核以达到要求。在管道坡口开成后,应检查管子的对口端面,用直角尺检查,管口端面偏斜值应小于1 mm,最大不许超过1.5 mm。

  2. 管道对口的工艺方法

  管道的坡口制成后,便可以进行对口焊接。

  (1)管道对口注意事项

  ①在两管进行对口时,两管中心线必须对正,管道对口中心线的允许偏差值不大于3 mm。测量方法是距焊缝中心线200 mm处用样板尺检查。

  ②两管对口时,应保证两管口内径相等,不许错口。但实际工作中,高压管道的对口内径错口及对口间隙偏差不许超过如下规定:管内径错口偏差不许大于1 mm,对口间隙偏差不许大于2 mm。

  ③修整、调整好两管口,必须保证两管中心线对正、不错口,可用拉板沿圆周布置4~6块,点焊固定。

  ④管道对口完成后,测量对口是否符合要求,有无变化,如发生变化,应修正或重新对口。

  (2)相同壁厚管子对口加工方法:高压管道的焊接坡口应采用焊接方法加工,当管壁厚小于16 mm时,采用V形坡口;管壁厚度为17~34 mm时,可采用双V形坡口。

  (3)对不同厚度的管子对口加工,可以按图1-2所示的方法进行,内壁尺寸不相等而外壁平齐时,可加工成图1-2(a)的形式;外壁尺寸不相等而内壁齐平时,可加工成图1-2(b)的形式;内外壁尺寸均不相等,厚度差不大于5 mm时,在不影响焊件强度的条件下,可加工成图1-2(c)的形式。

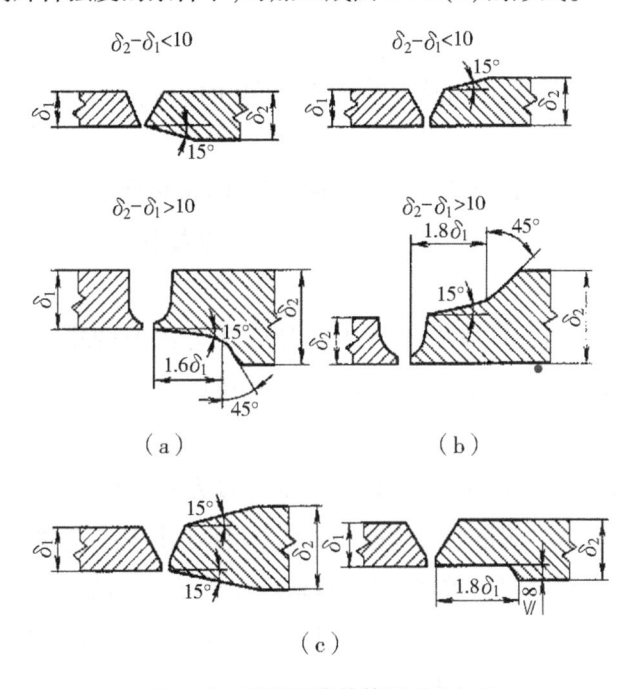

图1-2 不同厚度的管子对口加工

不同厚度的管子对口加工时,总的原则是尽量保证焊口处的壁厚一致,并有一个过渡区,以免形成应力集中。

(4)高压管道的对口要求 高压管道的焊缝不允许布置在管道的弯曲部位。在对接焊口时,应达到以下标准:

①对接焊缝的中心线,距离管子的支吊架边缘应在70 mm以上。

②管道上对接焊缝的中心线距离管子的弯曲起点不得小于管子外径,且不得小于100 mm。

③两道对接焊缝的中心线之间的距离不得小于150 mm,且不得小于管子的直径。

④对于合金钢管子,其钢号在组合前均需经光谱测定或滴定分析检验进行鉴定。

⑤除设计规定的冷拉焊口外,组合焊接时不得强力对正,以免引起管道的附加应力。

⑥管子对口的加工必须符合设计图样或有关技术要求,管口平面应垂直于

管子中心线,其偏差值不应超过1 mm。

⑦管子端面及坡口的加工,采用机械加工为宜。如果使用气割法经粗割后,还必须进行机械加工。

⑧管子对口端面、坡口面及管子内、外壁20 mm内应进行除油、除漆、除锈、除垢等工作,直至其发出金属光泽。

⑨对口中心线的偏差不应超过1 mm/200 mm的标准。

⑩管子对口找正以后应点焊固定,根据管径的大小可对称地点焊2~4处,焊接长度为10~20 mm。

⑪在高处作业时,对口两侧各在1 m处应设支架,且焊接过程中应把管子两端堵死以防止在管内产生串堂风而影响焊接质量。

3. 管道焊接

焊接是高压管道工程中应用最广泛的连接方式。在较大直径(DN≥32 mm)的焊接钢管、各种规格的无缝钢管中均采用焊接连接。焊接的主要工序为管子切割、管口处理(清理、铲坡口)、对口、点焊、管道平直度校正、施焊等。焊接由管道工和焊工合作完成,其各自专业知识和操作技术水平、配合的默契程度都直接影响焊接连接的质量。

(1)焊接方法

管道的焊接有电焊和气焊两种方式,其特点如下:

电焊的电弧温度高,穿透能力比气焊大,易将焊口焊透。因此,电焊适用于焊接4 mm以上的焊件,气焊适用于焊接4 mm以下的薄焊件,在同样条件下电焊的焊缝强度高于气焊。

用气焊设备可进行焊接、切割、开孔及加热等多种作业,即使全部采用电焊的管道工程,也离不开一套气焊设备的辅助。

气焊的加热面积较大,加热时间相对较长,焊件因此易产生局部变形。电焊的加热面狭小,焊件引起变形的程度比气焊小。

气焊消耗氧气、乙炔气、焊条,电焊消耗电能和电焊条,相比之下,气焊成本高于电焊。

由此可见,就焊接而言,电焊优于气焊,故应优先采用。一般规定只有公称直径小于50 mm、管壁厚度小于3.5 mm时,才考虑使用气焊进行焊接。

手工电弧焊使用的机具是焊机、焊钳、面罩、连接导线、手把软线等。

气焊和气割使用的机具是乙炔瓶、氧气瓶、焊炬、割炬、连接胶管等。

(2)焊接的质量要求

管子焊接前,必须磨出焊接坡口,坡口的形式随管厚度不同而异。

焊接前,坡口及周围 9~15 mm 范围内的内外表面应除锈、漆、泥垢、油污等杂物,并露出金属光泽;然后对好管口中心,先点焊固定,尔后整体焊接。

管子焊口检查可通过外观检查、力学性能试验、切断面检查、热处理后的硬度测定或印模金相检验、金相分析、透视检验和超声波检查等进行。

外观检查,可用肉眼或低倍放大镜进行观察,以判断有无以下缺陷:管子中心线错开或弯折;浮焊或咬边;管子内壁熔焊金属过分凸出或有焊瘤;等等。

进行外观检查时,应将焊缝及焊缝两侧 20 mm 内的管子表面上有碍观察的飞溅物及脏污物清除干净。凡外观检查超出允许程度的缺陷时,应在焊口热处理前修整。

(3)焊接管道检修技术要求

管道在安装前,管子及其管件均应检验合格,具备相关的技术证件,并已按照设计要求核对无误。

管子及其管件在安装前,应将内部清理干净,不得遗留任何杂物,必要时应装设临时堵头。

管道水平段的坡度方向与坡度应符合设计要求。若设计无具体要求,坡度方向应与气流方向一致,且坡度不小于4/1000。

管子对接焊缝的位置应符合设计规定,并符合下列要求。

①焊缝位置距离弯曲起点不得小于 280 mm。

②管子两个对接焊缝之间的距离不得小于 280 mm。

③支吊架管部位置不得与管子对接焊缝重合,焊缝距离支吊架边缘不得小于 100 mm。

④管子接口应避开疏放水管及仪表管等开孔位置,距开孔位置不得小于 50 mm,且不得小于孔径。

⑤除设计中有冷拉或热紧的要求外,管道焊接时不得强力对口,不得通过加热管子、加偏垫或多层垫等方法来消除接口端面的空隙、偏斜、错口或不同心等缺陷,以防止引起附加应力。

⑥管件坡口必须采用机械加工,其端口内、外径和坡口形式应符合设计

要求。

⑦管子或管件的对口质量应符合规程要求。对接管口端面应与管子中心线垂直,其偏斜度不得大于 2 mm。另外,要尽量做到内壁平齐,如有错口,其错口值不得大于 1 mm。

⑧管子对口时要求平直,焊接角变形在距离接口中心 200 mm 处测量,其错口的允许偏差值不得大于 3 mm。

⑨管道冷拉必须符合设计规定。进行冷拉前应满足下列要求:冷拉区域各刚性吊架已安装牢固,各刚性吊架间所有焊缝(冷拉口除外)焊接、热处理完毕并经检验合格;所有支吊架已安装完毕,冷拉口附近吊架的吊杆应预留足够的调整裕量;弹簧支吊架的弹簧应按设计值预压缩并临时固定,不使弹簧承担定值外的荷载。

⑩安装管道冷拉口所使用的手拉葫芦、千斤顶等须待整个对口焊接和热处理完毕,并检验合格后方可卸载。

⑪支吊架安装必须与管道的安装同步进行。

⑫管道膨胀指示器应按设计规定正确安装,在管道水压试验或管道清洗前调整指示在零位。

⑬焊缝在热处理后应做 100% 的金属检验(包括光谱分析、硬度检验和无损探伤),若发现有不合格者,应及时处理,直到复验合格。

⑭焊缝位置在安装完毕后应及时标明在施工图纸上。

(4)焊接前后的热处理

管道焊接前后的热处理对于确保焊接质量和管道的长期稳定运行至关重要。

焊接前的预热处理是焊接工艺中的一个重要步骤,其目的在于减少焊缝区域与周围材料的温差,从而降低焊接过程中产生的热应力,减少裂纹等缺陷的风险。预热温度需根据材料的种类、厚度以及焊接方法来确定。预热应保证焊缝区域温度的均匀性,避免局部过热或预热不足。

焊接后的热处理(通常称为后热或热处理)可以进一步消除焊接应力,改善焊缝及热影响区的组织结构,提高焊接接头的韧性和耐蚀性。一般情况下,800 ℃能够有效地消除应力并改善组织结构。

现场设备的焊后整体热处理可以采用炉内整体加热、炉内分段加热、炉外整体和分段加热等方法。选择合适的热处理方法需要考虑管道的材料特性、尺寸、现场条件以及成本效益。

热处理的关键步骤包括：

a.温度控制：确保焊缝区域温度达到预定值并保持一定时间。可以通过使用高温炉或其他热处理设备来实现。

b.冷却速率：控制焊缝区域的冷却速率，以避免出现新的应力和组织变化。合适的冷却速率可以通过合理的降温速度和冷却介质的选择来实现。

c.后期处理：进行焊缝区域的后期处理，如清洗、研磨和防腐处理等，以确保焊缝的表面光洁度和耐腐蚀性。

如果焊缝区域的温度不能达到 800 ℃，会导致处理效果不佳。此时，可以调整热处理设备，确保温度达到要求。对于无法达到高温要求的情况，则需要采用其他辅助热处理技术，如局部热处理或超声波冲击等。

在进行焊接及热处理过程中，应遵守相关的安全技术规范，如 DL/T 869—2004《火力发电厂焊接技术规程》，该规范规定了焊接预热、后热和焊后热处理的技术和质量要求。除了上述提到的规范外，还应参考其他相关标准，如 GB/T 7232—2012《金属热处理工艺术语》、GB/T 3375—1994《焊接术语》、GB/T 18591—2001《焊接预热温度、道间温度及预热维持温度的测量指南》等。

焊接前的预热和焊接后的热处理是确保管道焊接质量的重要工艺步骤。通过遵守相关规范和标准，可以有效地提高焊接接头的性能，延长管道的使用寿命，并保障整个系统的安全运行。在实施过程中，应注意温度控制、热处理方法选择、安全与质量要求，确保每一步操作符合规定的标准。

在实际操作中，焊接热处理的具体实施还需要依据管道的具体材质、壁厚、焊接方法以及使用环境等因素进行个性化的调整。此外，焊接热处理的工艺参数，如加热速率、保温时间、冷却速率等，都需要根据具体的焊接材料和结构进行精确控制。

焊接热处理过程中的监测和记录也非常重要。应使用合适的仪器设备对温度、时间等关键参数进行实时监测，并做好详细记录，以便后续的质量追溯和问题分析。

三、铜管胀接

1.新铜管工艺性能试验及热处理

新铜管的外表面要求无裂纹、砂眼、重皮、折弯等缺陷。工艺性能试验有两项内容:其一,将选样铜管锯成 20～30 mm 几段,两端锉平并压扁成椭圆断面,其短径为长径的 1/2,管子不容许出现裂纹;其二,再锯 50 mm 长几段,向管内打入顶角为 45°的圆锥棒,管头呈漏斗状,被胀大的上口直径要比原管径大 30%,而不出现裂纹,如图 1-3(a)所示。

将合格的管子截成需要的长段,并做单根水压试验及无损探伤检验,再进行回火处理。回火的方法如下:把铜管装在回火加热筒内[图 1-3(b)],通入蒸汽,以 20～30 ℃/min 的升温速度升至 300～350 ℃,恒温 1 h 后关闭蒸汽阀 1,打开疏水阀 2 进行冷却,待筒温降至 250 ℃以下时即可打开堵板 3,待冷却至常温后将铜管取出。

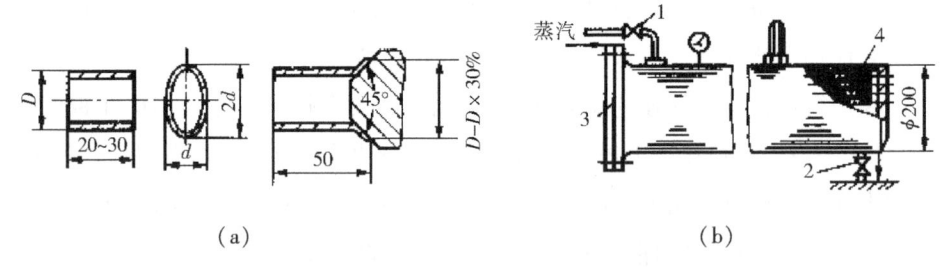

图 1-3 铜管工艺性能试验及回火装置

(a)工艺性能试验;(b)回火装置

1——蒸汽阀;2——疏水阀;3——堵板;4——铜管

胀铜管前的准备工作包括:

(1)用氧-乙烷焰或喷灯将铜管两端胀接部位加热至暗红色,再进行退火处理,并用砂布将退火部位打磨干净(包括内壁)。

(2)清除管头切口毛刺,并倒去锐口,检查管头端面是否垂直于管中心线,若不垂直应修正。

(3)将管板孔擦干净,并用砂布打磨,去除铁锈,但要防止孔径增大或孔失圆。

(4)用游标卡尺检查管板孔径及管子外径,其差值应为 0.20～0.50 mm,差值过大会造成铜管在胀接时破裂。

2.胀管

胀管是凝汽器、抽气器、加热器等热交换器检修工作经常遇到的工艺。胀铜管所采用的胀管器的结构如图 1-4 所示。具体胀管工艺如下:

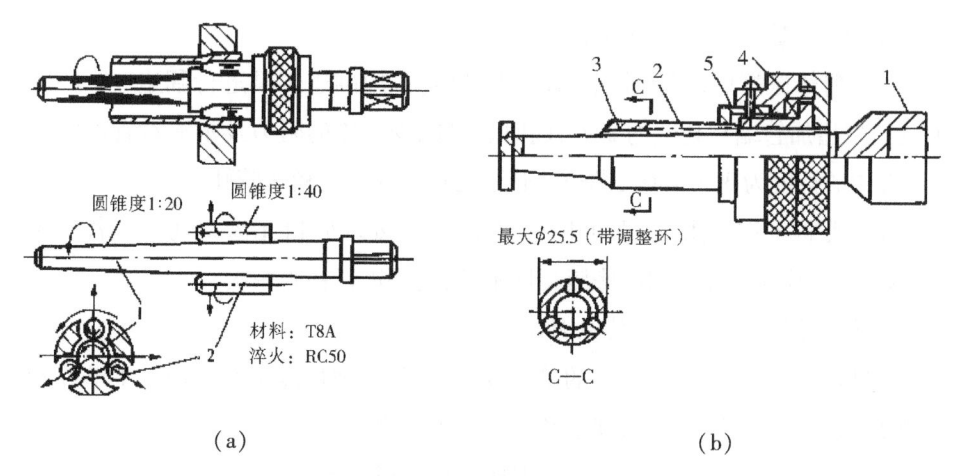

图 1-4 胀管器结构

(a)斜柱式;(b)前进式

1——胀杆;2——滚柱(胀珠);3——保持架;4——外壳;5——调整环

(1)将铜管穿入管板孔内,管端面露出管板外的长度控制在 2 mm 左右[图 1-5(a)]。

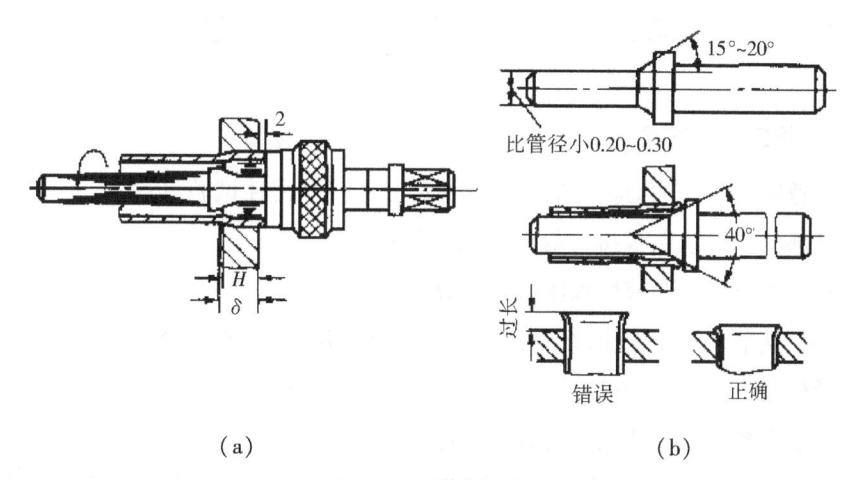

图 1-5 胀管工艺

(a)管端露出值及胀接深度;(b)翻边工具及对翻边要求

(2)将胀管器插入铜管内,插入深度以滚柱的前端不超出管板的厚度为限,即胀接的深度不能超出管板厚,但也不允许过小,其胀接深度 H 一般以管板厚度 δ 的85%左右为宜[图 1-5(a)],胀接的过渡段应在管孔内。

(3)放好胀管器后,将胀杆推紧,使滚柱紧紧地挤住铜管的内壁;用专用扳手沿顺时针方向转动胀杆,当管子胀大并与管孔壁接触后管子不再活动,再把胀杆转 2～3 圈,即完成胀接工作。

(4)管子胀好后,逆转胀杆,退出胀管器;再用翻边工具进行翻边[图 1-5(b)],以增加管端与孔壁的紧力,同时也可减少水流的阻力及水流对管端的冲刷;翻边的锥度为 30°～40°,翻边后管子的折弯部位应稍入管孔。

(5)胀接工作结束后,即可进行水压试验,要求胀口无渗漏现象。若有渗漏,则应查明渗漏原因,如属胀紧程度不够,允许进行补胀一次。

胀管可能产生的缺陷,其原因如下：

胀口管壁出现层皮和剥落的薄片或裂纹,其原因可能是铜管退火不够或翻边角度过大,另外,胀管的时间过长也会出现层皮。

胀不牢,可能是胀管时间过短、胀管器偏小或管孔不圆。

过胀,其特征是管子的胀紧部位有明显的圈槽,其原因可能是胀管器插入过深、胀杆的锥度过大、胀的时间过长。

第六节　管道水压试验和清洗

一、管道水压试验

管道安装完毕后,应按设计规定对管道进行严密性试验,以检查管道系统各连接部位(焊缝、法兰接口等)的工程质量。

管道系统进行严密性水压试验前应做到：

结束支吊架安装工作;结束焊接和热处理工作,并已检验合格;试验用压力表计经校验正确;有严密性试验的技术、安全和组织措施。

1. 管道系统严密性试验的有关规定

严密性试验通常采用水压试验,要求水质清洁,在充水过程中能排净系统内的空气。试验压力按图纸设计规定,一般试验压力不小于设计压力的 1.25 倍,但不得大于任何非隔离元件如参与系统试压的容器、阀门、水泵的最大允许试验压力,且不得小于 0.2 MPa。对埋入地下的压力钢管,不得小于 0.4 MPa。对主给水管道,以给水泵出口所能达到的最大压力的 1.25 倍作为试验压力。

压力表的安装应考虑管中静水头高度对压力的影响,以水管道最低点的压力为准。

管道在试压时,凡应作严密性检查的部位不应覆土、涂漆或防腐保温。

对于试压系统范围之外的管道、设备、仪表等隔绝方式,可采用临时带尾盲板。如采用阀门时两侧温差不能超过 100 ℃,以防温差应力使阀门受损和危及运行安全。

水压试验宜在水温 5 ℃ 以上时进行,否则必须根据具体情况,采取防冻措施,但介质温度不宜高于 70 ℃。

2. 管道系统严密性的水压试验

在水压试验的升压过程中,如发现压力上升非常缓慢或升不上去,应从以下三个方面找原因:巡视各部位有无泄漏;是否有未排尽的空气;试压泵是否有故障。

查明原因并处理好再进行升压。在升压过程中如发现有较大容积的系统升压异常迅速,说明不远处有应开启的阀门处于关闭状态。

当压力达到试验压力后应保持 10 分钟,然后将其降至设计压力,对所有受检部位逐一进行全面检查。整个试验系统除了泵或阀门填料压盖处以外都不得有渗水或泄漏的痕迹,目测检查各管线部位无变形,即认为合格。

在试压过程中,如发现有渗漏,应将压力降至零,消除缺陷后再次进行试验。严禁带压修理。

试验结束后(经验收合格),应及时放空系统内的存水并拆除所有临时装置,做好复原工作。

二、管道清洗

管道安装完毕后管内常存有焊渣、金属熔渣、氧化皮、金属腐蚀物和一些杂物,应及时清除,否则会给安全和经济运行带来极大危害。因此,在严密性试验后要进行管道清洗。水管道要用水冲洗;蒸汽管道则以蒸汽为动力吹扫管内杂物。

水冲洗时的压力和流量,应取系统内可能达到的最大压力和最大流量。水质要清洁、无杂物,冲洗要连续。待目测检查排水水质的洁净度与入口水一致时,即可停止。

第七节　汽水管道金属监督

一、管道金属监督

处于高温高压工况下运行的装置,随着运行时间的增长,一些在短期内未出现的潜伏着的问题逐渐发生,其中以材质的变化最为严重。现代的检修技术不能仅满足于对已发生的问题的处理,而要求在未出问题之前就能发现它,并能及时处理,做到防患于未然。要做到这一步,必须对处于高温高压下的金属进行监督。监督即对金属材料用现代的测试手段进行定期检查和监视,及时发现材质的细微变化和潜在问题,为检修提供可靠的依据。

电力行业标准 DL438—1991《火力发电厂金属监督规程》规定:凡工作温度高于450 ℃的高温金属部件,如蒸汽管道、阀门、三通等;工作温度低于400 ℃的螺栓;工作压力26 MPa 的承压部件,如水冷壁管、给水管等;工作压力大于3.9 MPa 的锅筒;100 MW 以上机组低温再热蒸汽管道;汽轮机大轴、叶轮、叶片及发电机大轴、护环等,均属金属技术监督的范围。

1. 管道蠕变监督

在高温的作用下,金属的伸长量不单取决于负载,而且取决于加负载的时间,随着时间的推移,金属发生越来越大的变形,这种现象叫蠕变。蠕变只有在温度超过极限值时才会发生。每种钢材都具有其特定的温度极限,普通钢材的蠕变温度极限约为 300~350 ℃。蠕变的基本特征是部件在高温作用下,即使应力大大低于材料的屈服极限也会发生永久变形。

制造高温高压管道及设备的金属材料的蠕变温度极限都高于其工作温度,但随着时间的推移,金属材料的品质也在发生变化,因此必须对高温高压下运行的管道及设备进行蠕变监督。

蠕变监督是在蒸汽温度较高(包括波动温度),应力具有一定代表性,管壁较薄的同批管水平段上进行的。监督的长度不得小于5.1 m,在这段上不允许开孔和安装仪表插座,也不许安装支吊架及其他临时的装置。在所需监督的管段上,装上用不锈钢制作的蠕变测点装置。测量时用外径千分尺量其相对测点的距离,运行前测记一次,作为原始数据;运行中视具体情况定期测记,并将测量结果及时进行计算。通过计算,即可求出管道钢材的蠕变变形量和蠕速度。

2. 管道监督

与检修人员工作有关的内容主要如下：

(1)新装机组的主蒸汽管道，如实测壁厚小于理论计算壁厚时，就不许使用。

(2)与主蒸汽管道连接的疏水、放水、放汽及旁路管道，不得采用直插式。已投入运行的直插式连接应换成管座(漏斗式)连接。

(3)对主蒸汽管道可能积水的部位，如压力表管、疏水管附近、较长的死管及不经常使用的联络管，应加强内壁裂纹的检查。

(4)新管子在使用前应逐段地进行外观、壁厚、金相组织、硬度等检查。焊口应采用氩弧焊打底，焊后应进行100%的无损探伤检查。

(5)蒸汽管道要保温良好，严禁裸露运行。保温材料不应引起管材腐蚀，运行中严防水、油渗入保温层。管道保温层表面应有焊缝位置的标志。严禁在管道上焊接固定保温的拉钩。

(6)制作弯头、三通的管子，应选用加厚管或用壁厚有足够裕度的管子。弯管段上的壁厚不得小于直管的理论计算壁厚。当弯曲部分不圆度大于6%~7%，或内外表面存在裂纹、分层、重皮和过烧等缺陷时，就不许使用。

(7)铸钢阀门存在裂纹或严重缺陷(如粘砂、缩孔、折叠、夹渣、漏焊等降低强度和严密性的缺陷)时，应及时处理或更换。若发现阀门外壁有蠕变裂纹时，则不许采用补焊修理，应及时更换。

(8)应定期检查管道支吊架和位移指示器的工作状况，特别要注意机组启停前后的检查，发现松脱、偏斜、卡死等现象时，应及时修复并做好记录。

二、对高温高压管道所用螺栓的特殊要求

1. 对螺栓的要求

由于受到金属蠕变作用及管道、法兰膨胀产生外力的影响，要求高温高压管道上的螺栓具有优良的机械性能及抗蠕变性能，因而螺栓均采用优质合金钢制造，并经热处理。

在加工时，对螺栓、螺帽的加工精度、表面粗糙度及螺纹配合均有严格要求。为了保证螺纹的良好配合，螺栓与螺帽应配套使用，为此可在螺栓、螺帽的侧面打上钢号。

重要的螺栓应建卡,卡片上注明材质、经何种热处理、无损探伤结论、用于何处及日期。

2. 螺栓副的润滑

为了防止螺栓副(螺栓与螺帽配对后的简称)在紧固和拆开时不发生螺纹部位被拉伤、卡死的现象,以及防止经长期运行产生锈蚀,在检修时必须对螺栓副进行认真的清洗,并在螺纹部位涂上润滑剂。常用的润滑剂有铜基润滑膏、片状黑铅粉、二硫化铝(温度不超过400 ℃)。

3. 螺栓的紧固

大部分螺栓可在常温下紧固,不需加热。对于大直径螺栓因螺纹之间、螺帽与法兰的接触面存在很大的摩擦力,要使螺栓达到要求的紧力,仅靠扳手的力量已不可能,需采用加热紧固。

第二章 阀门检修

阀门是管道系统的主要部件之一,它的作用是控制或调节流体的通流状态,即接通或截断管路中的通流介质,调节流体的流量和压力,改变流体的流动方向。它对热力设备的效率、工作性能和安全运行有直接影响。

阀门在火力发电厂中属于规格品种复杂、数量最多的一种通用配套设备,其中主蒸汽、高温再热、低温再热和给水系统的管道阀门不但可靠性要求高,而且在大机组全程用计算机程控时,必须能满足机组特性,保证打得开、关得严、不泄漏,能经得起长期冲蚀。

安装在电站汽、水管道上的各种阀门,首先密封性要好,不能泄漏;其次强度和调节性能要好,要经得起高压汽、水的冲蚀,化学水处理系统的阀门还要考虑耐腐蚀的问题。电站阀门的跑、冒、滴、漏,不但会影响机组的效率,更重要的是会危及人身和设备的安全。发电厂的阀门广泛用于蒸汽系统、给水系统、冷却水系统、油系统、除灰系统等。由于长时间的运行和介质的特殊性,阀门内漏和外漏现象较为突出,尤以内漏为主。造成内漏的原因是启闭件受到流体的冲刷、汽蚀、腐蚀、磨损、氧化及其联合作用,因此有必要修复电厂阀门。

第一节 阀门分类及检查

一、阀门分类

1. 按用途分类

(1)关断阀门。用来切断和接通介质流通通路,是热力系统中用量最多的阀门,如闸阀、截止阀、蝶阀、球阀等。

(2)调节阀门。用来调节工作工质的流量、温度、压力、水位等,如调节阀、节流阀、减压阀、疏水阀等。

(3)安全阀门。用来保护设备,防止事故发生,如安全阀、止回阀、隔膜阀、事故排放水阀等。

2. 按公称压力分类

(1)低压阀。PN≤1.6 MPa 的阀门。

(2)中压阀。PN = 2.5 ~ 6.4 MPa 的阀门。

(3)高压阀。PN = 10.0 ~ 80.0 MPa 的阀门。

(4)超高压阀。PN > 100.0 MPa 的阀门。

3. 按介质工作温度分类

(1)常温阀。用于介质工作温度为 40 ~ 120 ℃的阀门。

(2)中温阀。用于介质工作温度为 120 ~ 450 ℃的阀门。

(3)高温阀。用于介质工作温度大于 450 ℃的阀门。

4. 按操作方式分类

(1)手动阀。借助手轮、手柄、杠杆或链轮等,由人力驱动,传动较大力矩时,装有蜗轮、齿轮等减速装置。

(2)气动阀。借助压缩空气来驱动。

(3)电动阀。借助电机或其他电气装置来驱动。

(4)液动阀。借助(水、油)来驱动。

此外,还有以上几种驱动方式的组合,如气 – 电动阀等。

二、阀门的主要技术性能

1. 强度性能

阀门的强度性能是指阀门承受介质压力的能力。阀门是承受内压的机械产品,因而必须具有足够的强度和刚度,以保证长期使用而不发生破裂或产生变形。

2. 密封性能

阀门的密封性能是指阀门各密封部位阻止介质泄漏的能力,它是阀门最重要的技术性能指标。阀门的密封部位有 3 处:启闭件与阀座两密封面间的接触处;填料与阀杆和填料函的配合处;阀体与阀盖的连接处。其中前一处的泄漏叫作内漏,也就是通常所说的关不严,它将影响阀门截断介质的能力。对于截断阀来说,内漏是不允许的。后两处的泄漏叫作外漏,即介质从阀内泄漏到阀外。外漏会造成物料损失,污染环境,严重时还会造成事故。对于易燃易爆、有毒或有放射的介质,外漏更是不允许的,因而阀门必须具有可靠的密封性能。

3. 流动性能

介质流过阀门后会产生压力损失（阀门前后的压力差），也就是阀门对介质的流动有一定的阻力，介质为克服阀门的阻力就要消耗一定的能量。从节约能源上考虑，设计和制造阀门时，要尽可能降低阀门对流动介质的阻力。

4. 动作性能

（1）动作灵敏度和可靠性

这是指阀门对于介质参数的变化做出相应反应的敏感程度。对于节流阀、减压阀、调节阀等用来调节介质参数的阀门以及安全阀、疏水阀等具有特定功能的阀门来说，其功能灵敏度与可靠性是十分重要的技术性能指标。

（2）启闭力和启闭力矩

启闭力和启闭力矩是指阀门开启或关闭所必须施加的作用力或力矩。关闭阀门时，需要使启闭件与阀座两密封面间形成一定的密封比压，同时还要克服阀杆与填料之间、阀杆与螺母的螺纹之间、阀杆端部支承处及其他摩擦部位的摩擦力，因而必须施加一定的关闭力和关闭力矩。阀门在启闭过程中所需要的启闭力和启闭力矩是变化的，其最大值出现在关闭的最终瞬时或开启的最初瞬时。设计和制造阀门时应力求降低其关闭力和关闭力矩。

三、阀门的基本参数

1. 公称通径

阀门的公称通径是指符合有关标准规定，用来表征阀门与管道连接处通道的名义内径，用 DN 表示，单位为 mm，它表示阀门规格的大小。

2. 公称压力

阀门的公称压力是指符合有关标准规定，用来表征特定材质阀门在一定温度范围内所允许的工作压力值。按我国的标准，阀门的工作温度等于或小于阀体、阀盖材料的基准温度时，阀门的公称压力就是阀门的最大工作压力。公称压力用符号 PN 表示。

3. 适用介质

按照阀门材料和结构形式的要求，阀门适用的介质有：

（1）气体介质，如空气、蒸汽、石油气和煤气等。

（2）液体介质，如油品、水、液氨等。

（3）含固体介质，如粉、煤、灰等。

(4)腐蚀介质和剧毒介质。

4. 试验压力

试验压力包括强度试验压力和密封试验压力。

5. 阀门密封副

密封副是保证阀门可靠工作的主要部件,由阀座和关闭件组成,依靠阀座和关闭件的密封面紧密接触或密封面受压塑性变形而达到密封的目的。

6. 阀门填料函

(1)填料函的结构

填料函通常在阀盖上部,为防止介质从阀杆和阀盖的间隙处渗漏,填料的材料和填料函的结构是保证阀门在填料函处不渗漏的重要条件。填料函由填料压盖、填料和填料垫等组成。填料函的结构可分为压紧螺母式、压盖式和波纹管式 3 种。

(2)填料圈数

软质填料:$PN=2.5$ MPa 时,$4\sim10$ 圈;$PN=4.0\sim10$ MPa 时,$8\sim10$ 圈。

成型塑料填料:上填料 1 圈,中填料 $3\sim4$ 圈,下部为一个金属填料垫。

四、阀门的检修检查

阀门检修可分为解体检查、缺陷处理、阀门组装及严密性检验四个环节。

阀门拆除时,用钢字模在阀门及与阀门相连的法兰上打好检修编号,并记录该阀门的工作介质、工作压力和工作温度,以便修理时选用相应的材料。

检修阀门时,要求在干净的环境中进行。首先清理阀门外表面,用压缩空气吹或用煤油清洗,记清铭牌及其他标识,检查外表损坏情况,并做记录。然后拆卸阀门各零部件,用煤油清洗(不要用汽油清洗,以免引起火灾),检查零部件损坏情况,并做记录。除此之外,还要对阀体阀盖进行强度试验,如果是高压阀门,还要进行无损探伤,如超声波探伤、X 光探伤。可用红丹粉检查阀座与阀体及关闭件与密封圈的配合情况。检查阀杆是否弯曲,有无腐蚀,螺纹磨损如何。检查阀杆螺母磨损程度。

阀门解体经认真检查后,即可确定检修内容。若在阀体或阀盖上发现裂纹或砂眼,应及时补焊。合金钢制成的阀体与阀盖,在补焊前应进行 $250\sim300$ ℃ 的预热,补焊后应使其缓慢冷却。用于动静件间密封的填料(俗称盘根)破裂或太干时应更换。更换新填料时,填料接口处应切成 45° 斜坡,相邻两层填料的接口应错开90°~180°。阀门经长期使用后,阀瓣和阀座的密封面会发生磨损,严密性降低,修复的主要方法是研磨。对磨损严重的密封面,要先堆焊,经车削加工后再研磨、校直或更换阀杆。修理一切需要修理的零部件,不能修复的需更换。

重新组装阀门。组装时,垫片、填料要求全部更换。

最后进行强度试验和密封性试验。

1. 阀门检修准备

(1)根据检修项目安排检修进度。

(2)检修人员应查清所要检修设备的缺陷记录,做到工作目标清楚。

(3)准备好检修阀门所用的专用工具,例如千斤顶、研磨胎、研磨手枪钻等。

(4)准备好检修阀门所用的一般工具,包括扳手、锤子、錾子、锉刀、撬棍、24~36 V行灯、各种研磨工具、螺钉旋具、套管、工具袋、换盘根工具等。

(5)准备材料,包括研磨料砂布、盘根、螺钉、各种衬垫、润滑油、煤油及其他备品备件等材料。

(6)对于高处不便于检修的阀门,要提前搭设脚手架。

(7)将所要检修的阀门及周围场地清扫干净。阀门各处螺栓需加少量螺栓松动剂浸透以便于拆卸。

2. 解体检查

阀门检修前应先解体,对各零件进行全面检查,以便针对检查出来的缺陷进行修理。解体的大致顺序是:拆下传动装置,卸下填料压盖,清除旧填料,卸下阀盖,铲除垫料,旋出阀杆,取下阀瓣。解体时应注意在连接件上打记号,防止装配时错位。

阀门的一般解体步骤包括:

(1)办理好检修工作票,确认系统隔绝措施做好后,将泄压的疏水门或空气门开启检查,无泄压门的可将就近的疏水门或空气门门盖拆开检查(拆开门盖时应采取不拿掉门盖螺母的措施,防止漏气将门盖顶出伤到人)。确认内部无压力、无余汽余水时方可工作。

(2)准备好工器具。

(3)清除阀门外的灰垢。

(4)在阀体及阀盖上打记号,防止装配时错位,然后将阀门杆置于开启状态。

(5)拆下传动装置并解体。

(6)卸下填料(盘根)压盖螺母,退出填料压盖,清除填料盒中的旧填料。

(7)卸下阀盖螺母,取下阀盖,铲除垫料。

(8)旋出阀杆,取下阀瓣,妥善保管。

(9)取下螺纹套筒和平面轴承。

(10)卸下的螺栓等零件,用煤油洗净后用棉纱擦干。

(11)较小的阀门,通常夹在台虎钳上进行拆卸,注意不要夹持在法兰接合面上,以防止法兰面损坏。

3. 阀门检查

全面检查的主要内容有:检查阀体和阀盖有无裂纹,阀杆的弯曲和腐蚀情况,阀瓣和阀座密封面的腐蚀磨损情况,填料有无损坏,各配合间隙是否适当等。

(1)检查阀体与阀盖表面有无裂纹、砂眼等缺陷;阀体与阀盖接合面是否平整,凹口和凸口有无损伤,其顶隙是否符合要求(一般为 0.2~0.5 mm)。

(2)检查阀瓣与阀座的密封面有无锈蚀、刻痕、裂纹等缺陷。

(3)阀杆弯曲度不应超过 1/1000,圆度不应超过 0.1~0.2 mm,表面锈蚀和磨损深度不应超过 0.1~0.2 mm,阀杆螺纹应完好,与螺纹套筒配合要灵活。不符合上述要求时要更换,所用材料要与原材料相同。

(4)填料压盖、填料盒与阀杆的间隙要适当,一般为 0.1~0.2 mm。

(5)各螺栓、螺母的螺纹应完好,配合适当,不缓扣。

(6)平面轴承的滚珠、滚道应无麻点、腐蚀、剥皮等缺陷。

(7)传动装置动作要灵活,各配合间隙要正确。

(8)手轮等要完整无损坏。

第二节 阀门的研磨及填料垫片更换

一、阀门研磨

门芯与门座的密封面研磨是阀门检修的主要项目,多为手工操作,工作量大,要求高,也很枯燥,应引起重视。

1. 研磨材料及规格

阀门的研磨材料有砂布、研磨砂、研磨膏。

(1)砂布。根据布上砂粒的粗细,砂布分为 00 号、0 号、1 号、2 号等,00 号最细。

(2)研磨砂。根据砂粒的粗细,研磨砂分为磨粒、磨粉、微粉三种。一般磨粒、磨粉作为粗研磨用。常用的研磨砂的种类及其用途见表 2-1。

表 2-1 常用的研磨砂

名称	主要成分	颜色	粒度号数	适用于被研磨的材料
人造刚玉	Al_2O_3 92%~95%	暗棕色 淡粉红色	12#~M5	碳素钢、合金钢、软黄铜等(表面渗氮钢、硬质合金不适用)
人造白刚玉	Al_2O_3 95%~97%	白色	16#~M5	
人造碳化硅 (人造金刚石)	Si_2C 95%~96%	黑色	16#~M5	灰铸铁、软黄铜、青铜、紫铜
人造碳化硅	Si_2C 97%~99%	绿色	16#~M5	
人造碳化硼	B72%~78% C20%~24%	黑色		硬质合金、渗碳钢

(3)研磨膏。研磨膏是用油脂(石蜡、甘油、三硬脂酸等)和研磨粉调制成的,一般作为细研磨用。

2. 手工研磨与机械研磨

(1)手工研磨的专用工具

手工研磨阀门密封面的专用工具,也称为胎具或研磨头、研磨座。开始研磨密封面时,不能将门芯与门座直接对磨,因其损坏程度不一致,直接对磨易将门芯、门座磨偏,故在粗磨阶段应采用胎具分别与门座、门芯研磨。研磨门芯用研磨座，研磨门座用研磨头。

研磨胎具的材料硬度要低于门芯、门座，通常选用低碳钢或生铁制作。胎具的尺寸、角度应与被研磨的门芯、门座大小一致。

在研磨时要配上研磨杆。研磨杆与胎具建议采用止口连接，见图2－1(a)中的A。这种连接便于更换胎具，并使研磨杆与胎具同心。

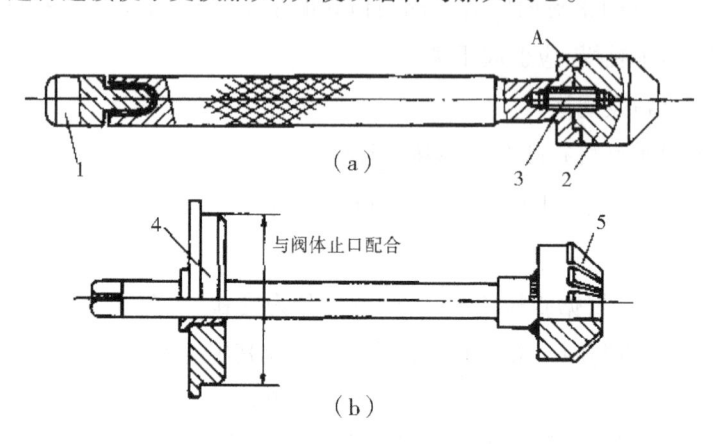

图2－1 研磨杆

1——活动头；2——研磨头；3——丝对；4——定心板；5——铣刀头

在研磨过程中，研磨杆与门座要保持垂直。图2－1(b)所示的研磨杆用一块嵌合在阀体上的定心板4进行导向，使研磨杆在研磨时不发生偏斜。如发现磨偏时，应及时纠正。在制作和使用研磨专用工具时，应注意研磨杆的头部也可安装锥度铣刀头5，直接对门座进行铣削，以提高研磨效率。

(2) 机械研磨

用于机械研磨所需的研磨机，已由专业厂进行研制和生产，目前在市场上可购到适用于各式阀门密封面研磨的研磨机。它的出现已逐步改变用手工研磨或由检修人员自制研磨机的局面。现在介绍目前还在运用的机械研磨工具。

①球型阀电动研磨。研磨小型球型阀时可用手枪电钻夹住研磨杆进行。电钻研磨效率很高，如研磨门座上0.2~0.3 mm深的坑，只要几分钟就能磨平。用电动研磨完后还需再用手工细研磨。

②闸板阀研磨装置。闸板阀门座的研磨采用手工研磨，不仅费时，而且很难保证质量，故多采用机械研磨。

③振动式研磨机。该机结构如图2－2所示。研磨板1为圆盘形，用生铁

铸造,上平面精车。弹簧2(4~6只)起支撑研磨板作用,并使其产生弹性振动,弹簧的张力可用螺栓调整。研磨板的振动是靠偏心环所产生的离心力,该环装在电动机的轴颈上,其偏心距可以调整。

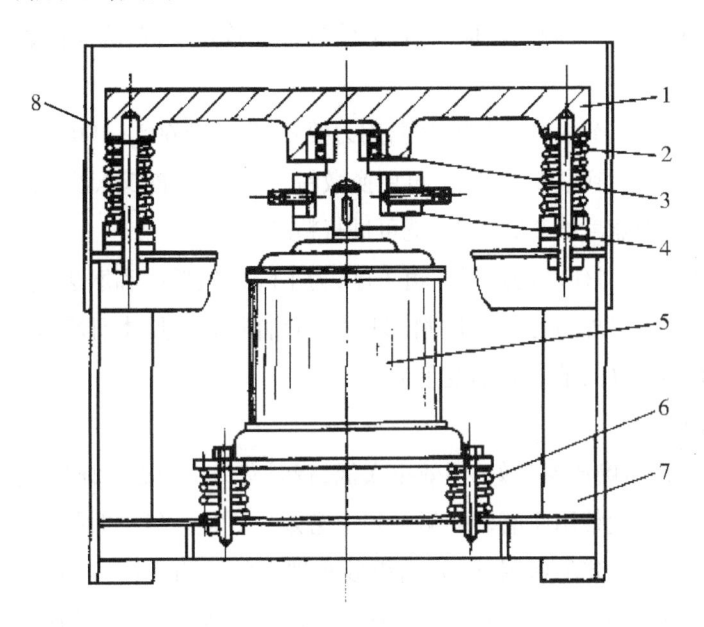

图2-2 振动式研磨机结构示意图

1——研磨板;2,6——弹簧;3——向心球面滚珠轴承;
4——偏心环;5——电动机;7——机架;8——安全罩

使用振动式研磨机时,在研磨板上涂上一层研磨砂,将闸板阀门芯要磨削的一面放在研磨板上,然后启动电动机,根据振动情况调整偏心环的偏心距。正常的振动现象:门芯自身受研磨的振动作用产生自转,并沿着研磨盘圆平面位移(但不许门芯产生跳动)。门芯通过振动与旋转达到研磨的目的。

研磨盘磨损到一定程度后应上车床进行精车。

(3)球型阀门的研磨步骤及方法

用研磨砂研磨

用研磨砂研磨球型阀密封面可分为四个步骤:

①粗磨。阀门密封面锈蚀坑大于0.5 mm时,应先车光,再进行研磨。具体做法是:在密封面上涂一层280号或320号磨粉,用约15 N的力压着胎具顺一个方向研磨,磨到从胎具中感到无砂颗粒时把旧砂擦去换上新砂再磨,直至麻点、锈蚀坑完全消失。

②中磨。把粗磨留下的砂擦干净,加上一层薄薄的 M28-M14 微粉,用 10 N 左右的力压着胎具仍顺一个方向研磨,磨到无砂粒声或砂发黑时就换新砂。经过几次换砂后,密封面基本光亮,隐约看见一条不明显、不连续的密封线,或者在密封面上用铅笔画几道横线,合上胎具轻轻转几圈,铅笔线被磨掉,就可以进行细磨。

③细磨。用 M7-M5 微粉研磨,用力要轻,先顺转 60°~100°,再反转 40°~90°,来回研磨,磨到微粉发黑时,再更换微粉,直看到一圈又黑又亮的连续密封线,且占密封面宽度的 2/3 以上,就可进行精磨。

④精磨。这是研磨的最后一道工序,为了降低粗糙度和磨去嵌在金属表面的砂粒,磨时不加外力也不加磨料,只用润滑油研磨。具体研磨方法与细磨相同,一直磨到加进的油磨后不变色为止。

用砂布研磨

用研磨砂研磨质量虽好,但效率太低,费时费力。用砂布研磨速度快,也比较干净,尤其是代替用研磨砂的粗磨和中磨效果更佳。研磨时把砂布固定在胎具上,对有严重缺陷的密封面,先用粗砂布把大的缺陷磨掉,再换细砂布研磨,最后用抛光砂布磨一遍。研磨时可按一个方向旋转胎具,且用力要轻而均衡。在研磨的过程中应注意不要使砂布折叠而把密封面磨坏。

二、阀门的填料更换

填料俗称盘根,用于动静部件间的密封。阀门的阀杆是一个活动部件。它与阀盖之间的密封方法均采用盘根密封法,即用填料围着阀杆装入盘根室内,并将填料压紧达到密封目的。随着高温高压技术的出现,对阀杆的密封做了一些改进。如图 2-3(a)所示的阀杆反向密封装置,是把盘根室的下方加工成反向阀座,当阀门全开时,靠门芯的背部与反向门座密封,内压不致作用于盘根上,但只有在阀门全开时才起到密封作用,而且在阀门启闭的过程中还是依靠盘根密封,故有它的局限性。又如图 2-3(b)所示的迷宫式密封装置,是将阀杆加工成很多环状槽,高压流体每流过一道槽即降一次压,流至出口高压就变成低压,达到密封目的。此装置使阀门结构变得复杂,阀体高度增加很多,而且其构件的加工精度要求极高,用料也有特殊要求,除极少数特殊阀门采用此结构外,一般均不宜采用。

(a) 全开时此密封面接触

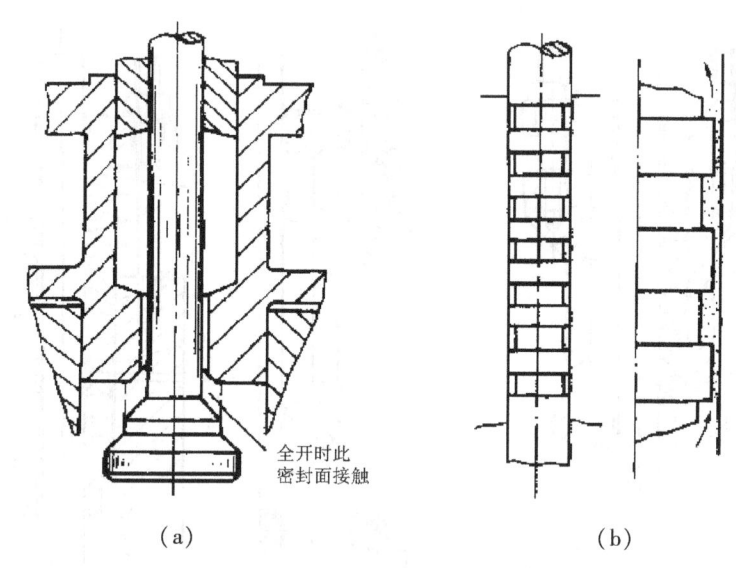

(b)

图2-3 两种阀杆密封装置

(a)阀杆反向密封装置;(b)迷宫式密封装置

尽管盘根密封法有不足之处,如泄漏,阀杆易磨损、腐蚀,运行中检修困难等,但此法经济、使用方便、适应性强、技术上成熟,至今尚无其他方法与其相比,故应熟练掌握其工艺。

1. 盘根密封装置

盘根密封装置的结构如图2-4所示。图(a)为盘根密封装置的基本结构。图(b)与图(a)相同,仅将压盖螺栓改成活节式结构,这样便于加、取盘根。图(c)结构的主要区别在于:①在盘根上部装有弹性很强的碟形弹簧7,压盖2通过碟形弹簧作用在盘根上,在运行中若盘根发生收缩变形而松弛时,则可依靠碟形弹簧的张力将其自动压紧,保证在运行中不泄漏;②在盘根室中部装有密封环9(类似泵类的水封环),从阀体外引入有压力、无害的流体(图中A处),对盘根起密封作用,并保证阀体内的流体不向外泄漏。该盘根结构用于有毒或有放射性的流体及其环境。图(d)为高压油、气阀门的盘根,可承受60 MPa压力。图(e)是用皮碗密封,适用于压缩空气系统。图(f)为小口径低压阀门阀杆密封的基本结构。

2. 更换盘根的方法及注意事项

(1)根据流体参数、理化性质及盘根盒尺寸,正确地选用盘根。

(2)阀杆与阀盖的间隙不要太大,一般为0.10~0.20 mm。阀杆与盘根的接触段应光滑,以保证其密封性能。

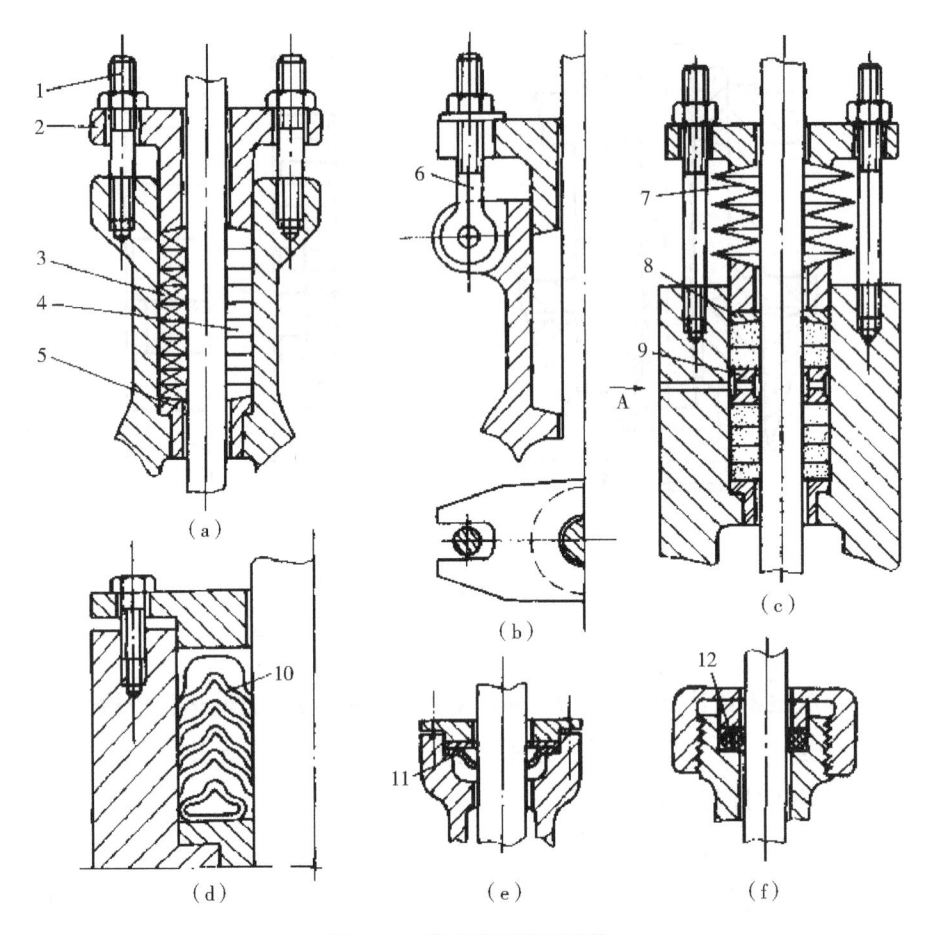

图 2-4 盘根密封装置结构

1——压盖螺栓；2——压盖（压板、格兰）；3——盘根（填料）；4——盘根盒（盘根室、填料盒）；
5——衬套；6——活节螺栓；7——碟形弹簧；8——不锈钢垫圈；9——密封环；
10——人字形橡胶密封圈；11——皮碗；12——O 型密封圈

(3) 破裂或干硬的盘根不能使用。盘根的宽度与盘根盒的径向空隙相差不大时(2 mm 左右)，允许将盘根拍扁，但不得拍散。汽水阀门在加盘根时，应放入少量鳞状干石墨粉，以便取出。

(4) 盘根的填加圈数应以盘根压盖进入盘根盒的深度为准。压盖压入部分应是压盖可压入深度 H 的 1/2～2/3。

(5) 加盘根时应用两个半圆套管对每圈盘根进行压紧，以防止盘根全部加好后再用压盖一次加压产生上紧下松的现象。压盖压紧后与阀杆四周的径向间隙要求一致。

(6)新加入的盘根相邻两圈的接头错开120°~180°,盘根切口要整齐,并无松散的纤维头,接头应切成30°~45°斜口。

为了增强盘根的密封性能及改进在现场制作盘根圈的烦琐工艺,目前一些主要系统上的阀门已采用密封材料制成的各种规格的密封圈(如 RSM-O 型柔性石墨密封圈)。这类密封圈可单独使用,通常在封圈的上下加上用不锈钢材料制作的保护垫圈,并要求阀杆的表面粗糙度达到 0.6,阀杆不同心度控制在 0.05 mm 以下。为了便于安装,封圈开有切口,在安装时不可将封圈切口沿径向拉开而应沿阀杆轴向扭转,使切口错开。封圈套进阀杆不能做多次往复扭转。

3. 盘根密封装置的主要缺陷及处理方法

盘根密封装置的主要缺陷、原因及处理方法见表 2-2。

表 2-2　盘根密封装置的主要缺陷、原因及处理方法

主要缺陷	原因	处理方法
安装盘根时盘根断裂	盘根过期、老化或质量太差;盘根断裂,尺寸过大或过小,在改型时锤击过度	更换质量合格且与盘根盒规格相符的新盘根
阀门一投入运行就发生泄漏	盘根压紧程度不够;加盘根方法有误;盘根尺寸过小	适当拧紧压盖螺丝(允许在运行中进行),若仍泄漏,就应停运取出盘根,重新按正规工艺填加合格的盘根
阀门运行长时间后发生泄漏	由于盘根老化而收缩,致压盖失去原有的紧力,或因盘根老化、磨损,在阀杆与盘根之间形成定型的轴向间隙;因阀杆严重锈蚀而出现泄漏	若泄漏很严重,则应停运检修;若泄漏量不大,允许在运行中适当拧紧压盖螺帽;对锈腐的阀杆必须进行复原及防锈处理
阀门运行中突然大量泄漏	多属于发生突然事故,如系统的压力突然增加或盘根压盖断裂、压盖螺栓滑丝等机械故障	检查系统压力突增的原因,凡发生大量泄漏的阀门盘根应重新更换;有缺陷的零部件必须更新
阀杆与盘根接触段严重腐蚀	阀杆材料的抗腐能力太差,密封处长期泄漏;盘根与阀杆接触段产生电腐蚀	重要阀门的阀杆应采用不锈钢制造,对已腐蚀的阀杆,可采用喷涂工艺解决抗腐问题。抗电腐蚀:应采用抗电腐蚀的材料加工阀杆;在加盘根时应注意清洁工作,做水压试验时要用凝结水以减小电解作用

续表 2-2

主要缺陷	原因	处理方法
盘根与阀杆、盘根盒严重粘连及盘根盒内严重锈腐	长期泄漏或阀门长期处于全开或全关状态;工作不负责任,未认真清理旧盘根和盘盒,加盘根时不加黑铅粉	阀门不允许发生长期泄漏;在检修时必须认真清理盘根盒,加盘根时在盘根盒内抹上干黑铅粉或抗腐蚀的涂料

4. 盘根的挤紧力与介质压降的关系

图 2-5 是对盘根的填装采用两种不同的工艺,通过实验所得的盘根挤紧力与介质压降相互关系的对比曲线。

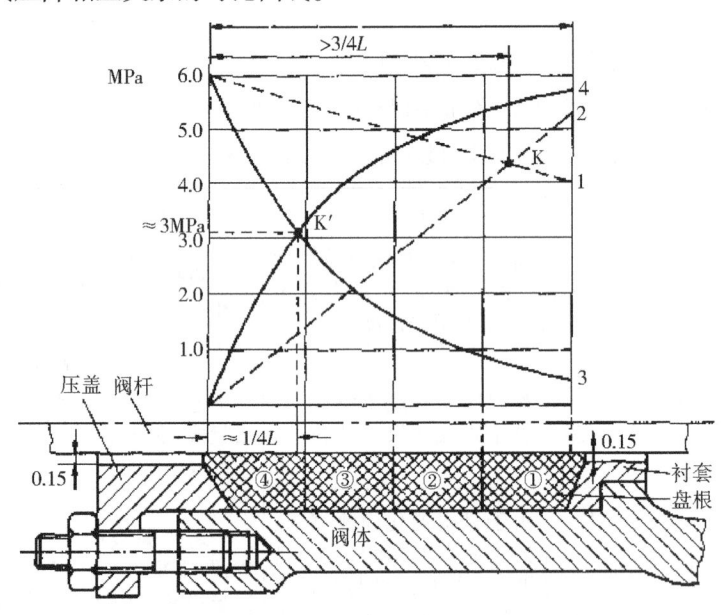

图 2-5 盘根的挤紧力与介质压降的关系

1——盘根分多次压紧所得的盘根挤紧力曲线;2——盘根分多次压紧所得的介质压降曲线;
3——盘根一次压紧所得的盘根挤紧力曲线;4——盘根一次压紧所得的介质压降曲线

从图中两组曲线的变化,可得到以下结论:

(1)若对盘根每圈都用压盖分别压紧,则每圈盘根受到的挤紧力大致相等,所得的挤紧力曲线 1 为近似直线。经过盘根的介质压降与盘根的挤紧力成正比,故所得的压降线 2 也是近似直线。两线相交于 K 点。

(2)若待所有盘根加填完后,用压盖一次压紧,则盘根受到的挤紧力明显不等。受挤紧力最大的是第④圈,第③圈次之,①、②圈受力甚微,所得挤紧力线 3 为一条变化极大的曲线,由此而产生的压降曲线 4 也必然是一条变化明显的曲线。3、4曲线交于K′点。

（3）K点由第①圈移至第④圈的K′点,密封点明显向盘根室的出口位移。可看出只要第④圈出问题,盘根就有可能发生泄漏,说明盘根一次压紧的工艺是危险的。

（4）由于挤紧力集中在第④圈（K′点）,也造成阀杆在此段的超常磨损。

三、阀门的垫料更换

垫料用于法兰连接的接合面,起密封作用。阀体与阀盖的法兰间、管道和阀门等的法兰间、烟风道的法兰间均需垫置垫料。选用时,可根据介质类型、温度、压力进行选取。要求衬垫的材料应具有以下性质：

有一定的强度及足够的弹性与韧性;有抵抗介质侵蚀的性能;受温度变化的影响小。

放置安装阀门衬垫时,应先将法兰接合面和衬垫两面都清理干净,在衬垫上均匀地抹上掺油的黑铅粉,再抹上干铅粉,然后将衬垫放到法兰接合面上,扣上法兰,夹住衬垫,对称地旋紧法兰螺钉。在紧固螺钉时,应注意随时检查法兰平面之间的间隙是否均匀,尤其是高压阀门的法兰更应这样做。

各种垫类质量要求如下：

齿形垫加工按图样进行,其硬度在130HBW以下;

齿形垫不得有裂纹、翻边、不平等现象,齿上不得有径向顺沟槽、缺口等缺陷;

齿形垫型线为同心圆;

齿形垫各个齿高一致,各齿高不均匀度在0.05 mm以内,厚度差在同一上齿形垫不得大于0.1 mm。

石棉纸垫内径应大于法兰内径1~2 mm,外径以对齐螺栓孔内径为宜,有止口的法兰垫要大于止口内径,外径垫片则应小于止口外径0.5~1 mm为宜。

石棉纸垫、铜垫、橡胶垫片表面不能有裂纹、贯穿沟道或高低不平现象。

存放过久已老化的石棉纸、橡胶垫不能使用。

铅垫用纯铜板并使用车床车削,用前需经再结晶退火来软化处理（铜垫加热至400~500 ℃后放入水中冷却）,铜垫有局部熔化者不能使用。

棉纸胶垫做成后,涂黑铅粉或二硫化铝,低压空气门和水门可涂白铅油。

第三节 阀门检修工艺

热力系统中的阀门种类繁多,其中以闸板阀和球型阀占绝大多数。现以常见的闸板阀和球型阀为例,简单叙述阀门的检修工艺。

对于焊接在管道上的高压阀门,如属一般性缺陷,则通常就地检修;若损坏严重,则应把阀门从管道上切割下来,运到修理车间进行检修。对于法兰连接的阀门,也要视其缺陷情况和阀门大小,决定是否需要从管道上拆卸下来修理。

拆卸前必须检查确认阀门连接的管道已从系统中隔离,管道内已无压力,阀门才能进行拆卸。将检修的阀门从运行系统中隔断,一般采用单向隔断,如图2-6(a)所示。单向隔断要考虑到流体是否有倒灌的可能(流体从其他管道回流),必要时可采取双向隔断,即将检修部位的两端均隔断,如图2-6(b)所示。作为隔断用的阀门、堵板必须可靠、不泄漏、有足够的强度,并采取有效的监护措施(如挂牌、加封条等)。

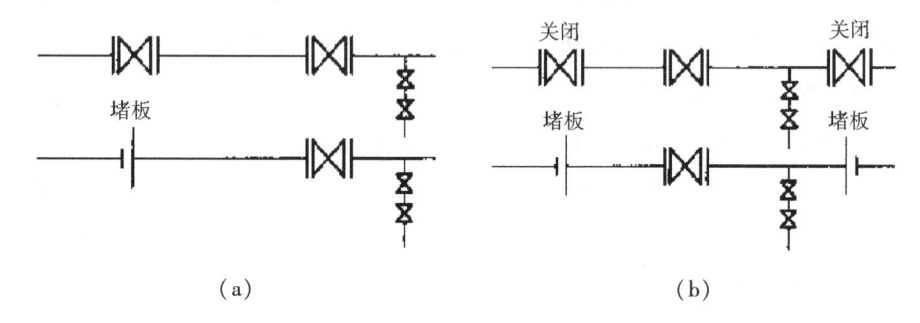

图2-6 管道系统的隔断方法
(a)单向隔断;(b)双向隔断

阀门从系统上隔断后,应将这段上的疏水阀、排污阀全部打开(直到检修完毕投入运行时方可关闭)。若此段无疏水、排污装置,就可用阀门自身的排放孔进行排放,或将旁路管卸下进行排放。

在系统上拆装较重的阀门时,要有可靠的起吊设备,检修部位应有足够强度的工作平台或脚手架。

在拆卸阀门前,应考虑此阀门拆下后两端管道会产生什么样的位移,并采取相应的固定管道位移的措施。

在解体前,应将阀门开启少许,以防门芯与门座锈蚀或卡死,给解体带来困难。

阀门拆除后,用布或堵头将管口封住。

运行中的阀门常发生各种故障,现将阀门的常见故障、原因及处理方法列于表 2-3 中,供检修参考。

表 2-3　阀门的常见故障、原因及处理方法

常见故障	原因	处理方法
阀体渗漏	主要是制造问题,阀体的坯件有砂眼、夹层、裂纹	一般的阀门可做更换处理;重要的阀门可采取补焊的办法进行修复
阀杆与螺母的螺纹发生滑丝	长期使用,螺纹严重磨损;螺纹配合过松;操作有误,用力过大	更换阀杆或螺母;不许随意加长力臂进行关阀
阀杆弯曲或阀杆头折断	阀杆弯曲多为关阀的扭力过大;阀杆头折断多发生在开启阀门时,由于门芯卡死或门已开至最大,还继续用力开阀	若阀门已关紧还有泄漏,则只能说明密封面已经受损,此刻再用加力的方法使其不漏,是错误的做法;阀门用正常扭力打不开时,应解体检修
阀体与阀盖之间的结合面泄漏	螺栓的紧力不够;螺栓滑丝或已断;接合面的垫子损坏;接合面不平	在任何情况下,都不允许在运行中紧螺栓,应在停机后进行检查修理
阀门关闭不严(关紧后还是泄漏)	阀门没有真正关紧;门芯与门座的密封面没有研磨好或受损;阀体内有异物,门芯下落后不能到位	将阀门开启再重新关阀,并适当加力关闭阀门,若加力后还是泄漏,待停机后解体检查
门座与阀体的配合处泄漏	装配紧力不够;门座环(密封环)的强度不够,因热变形而松动;阀体的配合处有砂眼或裂纹	取下门座环进行堆焊或镀铬,再按过盈配合标准精车;更换新门座环(密封环);阀体的砂眼、裂纹可进行补焊修复
开启阀门时阀杆在动,但阀门没有打开	此类故障多发生在阀杆头与门芯的连接处的部件上:阀杆头折断;阀杆头与门芯的连接销脱落或折断;阀杆头与门芯的卡口磨损;门芯上的螺母滑丝(注:若是球型阀,则有可能阀门装反)	应认识到:阀杆头与门芯的连接处是阀门故障的多发区,因该处一直受到介质的冲刷、腐蚀,并在启闭阀门时,该处受力最大,故在检修时应特别仔细并将其零件换成抗腐蚀的材料
运行中的阀门突然自行关闭	其原因同上	处理方法也同上。某些重要管道上的阀门,如油系统的阀门,要求阀门横装或倒装,以防此类事故发生

续表 2-3

常见故障	原因	处理方法
启闭阀门用力超常或启闭不动	盘根压得过紧或压盖紧偏；阀杆螺纹与螺母螺纹锈死；阀门长期处于全开或全关状态，其活动部件锈住，阀杆严重弯曲；冷态下阀门关得太紧，受热后胀住；阀门开启过头被卡死	适当拧松压盖螺帽，再试开；在检修时对阀门的活动零件应采取润滑和防锈腐处理，如抹润滑脂，抹干黑铅粉；阀门应定期进行启闭活动，预防因长期不动而锈住；阀门全开后再关回 1/2～1 圈

一、截止阀的检修

1. 截止阀的结构

截止阀是利用装在阀杆下面的阀盘与阀体突缘部分（阀座）的配合来开闭阀门的。根据阀体结构的不同，可将其分为直通式、角式和直流式。截止阀在使用时，对介质的流向有一定要求，所以在阀体外部用箭头标出流向。

截止阀用于直径较小的管道，而闸阀用于直径较大的管道。为确保截止阀关闭后阀杆的密封填料不承受压力，以延长填料的寿命并便于维修，介质通常从截止阀密封面的下部流入，从密封面的上部流出。由于介质流经截止阀时，流向和流动界面变化较大，介质的压降较大，当介质流量较大时，压降增大造成的动力消耗较大。

截止阀的阀芯面积与直径的平方成正比。随着管道直径的增加，介质作用在阀芯上的力大幅度增加，阀杆所承受的力也随之增大，给制造带来困难。所以，截止阀适用于管道直径较小，对阀门关闭的严密性要求较高的工况，如疏水阀、定期排污阀及燃油阀等。

图 2-7 所示为高压直通式截止阀。阀体、阀盖和支架连为一体，锻造而成，和管道的连接方式为焊接。阀座密封面直接在阀体堆焊司太立硬质合金，然后加工出锥面，为锥面密封。阀杆和阀瓣制成一体，密封采用柔性石墨编织填料，用调料压套、止推环、填料压板压紧密封。阀杆套上有表示开关的指示标志，可以清晰地表示阀门的开闭状态。阀杆螺母安装在导向套内，导向套安在架上，然后用阀杆螺母压盖压紧；在阀杆螺母的台肩处上下各有滚针轴承和减磨垫，以减少操作时的摩擦力；在阀杆螺母压紧盖处有 O 型密封圈，可以防止污物进入轴承。阀杆螺母与手轮连接采用螺纹，并用挡圈卡住，这样旋转手轮就可开启和关闭阀门。

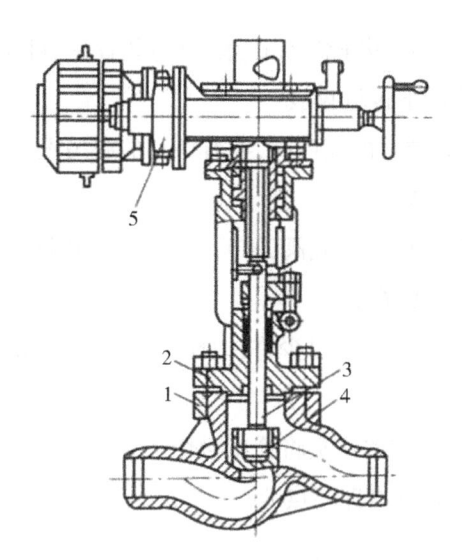

图 2-7 高压直通式截止阀

1——阀体;2——阀盖;3——阀杆;4——阀芯;5——电动头

阀门阀体采用碳钢制成,阀杆采用铬钼钢,阀杆螺母采用铝青铜,填料压套采用铬钼钢,该阀门还有电动、气动操作。

一般截止阀安装时使流通工质由阀芯下面往上流动,这样当阀门关闭时,阀杆处的密封填料不致遭受工质压力和温度的作用,并且在阀门关闭严密的情况下,还可进行填料的更换工作。其缺点是,阀门的关闭力较大,关闭后阀线的密封性易受介质的压力作用而产生"松动"现象。因此,有时也使介质由阀芯上面向下流动,但这样阀门的开启力较大。

2. 阀门拆卸的注意事项

对于焊接在管道上的高压阀门,如有一般性缺陷,则通常就地检修;若损坏严重,则应把阀门从管道上切割下来,运到修理车间进行检修。对于法兰连接的阀门,也要视其缺陷情况和阀门大小,决定是否需要将其从管道上拆卸下来修理。

(1) 在拆卸前必须检查确认阀门连接的管道已从系统中断开,管道内已无压力,才能将阀门拆卸。将待检修的阀门从运行系统中隔断,一般采用单向隔断。单向隔断要考虑流体是否有倒灌的可能(流体从其他管道回流),必要时可采取双向隔断,即将检修部位的两端均隔断。作为隔断用的阀门,堵板必须可靠、不泄漏,有足够的强度,并采取有效的监护措施(如挂牌、加封条等)。

阀门从系统上隔断后,应将这段上的疏水阀、排污阀全部打开(直到检修完毕投入运行时方可关闭)。若此段无疏水、排污装置,就可用阀门自身的排放孔进行排放或将旁路管卸下进行排放。

(2)在系统上拆装较重的阀门时,要有可靠的起吊设备,检修部位应有足够强度的工作平台或脚手架。

(3)在拆卸阀门前,应考虑此阀门卸下后两端管道会产生什么样的位移,并采取相应固定管道位移的措施。

(4)在解体前,应将阀门开启少许,以防门芯与门座锈蚀或卡死,给解体带来困难。

(5)阀门拆除后,用布或堵头将管口封住。

3. 阀门的检修内容及修理要点

(1)阀体

高压阀门由于运行中温度的变化或制造缺陷,阀体可能产生裂纹、砂眼等缺陷。对其裂纹的检查及修理方法可参照汽包、汽缸裂纹的检查及修理方法。对补焊后的阀体,要做1.5倍工作压力的水压试验。当缺陷过大时,应更换阀门。

(2)门芯与门座

由于密封面经常受到汽水的冲刷、侵蚀、磨损,密封面易受损,从而造成泄漏。阀门检修的主要工作就是研磨门芯与门座的密封面。当密封面的锈坑过深时,可先用车床光一刀后再研磨。若密封面经多次修理已经变得很薄,就可将构成密封面的实体(密封环或密封座)取下更换新的(注:这类可拆卸的密封环一般采用过盈配合嵌合在门芯、门座体上)。如果门芯、门座的密封面未采用嵌合体的结构,则可采用在密封面上堆焊的办法解决。

由于密封面经常受到汽水的冲刷、侵蚀、磨损,密封面易受损,从而造成泄漏。阀门检修的主要工作就是研磨门芯与门座的密封面。当密封面的锈坑过深时,可先用车床光一刀后再研磨。若密封面经多次修理已经变得很薄,就可将构成密封面的实体(密封环或密封座)取下更换新的(注:这类可拆卸的密封环一般采用过盈配合嵌合在门芯、门座体上)。如果门芯、门座的密封面未采用嵌合体的结构,则可采用在密封面上堆焊的办法解决。

(3)阀杆

阀杆最易出现的缺陷是锈蚀、磨损及弯曲,如果锈蚀、磨损很严重,可以采用涂镀或热喷镀处理,并应测量弯曲值,如弯曲值超过允许值,就应进行校直。

阀杆上的螺纹必须完好无损，若发现滑丝、缺牙，则应更换新阀杆。

(4) 螺栓

有裂纹或滑丝、缺牙的螺栓，一定要更换。高压螺栓应按金属监督的规定进行处理。

(5) 垫子

对于阀门所用的垫子，每次大修时都应更换新垫，因旧垫已老化失去弹性，起不到密封作用。旧的金属垫经退火处理后可重新使用。

(6) 盘根

每次大修时都应全部更换并认真清理填料盒。

(7) 动力驱动装置

每次大修都应对动力驱动装置进行解体检查与调试。检查传动、减速装置的磨损情况，调整过扭力矩保护装置及限位机构，更换轴承及减速箱的润滑油。通知有关部门对自控系统、电气设备进行修理调试。

阀门组装的注意事项：

(1) 在装阀门时，应注意将阀杆上的套装件按顺序套在阀杆上。在装阀盖时，阀杆必须处于开启的状态，以防阀盖与阀体上紧后将门芯与门座压上或将阀杆顶弯。

(2) 在管道上焊接阀门时，应先点焊，然后把阀门开几圈，再进行接口全焊，以防温度过高卡住门芯或顶弯阀杆。

(3) 在安装带法兰的阀门时，阀门应全关，以防杂屑落入密封面。阀门法兰的螺孔与管道法兰的螺孔必须对正，不允许强力对口。

(4) 在安装阀门时，一定要弄清楚介质的流动方向，防止装反。除普通闸板阀可不考虑方向外，其他阀门都有方向性，包括特殊结构的闸板阀。如果装反，就会影响阀门的使用效果与寿命（如节流阀）或根本不起作用（如减压阀），甚至造成危险。

小口径截止阀（球形阀）在安装时应使介质的流向由下向上。这样流体阻力小，在开启阀门时省力；当阀门关闭时，阀盖的垫料以及盘根都不受介质的压力和温度的作用，并可在运行中更换或添加盘根。

口径大于 100 mm 的高压截止阀，在安装时应使介质的流向由上向下。这样是为了使截止阀在关闭时，介质的压力作用于门芯上方，以增加阀门的密封性。对于活动门芯的截止阀,不论其口径大小,只允许介质的流向由下向上,否则将会造成阀门打不开的危险。

(5)阀门的动力头(动力驱动装置)应在阀门安装后进行安装,以防损坏传动部件。根据动力驱动装置的结构,准确调整行程开关的位置,要求能将门关严和开足,同时根据技术规定进行过扭力保护试验。

(6)更换新阀门时,除制造厂有特殊规定外,在安装前均应进行解体检查,并按技术标准重新组装。

(7)凡是将要装在管道上的阀门(修理的或新更换的),在安装前必须做水压试验,并有试验合格证明方可使用。

4. 阀门的拆装

阀门解体:

(1)拆下定位螺栓和定位器,检查阀盖与阀体接合部位有无焊点固定,发现后用锯割或角向砂轮将焊点除去,同时防止损坏其内部螺栓。

(2)稍开阀门,松开填料压盖。

(3)手动将框架沿逆时针方向旋转,并将阀盖、阀杆、框架周围的组合件从阀体上取出。

(4)拆卸阀杆时,先拆卸手轮,将阀杆一边向顺时针方向转动,一边向下拔出。

(5)从阀杆拆卸阀瓣时,除去防止转动的点焊,将阀瓣止回帽退下,便可卸下。

(6)清理阀体的内部,检查阀座密封面的情况,确定检修方法,将解体的阀门用遮盖物盖好。

各部件的修理:

(1)将阀瓣(锥面或平面)密封面上车床车光,阀座密封面用专用研磨工具研磨,并仔细检查阀体是否有缺陷。

(2)清理阀杆表面的锈垢,检查有无弯曲,必要时校直,阀杆螺纹部分应完好。

(3)清理阀杆填料箱内的盘根,清理填料压盖与压板的锈垢,压盖内孔与阀杆间隙应符合要求。

(4)清理阀体的连接螺纹,使阀盖框架和阀体旋转灵活自如。

组装:

(1) 检查阀体内有无异物,将阀体内部擦净。

(2) 将阀瓣、阀杆、阀盖装进阀体内,添加填料。

(3) 旋紧阀盖框架到垫片为止,紧固阀盖固定螺母,紧固填料压盖螺栓,使之密封完好,符合质量要求。

(4) 安装手轮,将阀门操纵在关闭状态。

(5) 挂好该阀门的铭牌,将场地清扫干净。

5. 截止阀检修的工艺流程和标准

截止阀的检修工艺、质量标准和风险控制见下表:

表 2-4 截止阀的检修工艺、质量标准和风险控制

检修项目	检修工艺	质量标准	风险控制
截止阀检修	1. 开启阀门,拆除电动执行电源,拆开电动执行机构与支座连接螺栓,吊走电动执行机构(手动阀则可无该条)。 2. 拆卸法兰螺栓,把阀门吊下(用于法兰连接截止阀)。 3. 松掉阀盖与阀座连接螺栓,将阀芯一并抽出(用于法兰连接截止阀,也适用于部分仿苏高压焊接截止阀),或松开阀盖与阀座的顶丝,将阀盖旋掉,然后将阀杆阀芯一并抽出(用于焊接截止阀)。 4. 拆掉盘根盖螺母,提起盘根压盖,取出盘根。 5. 检查并研磨阀芯、阀座密封面。 6. 检查清理阀盖、法兰、盘根腔室。 7. 对手动阀若有必要,可拆下手轮检查铜套是否完好。 8. 装复按解体逆序进行。	1. 阀杆平直,最大弯曲度不大于 0.06 mm,表面应光滑、无沟槽、无损伤,梯形螺纹丝扣完好,无毛刺缺口。 2. 阀芯、阀座应清理干净,密封面光洁度达 0.8 以上,无破损、锈蚀等缺陷。 3. 把阀盖、接合面清理干净,无锈蚀、麻点,并用铜粉或二硫化钼粉擦拭,若阀杆架与阀体为丝扣连接,丝扣应完好,无毛刺或缺口。 4. 更换填料时,接口为 45°斜口,相邻两填料搭接口应错位 90°~180°,填料盖压入填料室高度为 5~8 mm,且松紧适当。 5. 将各部螺栓、螺母清理干净,螺纹应完好无损,并用黑铅粉或二硫化钼粉擦拭。 6. 单向推力球轴承滚珠和弹道无磨损和剥伤,涂黄油润滑,轴承压盖紧度适中。 7. 阀门与传动装置连接后,调整传动装置的扭矩和行程开关位置,手、电动切换应能互锁。 8. 阀门组合好后做 1.25 倍的公称压力试验,应严密无泄漏。 9. 阀门检修后应开关灵活,无卡涩,修后均处于关闭位置。	1. 检修前工作负责人检查现场照明良好,检查并清理检修现场,防止因环境不良造成的伤害。 2. 在维修前检查核实设备标牌并验证设备的隔离。 3. 使用的测量工具必须是经过标定、检验合格的工具。 4. 检修使用的电动工器具、照明及电器设备须认真检查线路有无破损,装置要符合要求。

6.截止阀的一般故障及处理方法

截止阀的一般故障及处理方法见表2-5：

表2-5 截止阀的一般故障及处理方法

序号	故障名称或现象	原因	处理方法
1	阀门内漏	阀门未关到位 阀门密封面有杂质 阀门密封面损坏	调整阀门行程 运行中反复多次开关阀门,直到清除杂质 对阀门密封面进行研磨修复
2	阀门盘根泄漏	填料压盖未压紧 填料不够或损伤 填料材质或型号不对	压紧填料压盖 增加或更换填料 更换正确的填料
3	阀门开关不灵或开关不动	填料压盖过紧 阀杆间隙太小 门杆弯曲	适当放松填料压盖 重新调整门杆间隙 重新加工门杆

二、闸阀的检修

1.闸阀的结构

闸阀又称闸板阀,只作截断装置之用。在阀体内设有一个与介质流动方向垂直的闸板,在闸板全开或全闭时,接通或切断介质通路。

闸阀主要由阀体、阀盖、阀杆、闸板等组成。

闸板有单闸板和双闸板两种。闸板的两个密封面成一定角度的为楔式闸板,两个密封面平行的为平行式闸板,两个密封面间加有弹簧或弹性装置的为弹性闸板。阀门开启时阀杆伸出阀体的叫明杆式,不伸出阀体的叫暗杆式。各种闸板、阀杆的不同组合构成了结构不同的闸阀。

下面以法兰密封式闸阀为例进行介绍。

图2-8所示为法兰密封式闸阀的基本结构,阀盖与阀壳依靠法兰螺栓的紧力来密封。阀盖与阀壳之间有密封圈,一般用相对较软的材料制作或制成齿形。这种结构的特点是,阀内介质的压力与螺栓的紧力方向相反,压力越大,密封性越差,越易泄漏。因此,为了防止泄漏,通常采用较大的螺栓紧力,使之足以抵消内部介质的压力,因而必须选用较大的螺栓和较厚的法兰,使阀门变得笨重。由于这种结构比较简单,其可用在低压管道上。

闸阀的结构特点是具有由两个密封圆盘所形成的密封面,阀瓣如同一块闸板插在阀座中。工质在闸阀中流过时流向不变,因而流动阻力较小;阀瓣的启闭

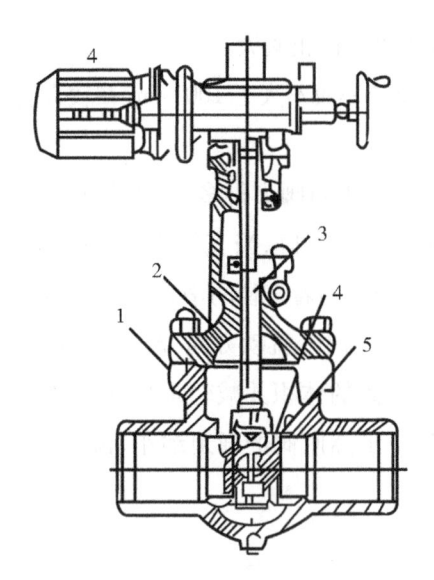

图 2 - 8　法兰密封式闸阀的基本结构

1——阀体；2——阀盖；3——阀杆；4——阀瓣；5——密封圈

方向与介质的流向垂直,因而启闭力较小。当闸阀全开时,工质不会直接冲刷阀门的密封面,故阀线不易损坏。闸阀只适用于全开或全关,而不适用于调节。

在主蒸汽管道和大直径给水管道中,减少管路的流动阻力损失具有很大意义,所以在这些管道中普遍采用闸阀作关断之用。在实际使用中,当管道直径小于 100 mm 时,一般不用闸阀,而采用截止阀,因为小直径闸阀的结构相对较复杂,制造和维修难度较大。大型闸阀一般采用电动操作。

2. 闸阀与截止阀的比较

闸阀与截止阀的不同之处在于：

(1)闸阀与截止阀相比,在开关阀门时,前者省力。

(2)闸阀可允许介质向两个方向流动,截止阀只允许单向流动。

(3)闸阀在完全开启时,工作介质对密封面的冲刷较小,但对截止阀的冲刷严重。

(4)对于相同的工作介质流量来说,闸阀的通径要比截止阀小。如对于参数为 7.84 MPa、480 度的蒸汽,当流量一定量时,闸阀的直径可选择 $d = 210$ mm,截止阀则为 $d = 300$ mm。

(5)闸阀的制造长度小于截止阀,闸阀阀体的制造也较简单。闸阀的流体阻力比截止阀小,闸阀的闸板制造与密封要比截止阀复杂。闸阀的高度要比截止阀大很多,其阀杆行程也比截止阀大。

(6)高压截止阀的通径一般不大于 100 mm,在较大直径的蒸汽与给水管路上就采用高压闸阀。

(7)截止阀的阻力系数比闸阀大得多,小直径截止阀的阻力系数可达 9~10,随着直径的增加,阻力系数下降,当直径达到 100 mm 时阻力系数又开始上升,但上升幅度不大。闸阀则随着直径的增大,阻力系数逐渐减小。

由于介质通过闸阀时不改变流动方向,流动截面变化较小,所以闸阀的压降较小。有时为了缩小闸阀的体积并减轻重量,降低闸阀阀杆的扭矩,常采用将闸阀通道缩小的方法。虽然闸阀的通道缩小,流动阻力增加,但阻力明显低于截止阀。

3.闸阀的拆装

拆卸:

(1)将阀门的驱动装置卸下,用起吊工具吊下,放至合适位置。

(2)用扳手把法兰螺栓全部拆下,把螺母用铁丝穿起来,放在一起,将阀盖上的填料压板螺栓松开。

(3)按逆时针方向转动阀杆螺母,用起吊工具将阀杆连同阀瓣、阀盖一起提起,放在检修场地,卸下阀瓣,保管好其内部万向顶、垫片及弹簧,测量垫片的总厚度并做好记录。

(4)清理阀体的内部,检查阀座的密封情况,确定检修方法,取下法兰密封垫,检查止口的情况,将解体的阀门用专用盖板或遮盖物盖好。

修理:

(1)阀座密封面用专用研磨机进行研磨,同时检查阀座是否有裂纹,阀座焊接部分是否被击穿,缺陷严重时应更换新阀座。

(2)阀瓣密封面用磨床研磨,然后放在平台上研平抛光。如果磨削量大,应进行堆焊或者更换新阀瓣。

(3)清理阀杆填料箱内的盘根,检查其内部填料座圈是否完好,内孔与阀杆间隙是否符合要求。

(4)清理阀杆表面的锈垢,检查其有无弯曲,必要时较直。梯形螺纹部分应完好,螺纹无断裂及损伤。

(5)清理填料压盖与压板的锈垢,表面应清洁、完好,压盖内孔与阀杆间隙应符合要求,其外壁与填料箱应无卡涩,否则应进行修理。

(6)清理各法兰螺栓,并检查是否有裂纹、断扣等缺陷,螺母应完整且转动灵活,螺纹部分应涂防锈剂。

(7)清理阀杆螺母及内部轴承,取出阀杆螺母及轴承并进行清洗,检查轴承转动是否灵活,若有缺陷应处理或更换。检查阀杆螺母的梯形螺纹是否完好,将轴承涂以黄油,套入阀杆螺母,最后用锁紧螺母锁紧。

组装:

(1)将研磨合格的左右阀瓣装复于阀杆上,并用上下火板固定。

(2)将阀杆连同阀瓣一起插入阀座进行试装,为阀瓣、阀座涂上红丹粉,看密封面是否全接触,否则应重新研磨,阀瓣接合面至少应高出阀座接合面 2~4 mm。

(3)将阀体内部清理干净,将阀座及阀瓣擦净,连同阀杆一起装入阀座内。

(4)将法兰止口擦净,放入密封齿形垫或金属缠绕垫,用起吊工具将法兰盖吊起穿入阀杆,同时放入填料压盖及压板,最后落在阀体上。

(5)将紧固螺栓涂上防锈剂,并把螺母旋上,用扳手将螺母对称分几次拧紧。

(6)将填料按要求填满阀杆密封面的填料室,并用压盖螺栓将盘根的压盖紧固好。

(7)装复阀门电动装置,检查手动试验阀门开关是否灵活。

(8)保证阀门标示牌清晰、完好、正确,检修记录齐全、清楚,并验收合格。

(9)保证管道及阀门保温层完整,检修场地并将之清扫干净。

闸阀的口径一般都在 DN100 以上,安装在大型管道上。闸阀的阀座用研磨机研磨,阀瓣在研磨平台上手研或在磨床上研磨,对于个别较大的阀瓣也可用研磨机研磨,若在研磨平台上研磨要检查研磨平台是否平整,合乎要求后再研磨。阀瓣磨损较严重的先在大型磨床上磨或在车床上精车,然后在平台上手工研磨,一次性完成,达到标准。阀座磨损严重的,先用金刚砂轮研磨,然后用不干胶砂纸贴在研磨盘上,依次由粗到细研磨,最后在研磨盘上点上细研磨砂抛光。机研时要经常检查研磨机安装是否正确,研磨盘的直径和阀座的口径是否一致,以防把阀座磨偏。研磨结束后,在阀瓣密封面上均匀地涂上一层薄薄的红丹粉,将阀门临时装配起来,并轻轻关闭阀门,然后再将其复位。

4.闸阀检修的工艺流程和标准

闸阀的检修工艺、质量标准和风险控制见下表:

表2-6 闸阀的检修工艺、质量标准和风险控制

检修项目	检修工艺	质量标准	风险控制
高压电动闸阀检修	1.拆去电动执行机构电源。 2.拆掉电动执行机构与阀盖连接螺栓,吊走电动执行机构。 3.拆下与阀杆组合的齿轮。 4.解开阀盖阀座连接螺栓,旋转阀杆支架,脱出阀杆丝扣后吊走。 5.松开法兰螺丝,拆开法兰与阀盖连接螺栓,取下法兰压盖,取出四开环、均压圈。 6.把法兰取下,整体取下阀杆、阀芯、阀盖,取下密封圈或填料圈。 7.装复按解体逆序进行。 注:手动阀则省去前三条。	1.阀杆平直,最大弯曲度不大于0.06mm,表面光滑,无严重磨损、锈蚀,无裂纹,梯形螺纹扣完好,无毛刺和缺口。 2.阀芯应清理干净,密封面光洁度达$\sqrt{0.8}$,无破损和贯通沟槽,阀座的密封面均有一圈完整连续的闭合线。 3.阀盖应清扫干净,无毛刺、锈蚀,用铅粉或二硫化钼粉擦拭。 4.四合环应清扫干净,表面光洁完好,应无压痕和卷边(在沟槽内轴向间隙为0.02~0.25mm),表面及沟槽用铅粉擦拭。 5.填料座与填料盖应清理干净,表面光滑无毛刺。 6.更换填料时,填料应加盖,严格按要求装复填料,接口为45°斜口,相邻两搭接口应错位90°~180°,填料盖压入填料室高度为5~8mm。 7.各部位螺栓、螺母应清扫干净,螺纹完好,并用黑铅粉擦拭。 8.传动齿轮齿面光洁、无裂纹,接触面积在70%以上。 9.单向推力轴承滚珠和弹道无磨损和剥伤,涂黄油润滑,轴承压盖松紧适当。 10.传动轴平直,表面光洁无锈垢,传动键表面良好,无严重撞击伤痕。轴衬套应清扫干净,无严重磨损,涂黄油润滑。 11.阀门与传动装置连接后,调整传动装置的扭矩和行程开关的位置,手、电动切换应能互锁。 12.阀门组合后,应作1.25倍工作压力水压试验合格。 13.阀门整定试验完毕后,阀门应处于关闭位置。	1.检修前工作负责人检查现场照明良好,检查并清理检修现场,防止因环境不良造成的伤害。 2.在维修前检查核实设备标牌并验证设备的隔离。 3.使用的测量工具必须是经过标定、检验合格的工具。 4.检修使用的电动工器具、照明及电器设备须认真检查线路有无破损,装置要符合要求。

续表 2-6

检修项目	检修工艺	质量标准	风险控制
中低压闸阀检修	1. 拆开阀盖与阀座连接螺栓，整体吊出阀盖、阀杆、阀芯等部件。 2. 取下手轮，松开法兰螺母，取下阀芯，旋出阀杆，取下法兰，挖出填料。 3. 装复按解体逆序进行。	1. 应把阀芯、填料室、阀杆、阀盖接合面清洗干净。 2. 阀杆应平直，最大弯曲度不大于 0.10mm，表面光滑，无严重磨损和锈蚀，无裂纹，梯形螺纹应完好，无毛刺和缺口。 3. 阀芯与阀座接触面积应在 75% 以上，密封面呈一条完整连续的闭合线。 4. 法兰压入填料室的高度为 5~8 mm，法兰压紧后无偏斜，并和阀杆四周间隙均匀。 5. 螺栓、螺母应清理干净，并用黑铅粉擦拭，螺纹完好无毛刺。 6. 阀杆与手轮固定牢靠。 7. 装复后开关灵活，做 1.25 倍工作水压试验，严密不漏方为合格；低压阀门可灌水做静压试验。	

5. 闸阀的一般故障及处理方法

闸阀的一般故障及处理方法见下表：

表 2-7 闸阀的一般故障及处理方法

序号	故障名称或现象	原因	处理方法
1	阀门内漏	阀门未关到位 阀门密封面有杂质 阀门密封面损坏	调整阀门行程 运行中反复多次开关阀门，直到清除杂质 对阀门密封面进行研磨修复
2	阀门盘根泄漏	填料压盖未压紧 填料不够或损伤 填料材质或型号不对	压紧填料压盖 增加或更换填料 更换正确的填料
3	阀门开关不灵或开关不动	填料压盖过紧 阀杆间隙太小 门杆弯曲	适当放松填料压盖 重新调整门杆间隙 重新加工门杆

三、调节阀的检修

调节阀在锅炉机组的运行调整中起着重要作用，其可以用来调节蒸汽、给水或减温水的流量，也可以调节压力。调节阀的调节作用一般都是靠节流原理来实现的，所以其确切的名称应叫节流调节阀，但通常简称为调节阀。

1. 回转式窗口节流阀的拆装

回转式窗口节流阀的特点是利用阀芯与阀座的一对同心圆筒上的两对窗口改变相对位置来进行节流调节。当阀芯上的窗口与阀座上的窗口完全错开时,调节阀仅有漏流量,当窗口完全吻合时,调节阀的流量最大。在调节时,阀杆不做轴向位移,而只进行回转运动。

解体：

(1)旋开拉杆螺母,取下销轴,卸下拉杆。

(2)用扳手旋下阀盖螺母,吊出阀盖和阀杆。

(3)取下圆筒阀瓣并测量阀瓣与阀座的间隙,以备装复。

(4)用扳手旋下后阀盖的螺母,卸下后阀盖。

(5)检查前后阀座圆筒与阀体的焊接情况,如有击穿应补焊。

(6)卸下填料压盖,取出阀杆。

修理：

(1)用砂布清理圆筒阀瓣的内外表面和阀座的内表面,保证其无毛刺、划痕、沟槽及磨损,达到光滑、无卡涩。

(2)圆筒阀瓣与阀座的配合间隙为 0.20～0.30 mm,圆度误差不得超过3°,否则应更换新阀瓣。

(3)若发现阀座结合处焊口有磨损、开焊、裂纹等缺陷,应进行补焊处理。

(4)清理法兰螺栓和盘根压盖螺栓,各螺栓的螺纹应完好,并涂以防锈剂。

(5)检查阀盖及后盖法兰接合面,清除其原衬垫,应将接合面清理干净,发现缺陷应进行刮研,使之符合质量要求。

(6)对阀盖填料室进行清理,取出旧盘根,并将填料室内壁和压盖座圈用砂布清理干净。盘根座圈与门杆的间隙不超过 0.2 mm。

(7)清理阀杆表面的锈垢,检查阀杆的弯曲度,使其值不大于阀杆总长度的1%。

组装：

(1)检查阀体内应无异物,并将内部清理干净。

(2)将阀瓣擦净后装于阀体内,其转动应灵活。

(3)将阀杆与阀瓣装配好。

(4)将阀体与阀盖法兰接合面清理干净,将之放入齿形垫片,将阀盖装上并紧固好全部螺栓,紧固时应采用对称紧固的方法,并注意保证阀盖处四周间隙均匀。

(5)将填料按要求填好,填料压盖紧固后应平整,并留有1/3的压紧间隙。

(6)确定全开、全闭位置,并在阀杆端面做好标记。

(7)装复阀盖后,在法兰接合面处放入齿形垫片,螺栓紧固后法兰间隙应均匀。

(8)装复电动装置和传动连杆等部件。

2. 柱塞式调节阀的拆装

柱塞式调节阀的阀座为圆筒式,周围有流体可通过圆筒的孔,其靠阀瓣在阀座中做轴向位移,可以改变阀座的流通面积来调节流量。

解体:

(1)将调节阀的传动装置或拉杆取下,保存好连接销轴和螺栓。

(2)利用专用工具压下自密封阀盖(自密封式),使阀盖与六合环接触部位产生间隙,然后取出六合环挡圈,最后分段取出六合环。

(3)用专用工具和起吊设备将阀杆连同阀盖、阀芯一起吊出阀体。

(4)用扳手旋下螺母(法兰式),吊下阀盖和阀杆。

(5)退出销轴,旋下阀杆,使阀杆与阀瓣分离,测量阀瓣柱塞与阀座套的间隙,做好记录,以备装复。

修理:

(1)检查阀体内阀座圆套和阀瓣有无击穿、沟痕、变形等缺陷。

(2)检查阀座结合处的焊口有无磨损及裂纹,发现磨损、开焊等缺陷时应进行补焊处理。

(3)清理阀盖密封部位的盘根,除去填料压圈的锈垢后将之打磨干净。

(4)将阀杆密封填料室清理干净,清除填料压盖的锈垢,使其表面清洁,用砂布将填料室内壁和压盖座圈清理干净。

(5)检查阀杆的弯曲度,其不能大于1‰,清除表面锈垢,使之符合质量标准,否则应更换。

(6)检查阀盖及阀杆密封部位螺栓的螺纹,其应无断裂、咬齿等缺陷,螺母应旋转灵活,螺纹部分应涂以防锈剂。

(7)检查阀盖的接合面,清除其原衬垫,接合面应清理干净,发现缺陷时应进行刮研。

(8)用砂布清理阀瓣、阀座的表面,阀瓣在阀座中应上下移动自如。

(9)检查阀杆与阀芯连接轴销是否完好,各连接件是否完好,传动是否可靠。

组装:

(1)检查阀体内应无异物,并将内部清理干净。

(2)将阀瓣擦干净,装复阀体内,试验其上下运动是否灵活。

(3)将阀杆与阀瓣装配好。

(4)装复柱塞式盘形弹簧和卡块。

(5)将阀座与阀盖法兰接合面清理干净,放入合适的垫片,将阀盖吊装并紧固好全部螺栓。

(6)将自密封阀门装入阀盖,再装入密封填料和六合环,最后紧固自密封螺栓。

(7)装复传动装置或连接拉杆。

3.调节阀检修的工艺流程和标准

调节阀的检修工艺、质量标准和风险控制见下表:

表2-8 调节阀的检修工艺、质量标准和风险控制

检修项目	检修工艺	质量标准	风险控制
调节阀检修	1.开始工作前检查工机具、起吊设备。 2.检修前管道内必须泄压,放尽余水,冷至环境温度。 3.拧松气动执行器与阀杆螺帽并做好记号。 4.拆掉气动执行器与支架并帽,吊起气动执行器放置到检修场地。 5.拧松阀盖螺帽,吊起阀盖放置到检修场地。 6.取出阀笼、垫子、阀座并检查是否被冲刷或有裂纹。 7.装复按相反的顺序。	阀笼、垫子、阀座检查应无冲刷或裂纹	1.检修前工作负责人检查现场照明良好,检查并清理检修现场,防止因环境不良造成的伤害。 2.在维修前检查核实设备标牌并验证设备的隔离。 3.使用的测量工具必须是经过标定、检验合格的工具。 4.检修使用的电动工器具、照明及电器设备须认真检查线路有无破损,装置要符合要求。

4. 调节阀的一般故障及处理方法

调节阀的一般故障及处理方法见下表：

表 2-9 调节阀的一般故障及处理方法

序号	故障名称或现象	原因	处理方法
1	阀门内漏	阀门未关到位 阀门密封面有杂质 阀门密封面损坏	调整阀门行程 运行中反复多次开关阀门，直到清除杂质 对阀门密封面进行研磨修复
2	阀门盘根泄漏	填料压盖未压紧 填料不够或损伤 填料材质或型号不对	压紧填料压盖 增加或更换填料 更换正确的填料
3	阀门开关不灵或开关不动	填料压盖过紧 阀杆间隙太小 门杆弯曲	适当放松填料压盖 重新调整门杆间隙 重新加工门杆

四、安全阀的检修

安全阀的作用是当压力超过允许值时，安全阀自动起座泄压，以保证设备的安全；当压力低于允许值时，安全阀自动回座，停止泄压。

弹簧式安全阀在正常运行时，是把弹簧的预紧力传递给阀杆，进而使阀头与阀座接合面贴紧以起到密封作用。弹簧的预紧力是根据设备的工作压力及最大允许值，通过阀杆上的调整螺母来调整的。当设备压力超过允许值时，介质作用在阀头上的压力大于弹簧的预紧力而使阀门开启泄压；当压力泄至允许值时，由于弹簧作用快速使阀门关闭，并使其密封。

弹簧式安全阀的结构如图 2-9 所示，主要组成部分有阀座、调节环、阀瓣、阀体、阀盖、弹簧等，每只阀体（低于拉合面处）都设有排污旋塞，以备排污之用。

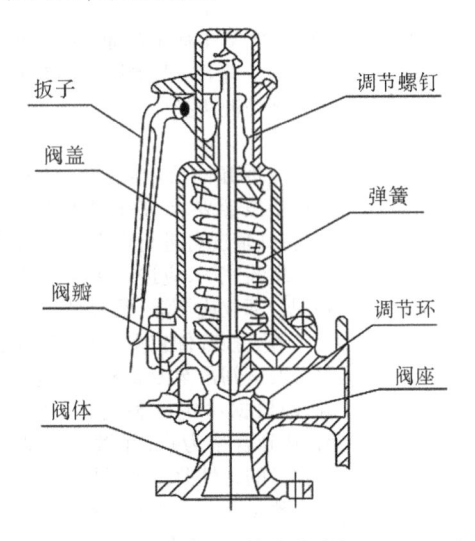

图 2-9 弹簧式安全阀

安全阀的检修工艺与质量标准见下表：

表 2-10 安全阀的检修工艺、质量标准和风险控制

检修项目	检修工艺	质量标准	风险控制
安全阀的检修	1. 准备工作 (1) 工具的准备。 (2) 办理工作票,并确认检修设备无压力和高温,内部汽(水)放净。 (3) 在安全阀各部件做好相对位置记号,以便装复。 2. 拆卸 (1) 拆下上帽(及手动排放装置)。 (2) 做好调理螺帽的原始标高(即弹簧的调整高度)记录,然后拧松调整螺母(杆)。 (3) 拆掉铅封,松开阀盖(包括阀杆弹簧),将调整螺母(杆)全部松脱,即可取出阀杆、弹簧座及弹簧。 (4) 在阀体内取下导向套,将反冲盘连同阀头一同取出。 3. 检查与修理 (1) 检查安全阀弹簧的方法:通过小锤敲击声音判断,测量弹簧自由长度及垂直度应符合标准。 (2) 检查阀杆有无弯曲、腐蚀现象,修复后表面应光滑,无锈蚀、麻点,损坏严重者要视情况更换。 4. 组装 　　按拆卸的反步骤进行组装,组装时要严格按照要求,并根据原始标记恢复好,特殊情况可进行微调,并做好修后记录。组装完毕,应进行手动拉试,弹簧及各配合部位应灵活、无卡涩。 　　若更换部件较多,应重新整定,可将整台安全阀吊至冷态校验台进行冷态校验,即根据给定的整定值,进行水压试验,达到合格为止,并做好记录,也可根据弹簧的特性曲线进行预紧。 　　整定后,密封压力不应低于最高工作压力,并严密不漏;动作压力不应高于设计压力,动作灵活正确,回座后无泄漏现象。	1. 应无裂纹,测量弹簧自由长度及垂直度应符合标准,每 100/m 偏差超过 1 m/m,自由长度为 -1,+3 (允许差),否则需要更换弹簧。 2. 检查阀头、阀座、接合面应无损坏,并根据情况进行修复,轻者也要进行研磨,光洁度应达到▽12。若有横向断纹等严重缺陷,须更换或焊补。 3. 检查阀杆应无弯曲、腐蚀现象,修复后表面应光滑,无锈蚀、麻点,损坏严重者要视情况更换。阀杆全长的弯曲度应小于 0.05 m/m。 4. 组装完毕,应进行手动拉试,弹簧及各配合部位应灵活、无卡涩。 5. 整定压力为工作压力的 1.15 倍。	1. 检修前工作负责人检查现场照明良好,检查并清理检修现场,防止因环境不良造成的伤害。 2. 在维修前检查核实设备标牌并验证设备的隔离。 3. 使用的测量工具必须是经过标定、检验合格的工具。 4. 检修使用的电动工器具、照明及电器设备须认真检查线路有无破损,装置要符合要求。

五、高低压旁路阀的检修

下面以某火电厂为例说明高低压旁路阀的检修。该厂是一套容量为锅炉

最大蒸汽量35%的高、低压两级串联旁路加3级减温减压器的旁路系统,采用瑞士CCI AG公司制造的旁路装置。设置旁路系统,可回收其工质进入凝汽器,并降低排汽噪音。在甩负荷时,旁路系统要及时排除多余的蒸汽,减少安全阀起跳次数,有助于保证安全阀的严密性,延长其使用寿命,同时在机组启、停及事故情况下,能维持机组运行,保护主要设备。

高低压旁路阀的检修工艺如下:

1. 在开始工作前,阀门必须泄压,冷至环境温度。

2. 拆除气动执行装置的气管。

3. 做好支架—阀体和阀盖—阀体的位置记号。

4. 将执行机构——轭架总成拆卸。

5. 将气动执行装置吊离支架放到牢固的地方。

6. 拆除支架与阀体间的螺栓,并将支架上的螺母与阀杆间的丝牙旋转掉(同时将限位器、半圆环拆除)。

7. 吊起支架放到牢固的地方。

8. 安装原有的阀杆连接器,并将其与提升装置连接。

9. 将阀帽和阀体之间的连接螺母松开,并拆卸下来。

10. 使用推力螺栓将阀帽总成从阀体中推出来。

11. 仔细把阀盖组件(包括插头/杆组件)、进口笼和阀盖从阀体移开。

12. 对各阀门插件的配合面进行仔细检查。不要损坏、划伤阀杆,也不要使阀杆弯曲。

13. 如果必要,要小心地将阀座从阀体中推出来。如果提供有提升吊孔,则在提升吊孔中安装两个吊环螺栓,并系上吊索。将阀座连同下填料环一起拆卸下来。

14. 拆卸阀盖组件

(1)仔细把阀盖与阀杆/插头装置和进口笼分开。

(2)仔细把阀杆/插头装置与进口笼分开。

15. 填料组的拆卸

(1)将填料组从阀帽中取出来。在操作时,要使用一个与阀杆直径相同的棒杆。在清除松脱的物料时,通常需要使用一个吹气装置。

(2)只有在必需的时候,才应该将填料间距环拆卸下来。

16. 阀塞单元的拆卸

(1) 如果提供有平稳密封件或填料环,将它们拆卸下来。

(2) 利用尖嘴钳将锁止线取下来。

(3) 按照阀门生产商提供的螺栓螺纹润滑和拧紧力矩设置值的说明的要求,松开和拆卸内六角螺钉。

(4) 将挡圈和平衡密封件的填料环从阀塞中取出来。

17. 组装

(1) 在所有螺柱、螺栓、垫圈和螺栓孔上涂覆润滑油。

(2) 将新的平衡密封件放置在阀杆上,与填料密封圈接触,并用螺栓将它们紧固,用手将螺栓拧紧。

(3) 将阀塞总成小心地插入到入口阀笼中,并将之压入到后阀座中,并固定,以防止它运动。

(4) 用钢丝将螺栓锁止。

(5) 将整个入口阀笼安装在阀体和阀座之间的环形沟槽中。

(6) 松开阀塞夹,并缓慢地放低其位置,使之落在阀座上。

高低压旁路阀的质量标准为:

1. 对所有的部件进行彻底的清洗,并检查是否被损坏。

2. 检查阀杆和阀座的配合面是否出现损坏。如果出现严重损坏,要通过研磨的方式重新修整阀座和阀杆。

高低压旁路阀的故障处理见下表:

表 2-11 高低压旁路阀的一般故障及处理方法

序号	故障名称或现象	原因	处理方法
1	阀门内漏	阀门未关到位 阀门密封面有杂质 阀门密封面损坏	调整阀门行程 运行中反复多次开关阀门,直到清除杂质 对阀门密封面进行研磨修复
2	阀门盘根泄漏	填料压盖未压紧 填料不够或损伤 填料材质或型号不对	压紧填料压盖 增加或更换填料 更换正确的填料
3	阀门开关不灵或开关不动	填料压盖过紧 阀杆间隙太小 门杆弯曲	适当放松填料压盖 重新调整阀杆间隙 重新加工门杆

第四节 阀门水压试验

阀门检修好后,应及时进行水压试验,合格后方可使用。未从管道上拆下来的阀门,其水压试验可以和管道系统的水压试验同时进行。拆下来检修后的阀门,其水压试验可以在试验台上进行,如图2-10所示。

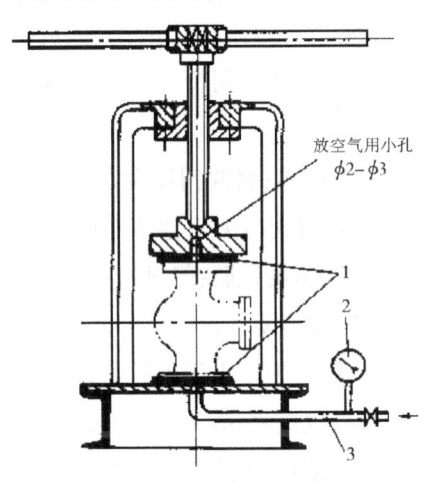

图2-10 阀门水压试验台
1——垫片;2——压力表;3——压力水管

一、低压旋塞和低压阀门试验

1. 低压旋塞(考克)的试验,可以通过嘴吸,只要能吸住舌头1分钟,就认为合格。

2. 低压阀门的试验,可将阀门入口向上,倒入煤油,经数小时后,阀门密封面不渗透,即可认为严密。

3. 最佳试验法:将低压阀装在具有一定压力的工业用水管道上进行试压,若有条件,用一小型水压机进行试压,则效果更佳。

二、高压阀门水压试验

高压阀门的水压试验分为材料强度试验和气密性试验两种。

1. 材料强度试验

试验的目的是检查阀盖、阀体的材料强度及铸造、补焊的质量。其试验方法如下:

把阀门压在试验台上,打开阀门并向阀体内充满水,然后升压至试验压力,边升压边检查。试验压力为工作压力的 1.5 倍,在此压力下保持 5 min,如没有出现泄漏、渗透等现象,则强度试验合格。

需要做材料强度试验的阀门,必须是阀体或阀盖出现重大缺陷,如变形、裂纹,并经车削加工或补焊等工艺修复的。对于常规检修后的阀门,只需做气密性试验。

2. 气密性(严密性)试验

试验的目的是检查门芯与门座、阀杆与盘根、阀体与阀盖等处是否严密。其试验方法如下:

(1)门芯与门座密封面的试验:将阀门压在试验台上,并向阀体内注水,排除阀内空气,待空气排尽后,再将阀门关闭,然后加压到试验压力。

(2)阀杆与盘根、阀体与阀盖的试验:经过密封面试验后,把阀门打开,让水进入阀体内并充满,再加压到试验压力。

(3)试压质量标准:试验压力为工作压力的 1.25 倍,并恒压 5 分钟,如没有出现降压、泄漏、渗透等现象,气密性试验就为合格。如不合格,就应再次进行修理,修后再重做水压试验。试压合格的阀门,要挂上"已修好"的标牌。

第五节 阀门常见故障及案例分析

一、阀门常见故障

阀门在长期运行状况下会有不同程度的腐蚀、磨损、变形和泄漏的现象。阀门的种类不同,工作条件不同,造成的故障也不尽相同。现将常见故障、产生原因及消除方法列入表 2-11。

表 2-11 阀门常见故障、产生原因及消除方法

常见故障	产生原因	消除方法
阀门本体漏	阀体浇注质量差,有砂眼、气孔或裂纹;阀体补焊时出现裂纹	磨光怀疑有裂纹处,用质量分数为 4% 的硝酸溶液浸蚀,如有裂纹,便可显示出来,然后补焊。补焊时要注意焊前预热和焊后热处理

续表 2-11

常见故障	产生原因	消除方法
阀盖接合面漏	1. 自密封结构加工精度低 2. 螺栓紧固力不够或紧固力不均匀 3. 阀盖垫片损坏 4. 接合面不平	1. 提高加工精度,改进密封结构 2. 注意紧螺栓时的先后顺序,紧固力要一致 3. 更换垫片 4. 重新修磨接合面
填料盒泄漏	1. 填料压盖未压紧、过紧或压偏 2. 加装填料的方法不当 3. 填料的材质选择不当,或质量差、已老化 4. 阀杆表面粗糙或成椭圆	1. 检查并调整填料压盖,均匀用力拧紧压盖的螺栓 2. 按规定的方法加装填料 3. 选用合乎要求的填料,及时更换或补充新填料 4. 修磨阀杆
阀瓣与阀座接合面泄漏	1. 关闭不严 2. 研磨质量差 3. 阀瓣与阀杆间隙过大,造成阀瓣下垂或接触不良 4. 密封面堆焊硬质合金的耐磨性差、质量低,龟裂或有杂质卡住	1. 改进操作方法,重新开启或关闭 2. 改进研磨方法,重新研磨 3. 调整阀瓣与阀杆间隙或更换阀瓣的紧固螺母 4. 重新更换或堆焊密封圈,消除杂质
阀座与阀体间泄漏	1. 装配太松 2. 有砂眼	1. 取下阀座,对泄漏处补焊而后车削加工,再嵌入阀座后车光,或换新阀座 2. 对有砂眼处进行补焊,然后车光并研磨
阀瓣腐蚀损坏	阀瓣选材不当	1. 按介质性质和温度选用合适的阀瓣材料 2. 更换合乎要求的阀门,安装时应符合介质的流动方向
阀瓣和阀座有裂纹	1. 合金钢接合面堆焊时有裂纹 2. 阀门两侧温差太大	对有裂纹处补焊,进行适当的热处理后车光并研磨
阀瓣与阀杆脱离造成开关不灵	1. 修理不当或未加螺母垫圈,运行中汽水流动使螺栓松动、销子脱出 2. 运行时间过长,使销子磨损或损坏	1. 根据运行经验及检修记录,适当缩短检修间隔 2. 阀瓣与阀杆的销子要合乎规格,材料质量合乎要求

续表 2-11

常见故障	产生原因	消除方法
阀杆及与其配合的螺纹套管的螺纹损坏，或阀杆头折断、阀杆弯曲、阀杆与阀套磨损	1. 操作不当,用力过猛,或用大钩子关闭小阀门 2. 螺纹配合过松或过紧 3. 操作次数过多,使用年限太久 4. 调节阀的阀杆在蒸汽汽流作用下振动至疲劳断裂	1. 改进操作方法,一般不允许用大钩子关小阀门 2. 制造备品时要合公差要求,材料的选择要适当 3. 重新更换配件 4. 在汽室中加挡板,减少汽流对阀杆与阀套的横向激振
阀杆升降不灵或开关不动	1. 冷态下关得太紧,受热后胀住 2. 填料压得过紧 3. 阀杆与阀杆螺母损坏 4. 阀杆与填料压盖的间隙过小 5. 填料压盖紧偏、卡住 6. 润滑不良,阀杆严重锈蚀	1. 用力缓慢试开或开足拧紧再关0.5～1圈 2. 稍松填料压盖螺栓后试开 3. 更换阀杆及螺母 4. 适当扩大阀杆与填料压盖之间的间隙 5. 重新调整压盖螺栓,均匀拧紧 6. 高温介质通过的阀门,应采用纯净的石墨粉作为润滑剂

二、案例分析

锅炉主蒸汽一道门盘根漏汽

1. 检修安全措施

(1) 停止锅炉运行。

(2) 关闭主蒸汽二道门,并悬挂"有人工作,禁止操作"警示牌。

(3) 锅炉放水消压。

(4) 关闭锅炉主给水门,并悬挂"有人工作,禁止操作"警示牌。

(5) 关闭锅炉连续排污门,并悬挂"有人工作,禁止操作"警示牌。

原则为检修哪个阀门就把该阀门与系统隔断,保证在检修过程中不会出现由于错误操作造成检修部位出现蒸汽或水,从而造成人员、设备损失的隐患。

2. 检修方案

(1) 确定所有安全措施已经全部执行。

(2) 准备好检修工具,主要有套筒扳手(根据阀门螺钉规格确定)、撬棍、千斤顶、活扳手、钢丝绳、砂纸、电焊机、手动葫芦。

(3) 根据阀门缺陷内容确定是否拆除解体检修。对于焊接在管道上的高压阀门,如属一般的缺陷,通常就地检修;若损坏比较严重,则应用气割或钢锯把阀门从管道上切割下来,运到修理间进行检修。对于法兰连接的阀门,也要视其缺陷情况和阀门的大小,决定是否需要从管路上拆卸下来修理。拆卸前必须确认该阀门所连接的管道已从系统中断开,管道内已无压力,阀门才能进行拆卸。阀门拆除后用布或堵头将管口封住。

(4)根据故障缺陷开始检修。

第三章　风机检修

风机是一种流体机械,是将原动机的机械能转变成被输送流体能量的机械。在火力发电厂中,有许多风机,如送风机、引风机、一次风机、密封风机、冷却风机、排粉风机等,同时配合主机工作,才能使机组正常运行。

第一节　风机的拆卸与检查

风机在检修之前,应在运行状态下进行检查,从而了解风机存在的缺陷,并测记有关数据,供检修时参考。检查的主要内容如下:

测量轴承和电动机的振动及其温升;

检查轴承油封漏油情况,如风机采用滑动轴承,应检查油系统和冷却系统的工作情况及油的品质;

检查风机外壳与风道法兰连接处的严密性,如入口挡板的外部连接是否良好、开关动作是否灵活;

了解风机运行中的有关数据,必要时可做风机的效率试验。

一、离心风机的拆装检查

对主要部件检修质量的要求与更换原则:

(1)叶轮局部磨穿,允许补焊。如叶轮普遍磨薄且磨薄量超过叶片原厚度的1/2,则必须换新叶轮。叶轮上的焊缝如有磨损、裂纹等缺陷,就必须焊补。当叶轮的轮毂有裂纹时,必须更换轮毂。

(2)部分叶片磨损,可以补焊;如大部分磨损,则应全部更新。为了防止叶片磨损,可在叶片上用耐磨合金焊条堆焊。在堆焊时要预防叶轮变形,焊完要用砂轮抛光。叶片可采用渗碳或喷涂处理。

(3)当外壳有大部分面积被磨去1/2厚度时,则应更换外壳。有保护瓦(防磨瓦)的风机,保护瓦在运行中不允许有振动、脱落及磨穿等现象发生。为此,在检修时必须对保护瓦进行仔细的检查,磨损严重的应估算是否能维持到下一个检修期,如不能则必须更换保护瓦。

(4)在转子找平衡前,必须将叶轮上的灰垢、铁锈及施焊的焊渣清除干净。一般的风机转子只找静平衡,而对于重要的风机转子除找静平衡外还需在机体内找动平衡。

(5)风机的风门能够全关、全开,活动自如,连杆接头牢固,实际开度与指示相符。

(6)试运行时,风机的振动、声音及轴承温度正常,不漏油、不漏风;电动机的启动电流在标准范围内;停机后,风机惰走正常。

1. 离心风机的拆卸

(1)拆卸前的检查。停止风机,打开人孔门通风,对转子做止动措施后进行检查。检查转子的叶片、前后盘的磨损情况,轮毂与弹性紧固螺母的连接是否松动,主轴的磨损、腐蚀、裂纹、变形情况等。机壳和风箱的检查内容包括:机壳与风箱的磨损情况,人孔门是否完善严密,挡板装置的磨损与开关情况,集流器的结构完整性、与叶轮的密封间隙等。

(2)联轴器解列。拆开联轴器对轮,做好回装标记。测量对轮间隙,检查联轴器螺栓孔和螺栓的磨损情况,移开电动机。

(3)轴承箱解体。拆除轴承箱端盖,吊出轴承箱上盖,测量轴承与轴承座间隙,检查端盖的推力和膨胀间隙。

(4)机壳解体。吊出转子,拆除风机上盖,用气割将集流器的部分割掉,将风机转子吊出,放在平衡架上。转子的轴颈不能直接与平衡架接触,以免损伤轴颈,并加以固定,防止转动。

(5)拆除对轮。用专用工具将轴上的对轮拆除,如紧力较大,可采用加热法。

(6)拆除轴承。采用加热法将轴承拆除。

(7)转子解体。若更换叶轮,则需采用专用工具拆卸旧叶轮。如果拆卸紧力较大,可将轮毂加热到 100~200 ℃,胀大后拆卸。

2. 离心风机的检查处理

(1)叶轮检修。风机解体后,先清除叶轮上的积灰、污垢,再仔细检查叶轮的磨损程度、铆钉的磨损和紧固情况以及焊缝脱焊情况,并注意叶轮进口密封环与外壳进风圈有无摩擦痕迹。叶片磨损程度不同,检修工作也不同,通常有叶轮补焊、更换叶片、更换叶轮、更换防磨板 4 项。叶轮检修完毕后,必须进行叶轮的晃动和瓢偏测量以及转子找平衡工作。

①叶轮补焊。叶片磨损低于原叶片厚度的 1/2、叶片局部磨穿或缺口、铆钉头磨损,采用堆焊或补焊钢板。焊补时应选用焊接性能好、韧性好的焊条。每块叶片的焊补重量应尽量相等,并对叶片采取对称焊补,以减小焊补后叶轮变形及重量不平衡。挖补时,挖补块的材料与型线应与叶片一致,挖补块应开坡口。当叶片较厚时应开双面坡口以保证焊补质量。挖补后,叶片不允许有严重变形或扭曲。挖补叶片的焊缝应平整光滑,无砂眼、裂纹、凹陷,焊缝强度应不低于叶片材料的强度。

②更换叶片。叶片磨损超过原叶片厚度的 1/2,前后轮盘基本完好,则需要更换叶片。在更换叶片时,为保持前后轮盘的相对位置和轮盘不变形,不能把旧叶片全部割光再焊新叶片,要保留 1/3 的旧叶片暂不割掉且均匀分布开,等到已安装上 2/3 的新叶片时,再割掉余下的旧叶片,换上新叶片,割下旧叶片和换上新叶片时要对称进行,以防轮盘变形。步骤如下:

将备用叶片称重编号,根据叶片重量编排叶片的组合顺序,其目的是使叶轮在更换新叶片后有较好的平衡;

将新叶片按组合顺序覆在原叶片的背面,并要求叶片之间的距离相等,顶点位于同一圆周上,调整好后即可进行点焊;

点焊后经复查无误,即可将叶片的一侧与轮盘的接缝全部满焊。施焊时应对称进行,再用割炬将旧叶片逐个割掉,并铲净在轮盘上的旧焊疤。最后将叶片的另一侧与轮盘的接缝全部满焊,见图 3-1。

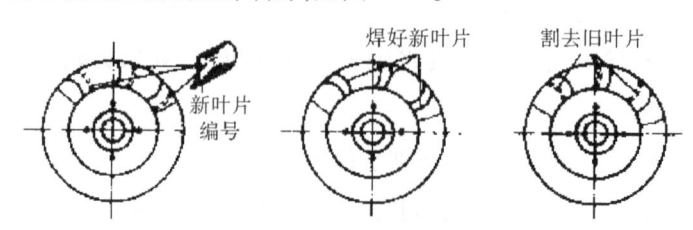

图 3-1 换叶片的方法

为了保持转子的平衡性,新做的叶片要重量一致、形状正确,如果有差异则应将同重的叶片对称布置,轻重叶片相间布置。叶片应先与后轮盘连接,再与前轮盘焊接,安装位置要正确。

③更换叶轮。当叶轮的叶片和前后轮盘严重磨损不能使用时,需要更换叶轮。先用割炬割掉旧叶轮与轮毂连接的铆钉头,再将铆钉冲出。旧叶轮取下后,用细锉将轮毂接合面修平,并将铆钉孔毛刺锉去。

在装配新叶轮前,检查其尺寸、型号、材质应符合图纸要求,焊缝无裂纹、砂眼、凹陷及未焊透、咬边等缺陷,焊缝高度符合要求。经检查无误后,将新叶轮套装在轮毂上。叶轮与轮毂一般采用热铆,铆钉加热温度一般为 800~900 ℃。

叶轮检修完毕后,必须进行叶轮的晃动和瓢偏的测量及转子找平衡,见图3-2。

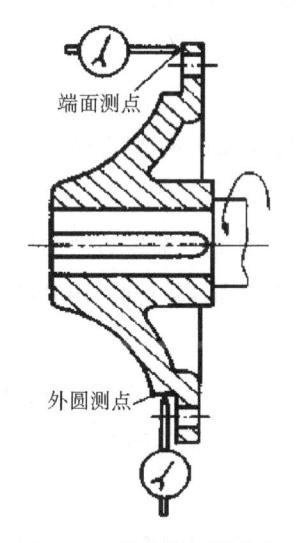

图 3-2 轮毂的测量方法

④更换防磨板。叶片的防磨板、防磨头磨损超过标准须更换时,应将原防磨板、防磨头全部割掉。不允许在原有防磨板、防磨头上重新贴补防磨头、防磨板。新防磨头、防磨板与叶片型线应相符并贴紧,同一类型的防磨板、防磨头的每块重量相差不大于 30 g。焊接防磨头、防磨板前,应对其配重组合。

(2)轮毂的检修。轮毂破裂或严重磨损时,应进行更换。更换时先将叶轮从轮毂上取下,再拆卸轮毂。可先在常温下拉取,如拉取不下来,再采用加热法进行热取。

新轮毂的套装工作,应在轴检修后进行。轮毂与轴采用过盈配合,过盈值应符合原图纸要求。一般风机的配合过盈值可取 0.01~0.03 mm。新轮毂装在轴上后,要测量轮毂的瓢偏与晃动,其值不超过 0.1 mm。

(3)轴的检修。根据风机的工作条件,风机轴最易磨损的轴段是机壳内与工质接触段,以及机壳的轴封处。风机解体后,应注意检查这些部位的腐蚀及磨损程度。

检查轴的弯曲度,对于振动大、晃动瓢偏超过允许值的轴,必须进行检查。如果轴的弯曲度超过标准值,则进行直轴工作。

(4)轴承的检修。轴上的滚动轴承经检查,若可继续使用,就不必将轴承取下,其清洗工作就在轴上进行,清洗后用干净布把轴承包好。对于采用滑动轴承的风机,则应检查轴颈的磨损程度。若滑动轴承是采用油环润滑的,则还应注意由于油环的滑动所造成的轴颈磨损。

符合下列条件的轴承,要进行更换:

①轴承间隙超过标准。

②轴承内外套存在裂纹或轴承内外套存在重皮、斑痕、腐蚀锈痕且超过标准。

③轴承内套与轴颈松动。新轴承需经过全面检查(包括金相探伤检查),符合标准方可使用。精确测量检查轴颈与轴承内套孔,并符合下列标准方可进行装配:

轴颈应光滑、无毛刺,圆度差不大于 0.02 mm;轴承内套与轴颈之配合为紧配合,其配合紧力为 0.01~0.04 mm,达不到此标准时,应对轴颈进行表面喷镀或镶套。

轴承与轴颈采用热装配。轴承应放在油中加热,不允许直接用木柴、炭火加热轴承。加热油温一般控制在 140~160 ℃并保持 10 分钟,然后将轴承取出套装在轴颈上,使其在空气中自然冷却。更换轴承后,应将封口垫装好,封口垫与轴承外套不应有摩擦。

(5)风机外壳及导向装置的检修

①风机外壳检修。粉尘进入蜗形外壳改变流向,在离心力的作用下冲击蜗壳内壁造成磨损。风机外壳不能轻易更换,对于易磨损的部位,加装防磨板(护甲)以增强其耐磨性,机壳的保护瓦一般用钢板(厚度 10~12 mm)或生铁瓦(厚度 30~40 mm)或辉绿岩铸石板制成。外壳和外壳两侧的钢板保护瓦必须焊牢。如用生铁瓦做护板,则应用角铁将生铁瓦拖住并要卡牢,不得松动。在壳内焊接保护瓦及角铁托架时,必须注意焊缝的磨损。如果保护瓦松动、脱焊,应进行补焊,若磨薄只剩下 2~3 mm 时,则应换新板。风机外壳的破损,可用铁板

焊补。

②导向装置检修。对导向装置进行检查,如回转盘有无卡住,导向板有无损坏、弯曲等缺陷,导向板固定装置是否稳固及关闭后的严密程度,闸板型导向装置的磨损程度和损坏情况,闸板有无卡涩及关闭后的严密程度。根据检查结果,再采取相应的修理方法。因上述部件多为碳钢件,所以大都可采用冷作、焊接工艺进行修理。

另外,风机外壳与风道的连接法兰及人孔门等,在组装时一般应更换新垫。

3. 离心风机的装复

(1) 装复叶轮

检查轴上部件是否齐全,将轴键装入键槽,叶轮的轮毂加热至 100~120 ℃,用专用工具顶入主轴,冷却后固件。

(2) 叶轮转子就位

将转子吊入轴承箱内,测量检查后扣好箱盖,相应部位进行密封。装复割掉的集流器,回装集流器上的密封圈,调整轴向间隙和径向间隙。

(3) 装复机壳

将上机壳起吊就位,调整机壳与叶轮的径向间隙。间隙过大会影响风机出力,间隙过小可能造成动静摩擦。

(4) 联轴器找中心

联轴器找中心时,以风机的对轮为准,找电动机的中心。小风机可采用简易找中心方法,重要的风机须按照正规方法进行。

4. 风机试运转

首次启动风机待全速时,用事故按钮停下,观察轴承和转动部件,确认无摩擦和其他异常后可正式启动风机。

风机 8 h 试运转时,应注意以下几点:

①轴承振动值最大不超过 0.09 mm。轴承晃动值一般不超过 0.05 mm,最大不超过 0.12 mm,轴向窜动量应符合规定。

②轴承温度稳定,不允许超过规定值。滚动轴承一般不大于 80 ℃,滑动轴承一般不大于 70 ℃。

③挡板开关灵活,指示正确。调节控制风量、风压,监视风机电流不超过规定值。

④风机运行正常无异声。

⑤各处密封不漏油、漏风、漏水。

⑥启动两台风机并列运行试验时,检查风机并列运行性能,两台风机的风量、风压、电流、挡板开度应基本一致。

二、轴流风机的检修

1. 轴流风机的拆卸

(1)风机机壳上半部的拆卸

①拆卸围带、风机壳体与吊环周围的隔声层。

②拆卸机壳围带、水平法兰和吊环范围内的隔声层。

③拆卸进气和排气的围带以及防护装置。

④拆除扩散器与压力管道之间的挠性连接,松开叶轮外壳和扩散器、机壳入口之间的螺栓。

⑤让叶片处于关闭位置,拆卸机壳水平中分面的连接螺栓和定位销,借助顶开螺钉将风机机壳上半部顶起。

⑥将机壳上半部吊至悬空,垂直吊起,直至机壳移动不会碰到叶片为止。横向移出机壳,并放至木垫板上。

⑦对各部件进行清扫检查,检查壳体各部的磨损情况,视情况进行更换。

(2)转子的拆卸

①拆卸叶片调节装置,拆离调节轴和指示轴。

②将主轴承箱油管路与主轴承箱、液压装置油管路与叶片调节装置、防止液压控制头扭转的保险扁钢与液压调节装置的液压控制头分离。

③将轴承温度计从轴承箱上拆下,松开中间轴和风机侧的对轮的连接螺钉。

④在进气箱内托住中间轴,压缩电动机一侧的弹簧片联轴器。

⑤将主轴承箱的法兰和风机机壳下半部上支撑环之间的连接螺栓松开。

⑥将转子吊起,放置到专用支架中。

注意:为了防止叶片受损,转子吊起时要保持水平平稳,并从机壳下半部内垂直向上吊出。

(3)叶片液压调节装置的拆卸

①将液压管路从液压调节装置上拆下。

②将液压调节装置和风机机壳同扭转装置拆除。

③松开液压装置定心螺钉,取下叶轮盖。

④拆下液压支撑座,将叶片液压调节装置悬在吊车上,松开连接螺栓,从主轴的轴套中抽出液压缸。

⑤拆卸并检查旋转轴封,从液压缸阀室中拉出调节阀进行检查。

⑥转动轮毂至液位堵处于最下方,拆下液位堵并将油放净。

⑦拆卸支撑盖、液压缸和轮毂侧盖后,进行导向环和滑瓦之间间隙的检查。

(4)拆卸叶片

①轮毂和叶片、叶片芯轴都标上相应的位置记号,以便回装。

②拆除叶轮与叶片,紧固螺栓,用专用工具将叶片逐次吊出。检查叶片表面有无裂纹、严重磨损和损坏等。

③叶片可以用高压清洁器清理,或用药液浸泡,然后用刷子清洁。如果有静止的积灰,应用钢刷清洁,决不可以用锤击叶片。不要使用洗涤剂来清洗,以免造成叶片腐蚀。

(5)叶柄轴承的拆卸

①拆下叶片调节杆,松开叶柄螺母。

②拆除预紧弹簧、轴承托盘和密封装置,抽出导向轴承组件。

③取下安全环、支撑环、卡紧环、平衡重块和叶柄。

④小心取出叶柄轴套后,拆下支撑轴承盖及支撑轴承。

⑤拆除导向轴承座、动密封件、密封圈和轴承托盘。

⑥取出导向轴承。

⑦分别对拆卸下的各零部件进行清洗检查,对已磨损超过规定值或出现其他缺陷的进行更换。

拆下来的叶片和主要的叶柄、轴承等零件,按照叶柄孔号进行分号(如叶柄、平衡重、叶柄螺母和调节杆等)安放,修复后安装时不允许错号。

(6)轮毂的拆卸

①将一个叶片芯轴装上吊耳,安装支撑轮毂的专用工具,拆卸下轮毂的轴帽。

②清洁轴、轮毂的配合区域和轮毂中的油管路。

③安装拆卸轮毂用的注油器、油泵、连接软管、螺纹杆和液压工具等。

④向轮毂的两条油管道中缓慢注油,直至油渗入到轴和轮毂中。

⑤两台油泵调至同一压力,液压工具被触发,油被注入接合处,将轮毂以缓慢均匀的速度从轴上拆下来,检查轮毂中的孔径和轴伸处是否有腐蚀、裂纹等现象。

(7)主轴承的拆卸

①将风机端对轮均匀加热后,进行拆卸。

②拆卸轴承箱壳体两侧端盖、密封装置和隔套,小心不要刮到壳体内部涂层。

③采用专用工具依次取下轴套、两个承力轴承、推力轴套、推力弹簧和推力轴承。

④分别清洗检查轴承、主轴及各零部件,将磨损严重的零部件换掉。

2. 轴流风机部件检查

(1)叶轮的检查

①叶片的检查。对叶片一般进行着色探伤检查,主要检查叶片工作面有无裂纹及气孔、夹砂等缺陷。针对引风机,通过测厚和称重确定叶片磨损严重时,须更换。检查叶片的轴承是否完好,其间隙是否符合标准。若轴承内外套、滚珠有裂纹、斑痕、磨蚀锈痕、过热变色和间隙超过标准时,应更换新轴承。全部紧固螺钉有无裂纹、松动,重要的螺钉要进行无损探伤检查,以保证螺钉的质量。叶片转动应灵活,无卡涩现象。

②叶柄的检查。叶柄表面应无损伤,应无弯曲变形,同时还要进行无损探伤检查,应无裂纹等缺陷,否则应更换。叶柄孔内的衬套应完整、不结垢、无毛刺,否则应更换。叶柄孔中的密封环是否老化脱落,老化脱落则应更换。叶柄的紧固螺帽、止退垫圈是否完好,螺帽是否松动。

③轮毂的检查。轮毂应无裂纹、变形。轮毂与主轴配合应牢固,发现轮毂与主轴松动应重新装配。轮毂密封片应完好,间隙应符合标准,密封片磨损严重时须更换。

(2)动叶、出口挡板的检查

①挡板及密封片完整不缺。

②风门开关灵活,无卡涩现象,能全开全闭,开关内外指示正确。

③连杆销灵活、无卡涩。

(3) 导叶的检查

①检查导叶及其内、外环的磨损情况,导叶磨损严重时应进行焊补或更换;内、外环应完好,无严重变形。

②导叶与内、外环应无松动,紧固件完整。

③出口导叶进、出口角应符合设计要求,进口应正对着从叶轮出来的气流,出口应与轴向一致。

(4) 风机油的检查

①解体检查油泵、逆止阀、减压阀和过滤器等元件,磨损严重时进行更换。

②解体检查清理油/水冷却器,疏通冷油器。严禁用硬物强行疏通,可用清洗剂、细铜刷等进行清洗,以免胀口开裂、变形。

③联系电气检修人员解开所有油泵电缆,拔出电机,检查对轮及弹性联轴器。

④清理油箱,最后用湿面团清除油箱内杂质。

⑤对发现渗漏的密封点进行重新密封。

⑥对润滑油进行化验,再将合格的润滑油加入到油箱正常油位。

3. 轴流风机的回装

(1) 主轴承的装配

①安装轴承前,测量轴承内环和外环的尺寸,用塞尺测量圆形和滚子轴承间隙。相对于内环移动外环,从而安装分度盘测量轴承间隙。

②依次将承力、推力轴承和挡圈通过感应加热或油浴加热法加热。

③依次安装承力、推力、轴套间隔环、甩油环和推力弹簧等轴承箱内零件。安装时,禁止用刚性物体直接接触轴承内外套。

④在主轴上安装轴承后,用塞尺测量承力轴承游隙。

⑤将预组装的轴承组件从轴承箱的对轮侧穿进轴承箱内。

⑥测量调整轴承各部间隙,紧固轴承箱端盖。

⑦安装轴承箱各附件及轴端螺母。

(2) 轮毂的安装

①用塞尺和微分表仔细检查轮毂孔径和轴端直径,并做测量记录。

②清理轴端表面和轮毂直径的防锈保护油和其他杂质。

③检查轮毂和轴的键槽是否配合完好,将配合面涂上润滑油脂。

④将键安到轴端的键槽上,将轮毂提升到与轴端相平的位置,找正轮毂使其中心线与主轴中心线一致,旋转主轴直到键正好在轮毂键槽对面。

⑤加热轮毂,同时测量轮毂内径。

⑥待轮毂内径膨胀能够满足安装条件后,用专用工具向轴根径方向拉轮毂,直到轮毂顶靠到轴根径为止。待轮毂完全冷却后取下专用工具。

⑦检查轴承的迷宫密封,不要与轮毂相撞。

(3)叶片轴承的装配

①叶片导向轴承组件的预装配。将叶片导向轴承处的支头螺钉放入轴承托盘中,在导向轴承内部放入润滑脂。将叶片导向轴承压入轴承托盘,注意向心推力球轴承的方向。安放动静密封装置,将轴承座装在导向轴承和动密封件上。

②支撑轴承的预装配。将支撑轴承的支头螺钉旋入叶柄螺母。放入支撑轴承,加进适当的润滑油脂。将叶柄螺母装在支撑轴承上,安装动静密封装置和轴承端盖。将支撑轴承单元放入支撑环和导向环之间,并置于导向轴承组件的安装孔上。将平衡重放在支撑环孔上。

③叶柄装配的准备工作。将叶柄轴套装入叶轮外壳的孔中,应使用专用工具压入。敲击时,一定要用塑料等做衬垫。检查已压入的叶柄轴套的内径。

④叶柄和支撑轴承组件的装配。把叶柄键放入叶柄中,将叶柄自上而下穿过叶柄轴套、平衡重,进入支撑轴承组件,直至叶柄螺纹碰到叶柄螺母的螺纹为止,将叶柄拧上2~3圈。将平衡重抬高,并用两个相同垫块做支撑,用卡紧环固定平衡重。拧紧叶柄螺母,直至止推轴承组件碰到支撑环为止。将安全环放到叶柄螺母上。

⑤导向轴承组件的装配。叶柄悬挂在支撑轴承组件上后,将叶轮翻转180°。将预先组装好的导向轴承组件通过叶柄压入叶轮导向环的孔中,直至端面碰到叶柄螺母为止。将动密封件O型密封圈和拉别林密封推入叶柄和轴承托盘之间,密封件和配合面及槽处事先要加上润滑脂。将预紧弹簧放到导向环孔中的轴承托盘间,密封件和配合面处事先要加上润滑脂,用挡圈保险预紧弹簧,略松叶柄螺母并将平衡重下的垫块拿去。将叶柄螺母拧紧,直至在轴承托盘上的预紧弹簧碰到锥形环为止。

⑥叶片和调节杆的装配。用保险环和保险片将叶柄螺母固定住,转动保险

环直至钩头一端靠近保险片为止。将调节杆滑块安装到调节杆的轴端,并用挡圈固定。在调节杆处预装压紧螺栓和自锁螺母。将调节杆装到叶柄的轴端上。注意装配前应将与调节杆孔配合的叶柄轴端面的油脂清除,调节杆的孔表面也应清除油脂。将密封片装在叶盘槽中,在叶盘下端面上的密封槽内涂满油脂。用螺栓和衬套将叶盘固定在叶柄上。将调节杆和叶片调至中间位置,拧紧自锁螺母。

⑦加压检验支撑轴承组件的密封。

⑧将轮毂、主轴和组装好的轴承箱放入风机壳体内并紧固。

(4)叶片的安装

①检查拆下的叶片。

②所有叶片上都标有其在轮毂位置上的编号,使安装时叶片的位置与拆卸时相符。

③在叶片根部、叶片芯轴螺纹、螺柱螺纹和棘轮接触面处涂润滑脂。

④保持叶片与叶片芯轴同心,将叶片放到叶片芯轴。用紧固螺栓将叶片紧固。

⑤当所有叶片安装完毕后,检查叶片的安装角度是否一致。

⑥测量、调整叶片顶部与轮壳间隙。

(5)液偶调节装置的安装

①在部件装配前,所有接触面均应清洁干净。

②将控制液压油缸安到支撑轴颈上。紧固螺钉,安装轮毂盖和支撑盖。

③用三四个螺钉将支撑盖紧固到轮毂盖上,允许支撑轴盖相对于固定的控制液压油缸有轻微的径向偏差。

④检查阀塞对中情况。将千分表固定到扩散器上,并且把塞尺放在控制盖伸出来的控制液压油缸阀室上,对控制液压油缸和支撑盖找中心。

⑤将其他的螺钉安在支撑盖的法兰上并紧固,不断调节控制液压油缸和支撑盖偏心度。

⑥在旋转轴封和调节法兰之间的阀塞上安装旋转轴封,用螺钉和螺栓紧固。

⑦安装旋转轴封上的万向接头、进油管、回油管和漏油管。

⑧取下轮毂油堵,安上注油管,注入润滑油。

⑨拆下注油管并缓慢转动轮毂,直到油流出油孔为止,装上油堵。

(6)机壳安装

①安装风机机壳上半部,要求重新更换密封垫。

②在入口锥外壳螺栓孔内安装新的密封绳,将机壳推进后紧固。

③将旋转轴封的液压软管连接上并检查是否有漏油之处。

④重新检验叶片顶部与轮壳之间的间隙是否符合标准。

⑤连接伺服电机与调节臂,安装机壳上的检修门。

(7)消声器清理

①将消声器片拆卸,用压缩空气或工业吸尘器清洗已污染的消声器片。

②在清理消声片污染的同时,用一块平板敲打消声片,使集结的灰尘脱落。在用压缩空气清洗时,必须注意压缩空气的方向,不能和板件垂直,应使空气喷嘴尽可能地与板片平面平行。

③一定要使覆板中的孔畅通,才能获得消声效应。

(8)对轮安装、找正

①将对轮均匀加热,安装在主轴上。

②将对轮的过渡轴放在入口箱内壳的找正工具上。

③通过调节螺栓的办法进行初步找正,用千分表和塞尺进行最终找正。

④检查两半对轮之间的轴向间隙。

⑤检查对轮的角向偏差。

⑥紧固联轴器。

⑦安装联轴器和中间轴护罩。

第二节　转子找动静平衡

风机在运行中有一项重要的技术指标就是振动。振动要求越小越好。转动机械产生振动的原因很复杂,其中以风机的转动部分(转子)质量不平衡而引起的振动最为普遍,尤其是高速运行的转子,即使转子存在数值很小的质量偏心,也会产生较大的不平衡离心力。这个力通过支承部件以振动的形式表现出来。

长时期的超常振动会导致机组金属材料因疲劳而损坏,转子上的紧固件发生松动,间隙小的动静两部件因振动会造成相互摩擦,产生热变形,甚至引起轴的弯曲。振动过大,哪怕时间很短也不允许,尤其是高转速大容量的风机,其后果更为严重。

在转子找平衡工作中,若把转子设定为刚体,则可使转子复杂的不平衡状态简化为一般的力系平衡关系,从而大大简化找平衡的方法。假设某转子由两段组成,如图3-3(a)所示。

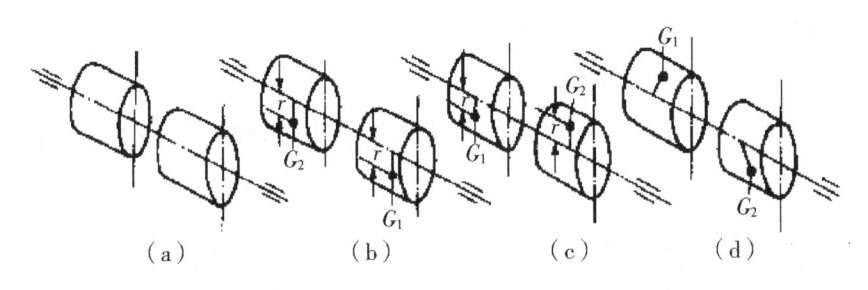

图3-3 转子不平衡的类型

刚性转子因质量不平衡产生的不平衡现象,有以下三种类型:

(1)两段的重心 G_1、G_2 处于转子的同一侧,且在同一轴向截面内,如图3-3(b)所示。静止时转子重心 G 受地心引力的作用,转子不能在某一位置保持稳定,这种情况称为静不平衡。

(2)两段的重心 G_1、G_2 处在同一轴向截面内转子的两侧,如图3-3(c)所示。若 $G_1 = G_2$,则转子处于静平衡状态。但转动时,其离心力形成一个力偶,转子产生振动,这种情况称为动不平衡。

(3)两段的重心 G_1 与 G_2 不在同一轴向截面内,如图3-3(d)所示。这种情况既存在静不平衡,又存在动不平衡,称此情况为混合不平衡。

前两种类型纯属特例,实际上转子的不平衡现象都是以混合不平衡的状态出现的。

转子找平衡方法可分为两类:静态找平衡(静平衡)和动态找平衡(动平衡)。

一、转子找静平衡

1.转子静不平衡的表现

先将转子放置在静平衡台上,然后用手轻轻地转动转子,让它自由停下来,可能出现下列情况：

(1) 当转子的重心在旋转轴心线上时：转子转到任一角度都可以停下来，这时转子处于静平衡状态，这种平衡为随意平衡。

(2) 当转子的重心不在旋转轴心线上时：若转子的不平衡力矩大于轴和导轨之间的滚动摩擦力矩，则转子就要转动，使转子重心位于下方，这种静不平衡称为显著不平衡；若转子的不平衡力矩小于轴和导轨之间的滚动摩擦力矩，则转子虽有转动趋势，但却不能使其重心方位转向下方，这种静不平衡称为不显著不平衡。

2. 找静平衡前的准备工作

(1) 静平衡台。转子找静平衡是在静平衡台上进行的，其结构及轨道截面形状，如图3-4所示。

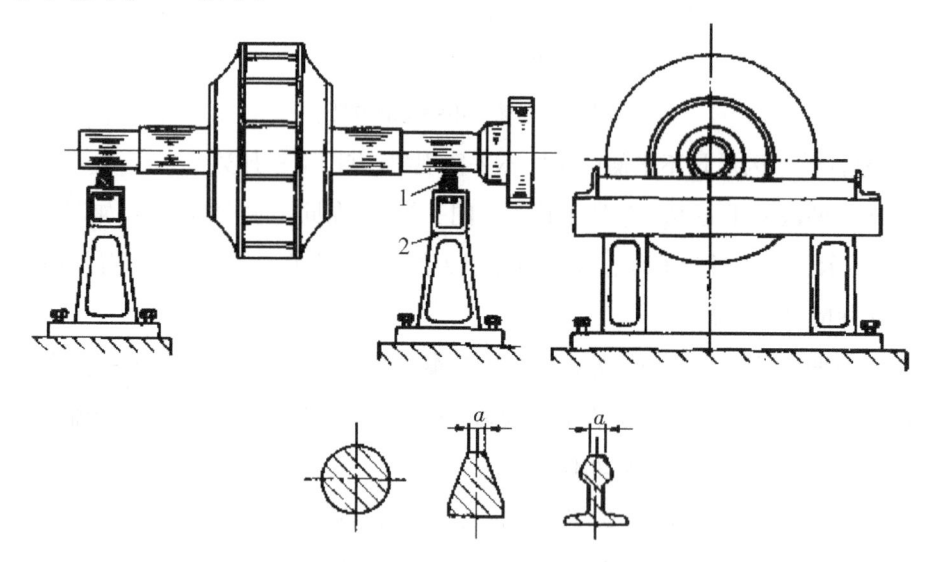

图3-4 静平衡台

静平衡台应有足够的刚性。轨道工作面宽度应保证轴颈和轨道工作面不被压伤。对于1 t重的转子，其工作面宽度为3~6 mm；1~6 t的转子，其工作面宽度为3~30 mm（约为5 mm/t）。轨道的长度约为轴颈直径的6~8倍，其材料通常为碳素工具钢或钢轨。

静平衡台安装后，需对轨道进行校正。轨道水平方向的斜度不得大于0.1~0.3 mm/m，两轨间不平行度允许偏差为2 mm。静平衡台的安放位置应设在无机械振动和背风的地方，以免影响转子找平衡。

(2)转子。找静平衡的转子应清理干净,转子上的全部零件要组装好,并不得有松动。轴颈的圆度误差不得超过 0.02 mm,圆柱度误差不大于 0.05 mm,轴颈不许有明显的伤痕。若采用假轴找静平衡,则假轴与转子的配合不得松动,假轴的加工精度不得低于原轴的精度。

转子找静平衡,一般是在转子和轴检修完毕后进行。在找完平衡后,转子与轴不应再进行修理。

(3)试加重的配制。在找平衡时,需要在转子上配加临时平衡重,称为试加平衡重,简称试加重。试加重常采用胶泥,较重时可在胶泥上加铅块。若转子上有平衡槽、平衡孔、平衡柱,则应在这些装置上直接固定试加平衡块。

3. 转子找静平衡的方法

(1)用两次加重法找转子显著不平衡

两次加重法只适用于显著不平衡的转子找静平衡,具体做法如下(图 3 – 5)。

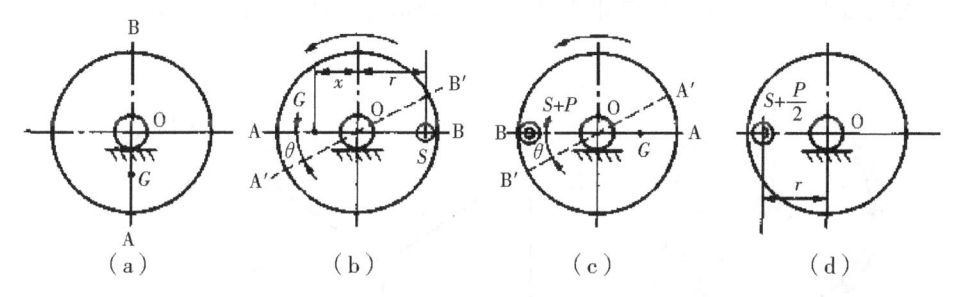

图 3 – 5 两次加重法找转子显著不平衡的工艺步骤

①找出转子重心方位。将转子放在静平衡台的轨道上,往复滚动数次,则重的一侧必然位于正下方,如果数次的结果均一致,则下方就是转子重心 G 的方位(即转子不平衡重的方位)。将该方位定为 A,A 的对称方位为 B,即为加试加重的方位,如图 3 – 5(a)所示。

②求第一次试加平衡重[图 3 – 5(b)]。将 AB 转到水平位置,在 OB 方向半径为 r 处加一平衡重 S,加重后要使 A 点自由向下转动一角度 θ(θ 角以 30°~45°为宜)。然后称出 S 重,再将 S 还回原位置。

③求第二次试加平衡重[图 3 – 5(c)]。仍将 AB 转到水平位置(通常将 AB 调转 180°),又在 S 上加一平衡重 P,要求加 P 后 B 点自由向下转动一角度,此角度必须和第一次的转动角一致,然后取下 P 称重。

④计算应加平衡重。两次转动所产生的力矩:第一次是 $Gx - Sr$;第二次是

$(S+P)r - Gr$。因两次转动角度相等,故其转动力矩也相等,即:

$$Gx - Sr = (S+P)r - Gr$$

在转子滚动时,导轨对轴颈的摩擦力矩,因两次的滚动条件近似相同,其摩擦力矩相差甚微,故可视为相等,并在列等式时略去不计。

所以
$$Q = S + \frac{P}{2}$$

⑤校验。将 Q 加在试加重位置,若转子能在轨道上任一位置停住,则说明该转子已不存在显著不平衡。

(2) 用试加重周移法找转子不显著不平衡

①将转子圆周分成若干等份(通常为 8 等份),并将各等份点标上序号。

②将 1 点的半径线置于水平位置,并在 1 点加一试加重 S,使转子向下转动一角度,然后取下称重。用同样方法依次找出其他各点试加重。在加试加重时,必须使各点转动方向一致,加重半径一致,转动角度一致,如图 3-6(a)所示。

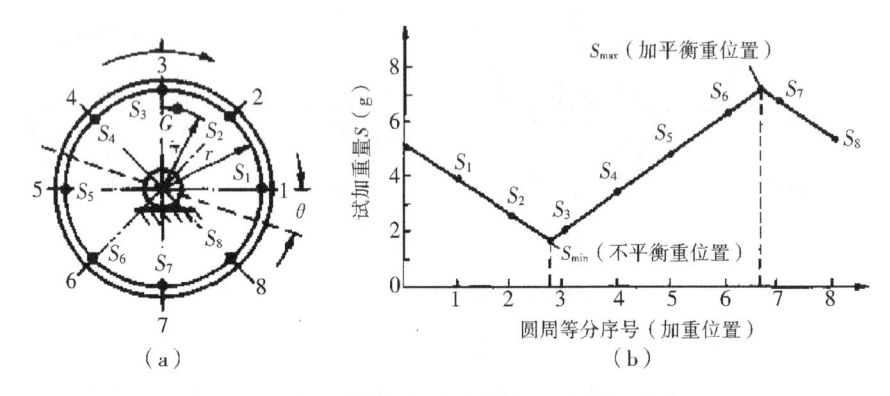

图 3-6 用试加重周移法找转子不显著不平衡

③以试加重 S 为纵坐标,加重位置为横坐标,绘制曲线图,如图 3-6(b)所示。曲线交点的最低点为转子不显著不平衡 G 的方位。曲线交点的最高点是转子的最轻点,也就是平衡重应加的位置。

④根据图 3-6 可得下列平衡式:

$$Gx + S_{min}r = S_{max}r - Gx$$

若使转子达到平衡,所加平衡重 Q 应满足 $Qr = Gx$ 的要求,将 Qr 代入并化简得:

$$Q = \frac{(S_{max} - S_{min})}{2}$$

把平衡重 Q 加在曲线的最高点，该点往往是一段小弧，高点不明显，可在转子与曲线最高点相应位置的左右做几次试验，以求得最佳位置。

(3) 用秒表法找转子显著不平衡

秒表法找静平衡的原理：一个不平衡的转子放在静平衡台上，由于不平衡重的作用，转子在轨道上来回摆动。转子的摆动周期与不平衡重的大小有关，不平衡重越重，转子的摆动周期越短，反之周期越长。

转子在轨道上的摆动周期与不平衡重的关系，根据数学分析和实验得出：不平衡重 G 与摆动周期的平方成反比。

当试加重 S 和不平衡重 G 重合时，摆动周期为最小周期 T_{min}；当 S 和 G 的方向相反时，摆动周期为最大周期 T_{max}。其关系式如下：

$$G = S \frac{T_{max}^2 + T_{min}^2}{T_{max}^2 - T_{min}^2}(G > S) \text{ 或 } G = S \frac{T_{max}^2 - T_{min}^2}{T_{max}^2 + T_{min}^2}(G < S)$$

根据上述原理，用秒表法找转子显著不平衡的步骤如下：

①用前述方法求出转子不平衡重 G 的方位，如图 3-7(a) 所示，并将 AB 置于水平位置。

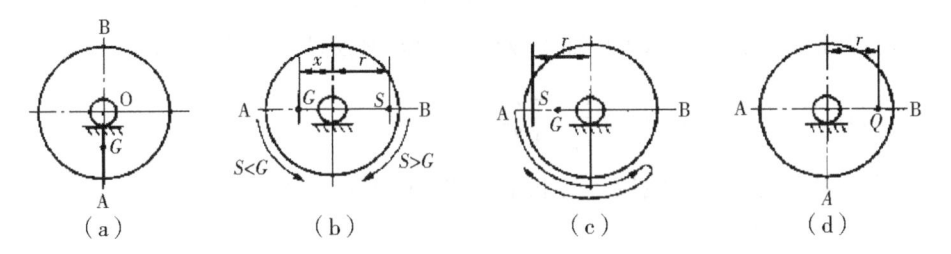

图 3-7 用秒表法找转子显著不平衡

②在转子轻的 B 侧加一试加重 S，加重半径为 r，加重后可能出现如图 3-7(b) 所示的两种情况：试加重 S 产生的力矩大于不平衡重 G 的力矩 (即 $S > G$)，则 B 侧向下转动；若 $S < G$，则 A 侧向下转动。

③用秒表测记转子摆动一个周期的时间，其时间为 T_{max}。

④将 S 取下加在 A 侧 (G 的方位)，加重半径仍为 r，再用秒表测记一个周期的时间，以 T_{min} 表示，如图 3-7(c)。

⑤根据公式计算应加平衡重 Q。

G 值也就是应加平衡重 Q 的数值，故只需将平衡重 Q 加在 B 侧、半径为 r 的位置上，即可消除转子显著不平衡，如图 3-7(d)。

(4) 用秒表法找转子不显著不平衡

①将转子分成 8 等份,并标上序号。

②将 1 点置于水平位置,并在该点的轮缘上加一试加重 S,1 点自由向下转动,同时用秒表测记转子摆动一个周期所需的时间。用同样的方法依次测出各点的摆动周期,如图 3-8(a)所示。在测试时,必须满足以下要求:所选的试加重 S 不变;加重半径不变;转子摆动时按表的时机一致。

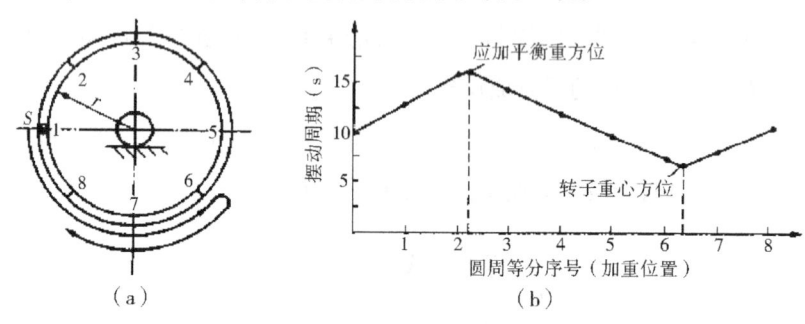

图 3-8 用秒表法找转子不显著不平衡

③根据各等份点所测的摆动周期(秒数)绘制曲线图[图 3-8(b)]。曲线最低点在横坐标的投影点为转子重心方位,其摆动周期最短,以 T_{min} 表示;曲线最高点在横坐标的投影点为应加平衡重的方位,其摆动周期最长,以 T_{max} 表示。

④计算应加平衡重 $Q = S \dfrac{T_{max}^2 - T_{min}^2}{T_{max}^2 + T_{min}^2}$

将平衡重加在与曲线最高点相对应的转子位置上,加重半径为 r。

4. 工艺分析

(1) 轨道与轴颈的加工精度对转子找静平衡的影响

轨道的平直度及轴颈的圆度直接影响转子找静平衡的效果,尤其是在找转子的不显著不平衡时其影响程度更为明显,具体表现为:

①在等份点上加试加重时,无法控制转子向下的转动角度,试加重轻一点,转子不动;略为增加很少一点,转子立即转动一个很大角度。

②各等份点所加的试加重数值无规律性变化,以至造成无法做曲线图。

③曲线图中的最低位置(即转子重心方位)与最高位置(即应加平衡重方位)不仅不在同一直径线上,而且相差甚远,以至无法确定应加平衡重的方位。

(2) 关于不显著不平衡曲线图中最高点与最低点的位置

理论上曲线的最高点与最低点应处于对称的方位,事实上总会有误差。当误差不是很大时,通常以最高点为准,并在最高点左右位置重复做几次加重试验,求出最佳加重方位。

(3)关于显著不平衡与不显著不平衡的问题

①当转子存在显著不平衡时,应先消除转子的显著不平衡,再消除不显著不平衡。

②若转子无显著不平衡,此时不能认定转子已处于平衡状态,只有在通过找转子不显著不平衡后方可认定。

(4)用秒表法找转子不显著不平衡只有一种计算方法的原因

在用秒表法找转子显著不平衡时,由于试加重存在大于或小于不平衡重的现象,故有两种计算方法。在找转子不显著不平衡时,试加重产生的力矩必须超过转子不平衡力矩与摩擦力矩之和,即试加重要大大超过不平衡重,方可能使转子转动,故求平衡重的公式只有一个(即 $S>G$ 的公式)。

(5)加重法与秒表法找静平衡的效果比较

实践证实,用秒表法找静平衡的效果要优于加重法,尤其是在找不显著不平衡时,秒表法的优点更为明显。

①加重法操作费时、费事,并且难以控制转子转动角度,误差较大。

②用加重法时,轴颈在轨道上滚动距离很短;用秒表法时,转子来回摆动一个周期,轴颈滚动的距离要长得多。两者相比,加重法对轨道的平直度及轴颈的圆度的质量要求更为苛刻。

5. 剩余不平衡重的测定和静平衡质量的评定

转子在找好平衡后,往往还存在着轻微的不平衡,这种轻微的不平衡称为剩余不平衡。

找剩余不平衡的方法与用试加重法找转子不显著不平衡的方法完全一样。通过测试得出转子各等份点中的一对差值最大的数值,用大值减去小值之差除以2,其得数就是剩余不平衡重量。

剩余不平衡重越小,静平衡质量越高。实践证明:转子的剩余不平衡重,在额定转速下产生的离心力不超过该转子重量的5%时,就可保证机组平稳地运行,即静平衡已经合格。

二、转子找动平衡

1. 转子找动平衡的方法

刚性转子找动平衡的原理:根据振动的振幅大小与引起振动的力成正比的

关系,通过测试,求得转子不平衡重的相位,然后在不平衡重相位的相反位置加一平衡重,使其产生的离心力与转子不平衡重产生的离心力相平衡,从而达到消除转子振动的目的。

转子找动平衡的方法分为高速动平衡和低速动平衡。高速动平衡有直接测相法和闪光测相法;低速动平衡包括试加重周移法、二次加重法和三次加重法等。

低速动平衡不能采用测相、测振法,但高速动平衡可采用找低速动平衡的任何一种方法。

转子找动平衡,若能在额定转速下进行最为理想。但是经过大修的转子,对其平衡情况不明,则应先在低速下找动平衡,使转子基本上达到平衡要求,然后在高速下找动平衡,这样不致引起过大的振动。

低速动平衡是在专用的低速动平衡台上进行的。平衡台采用一种可摆式的轴承,轴承在低转速时与不平衡力发生共振,并将振动改变为适当的、可测的往复运动。然后通过两次以上加试加重试验,即可得到两次以上不同的合振幅值,根据每次的加重位置和加重后的合振幅值,再进行作图与计算,求出应加平衡重的方位与大小。

高速动平衡可采用闪光测相法。闪光测相法采用灵敏度较高的闪光测振仪同时测量振幅和相位。闪光测振仪通常由拾振器、主机、闪光灯组成。

测量前,在轴端面任意画一条径向白线,在轴承座端面贴一张360度的刻度盘。启动转子后,将闪光灯正对轴端白线处,当闪光灯的频度与转速同步时,由于人眼的时滞现象,白线会停留在某一位置不动。此时,可根据轴承端面的刻度盘读出白线所在的角度,即相位角。在测试条件不变的情况下,当不平衡重的位置改变时,白线所表示的相位角也相应变化,其改变的角度相同,方向相反。

(1)启动转子后,测量并记录不平衡重产生的原始振幅和白线显现位置。

(2)选取试加重。

(3)在转子上加上试加重,启动转子,测量并记录合成振幅和白线显现位置。

(4)作图,求解应加平衡重的位置和数值。

(5)检验。将平衡重加在对应的平衡面位置,启动转子测量并记录振幅。若振幅合格,则找动平衡完成;若振幅不合格,可对应加平衡重的数值和方位进行适当调整。

2. 查找机组振动的原因

机组振动是一种现象,从这种现象中查找其原因是件复杂细致的工作。为了尽快、准确地找到振动的原因,首先应对可能引起振动的诸因素进行分析,根据分析的情况再进行试验,最后确定振动的原因。

查找机组振动时,可按下列程序进行。

(1) 机组处于运行状态的检查

① 测记机组各位置的振动值(轴承、机座、基础等),并与原始记录进行对比,找出疑点。

② 运行参数与原设计的要求有何变动。

③ 轴瓦的油温、油压、油量及油的品质是否在正常值内。

④ 机组是否有异声,尤其是对金属的摩擦声和撞击声应特别注意。

⑤ 机组膨胀是否均匀(与停机冷却后进行对比),有滑销装置的机组应测记其间隙值。

⑥ 地脚螺帽(或螺栓)是否松动,机组的垫铁是否松动或位移,基础是否下沉、倾斜或有裂纹。

⑦ 机组在启停过程中,其共振转速、振幅是否有变化。

⑧ 曾发生过哪些异常运行现象。

(2) 停机后的检查

① 滑动轴承的间隙及紧力是否正常,下瓦的接触及磨合是否有异常。

② 滚动轴承是否损坏及内外圈的配合是否松动。

③ 联轴器中心是否有变化,联轴器上的连接件是否松动或变形。

(3) 机组解体后的检查

① 原有的平衡块是否脱落或产生位移。

② 转体上的零件有无松动,是否有装错、装漏的零部件及已脱落的零件。

③ 机组动静部分的间隙是否正常,有无摩擦的痕迹。

④ 测量轴的弯曲值及转体零部件的瓢偏与晃动值。

⑤ 转体的磨损程度(对风机类应重点检查)。

⑥ 介质经过的通道(如水泵叶轮)是否有堵塞及锈蚀、结垢,导致通道截面发生变化。

⑦机组水平、转子扬度是否有变化。
⑧电机转子有无松动零件,空气间隙是否正常,电气部分是否有短路现象。
⑨重新找转子的平衡。

第三节 联轴器找中心

联轴器找中心是风机等转动设备检修的一项重要工作。转动设备轴的中心如果找得不准,则必然要引起机组的超常振动。因此,在检修中必须进行转动设备轴的找中心工作,使两轴的中心偏差不超过规定数值。

联轴器找中心的目的是使一转子轴中心线为另一转子轴中心线的延续曲线。因两个转子的轴是用联轴器连接的,所以只要联轴器的两对轮中心是延续的,那么这两转子的中心线也一定是一条延续的曲线。要使联轴器的两对轮中心是延续的,则必须满足以下两个条件:

(1)使两个对轮中心重合,也就是使两对轮的外圆同心。
(2)使两个对轮的接合面平行。

一、联轴器找中心的原理

测量两对轮的中心重合情况和端面的平行情况,可采用如下方法:先在某一转子的对轮外圆面上装一工具(通称桥规),供测外圆面偏差之用(图3-9);然后转动转子,每隔90°测记一次,共测出上、下、左、右四处的外圆间隙b和端面间隙a,得出b_1、b_2、b_3、b_4和a_1、a_2、a_3、a_4,再将其结果记在图3-9的方格内。

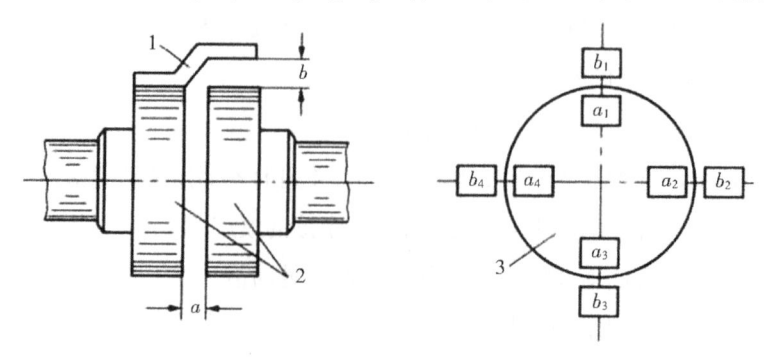

图3-9 联轴器找中心的原理
1——桥规;2——联轴器对轮;3——中心记录图

若测得的数值中：

$a_1 = a_2 = a_3 = a_4$，则表明两对轮的端面是平行的；

$b_1 = b_2 = b_3 = b_4$，则表明两对轮是同心的。

同时满足上述两个条件，两轴的中心线就是一条延续曲线。如果所测得的数值不等，就说明两轴中心线不是一条延续曲线，需要对轴承进行调整。

由此可知，联轴器找中心的主要工作有两项：

(1)测量两对轮的外圆面和端面的偏差值；

(2)根据测量的偏差数值，对轴承(或轴瓦)做相应的调整，使两对轮中心同心、端面平行。

二、联轴器找中心的方法及步骤

1. 找中心前的准备工作

(1)检查并消除可能影响对轮找中心的各种因素。如：拆除联轴器上的附件及连接螺栓(两对轮只留一根穿销)，并清除对轮上的油垢、锈斑；检查各轴瓦是否处于良好状态；检查两个转子是否处于自由状态，无任何外力施加在转子上；等等。

(2)准备桥规。桥规一般都是自制的。

(3)用塞尺测量时需调整桥规的测位间隙，在保证有间隙的前提下，应尽量将间隙调小，以减小因塞尺片数过多而造成的误差。

(4)用百分表测量时，必须按百分表的组装要求进行。桥规与百分表装好后，试转一圈。要求测量外圆的百分表指针复原位，测量端面两表的读数的差值应与起始时的差值相等。百分表的安装角度，应有利于看清指针的位置，便于读数。

2. 数据的测量、记录及计算

(1)外圆、端面数据的测记

①测记时，将测量外圆的百分表转到上方，先测出外圆值 b_1，记录在圆外，再测端面值 a_1、a_3，记录在圆内。每转 90°测记一次，共测四次。在现场多用一个图记录，这样更便于分析和计算。

②测量端面值要装两只百分表，是为了消除在测量时轴向窜动对端面的影响，两表必须装在同一直径线上并距中心等距。

(2)外圆、端面偏差值的计算

①外圆中心差值的计算。外圆差值为 $b_1 - b_3$，而轴中心差值为 $(b_1 - b_3)/2$。故外圆中心差值为相对位置数值差的 1/2。

②端面平行差值的计算。由于端面有两组数据，故要求出每测点的平均值。端面上下不平行值为 $\dfrac{a_1 + a_1'}{2} - \dfrac{a_3 + a_3'}{2}$，左右为 $\dfrac{a_2 + a_2'}{2} - \dfrac{a_4 + a_4'}{2}$，故端面不平行值为相对位置平均值之差。

(3) 对轮外圆与端面偏差总结图。根据计算出的外圆与端面偏差值，将偏差值记录在对轮偏差总结图中。因为在计算时，将大数作为被减数，并将计算结果记录在被减数位置上，所以在偏差总结图中无负数出现。

3. 中心状态分析

根据对轮的偏差总结图中的数据，即可对两轴的中心状态进行推理，并绘制出中心状态图。绘制中心状态图是找中心成败的关键，不允许发生推理上的错误，要特别细心。

绘制中心状态图具备的条件：

(1) 准备条件：测量工具，桥规固定方式，视向（对轮简图）。

(2) 记录并绘制测量记录图。

(3) 计算并绘制对轮偏差总结图。

(4) 测记对轮直径与轴承中心距的尺寸。

4. 轴瓦调整量的计算

中心状态图绘制后，就可计算轴瓦的调整量。在计算时，先求出 x 轴承与 y 轴承为消除 a 值的调整量，按三角形相似定理有如下关系：

$$\Delta x = \frac{l_1 a}{D} \text{ 和 } \Delta y = \frac{l a}{D}$$

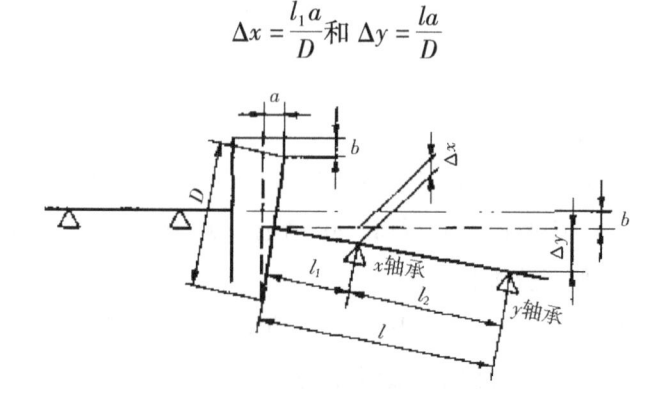

图 3-10 计算轴瓦调整量示意图

求出 Δx、Δy 后，再根据中心状态图确定是减去 b 值还是加上 b 值，即总的调整量为 $\Delta x \pm b$ 和 $\Delta y \pm b$。

三、简易找中心

联轴器简易找中心法适用于小容量的风机、水泵等。

在找中心前，先检查联轴器两对轮的瓢偏与晃动及安装在轴上是否松动，如不符合要求就应进行修理。然后将修理好的设备安装在机座上，并拧紧设备上的地脚螺丝。

找中心时，用直尺平靠两对轮外圆面，用塞尺测量对轮端面四个方向的间隙，每转动 90°测量一次（两对轮同时转动），测记方法及中心的调整均按前述方法进行。

调整时，原则上是调整电动机的机脚，因为电动机无管道等附件。调整用的垫子（铁皮）应加在紧靠设备机脚的地脚螺丝两侧，最好是将垫子做成 U 字形，让地脚螺丝卡在垫子中间。

垫子垫好后设备的四脚和机座之间应均无间隙，切不可只垫对角两方，留下另一对角不垫紧，用调整地脚螺丝松紧的方法来调整联轴器的中心。

电厂有些转动设备常采用立式结构。立式转动设备的电动机与立式机座采用止口对接，整机的同心度比较高，对于这类结构只要是原装的设备，在修理和装配时的工艺又是正确的，一般情况下中心不会有多大的问题。若更换了原配设备或机座发生变形需要找中心时，则其找中心的方法与卧式的相同。至于调整的方法，因机而异，多数是在电动机端盖与机座之间加减垫子，解决对轮端面的平行度问题。

四、激光找中心

用激光找联轴器中心与前述的用百分表（或塞尺）找联轴器中心，其原理与工艺步骤基本相同。

用激光找中心的先进之处在于：用激光束代替百分表、塞尺；用微机代替人工记录、分析、计算，故具有快捷、准确、简便的优点。

1. 激光对中仪的光学原理

当一束光照射到直角棱镜上时，棱镜即会将光束折回。棱镜折回光束的线路，决定于棱镜所处的位置。若变动棱镜的位置，则通过棱镜折回的光束将发生以下变化：

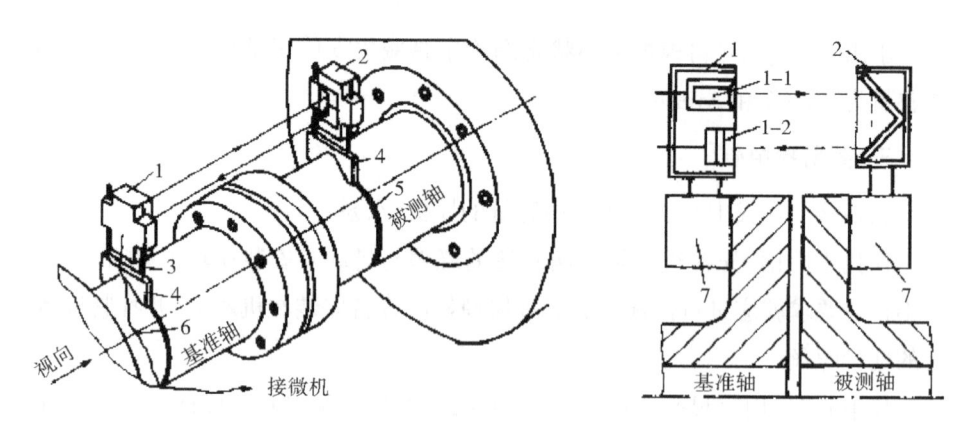

图 3-11 激光对中仪

1——激光发射/接收靶盒(1-1——激光发射器;1-2——激光接收器);
2——直角棱镜靶盒;3——调节柱;4——V形卡具;5——链卡;
6——信号电线;7——磁力表座

(1)当棱镜在垂直方向作俯仰运动时,入射光与反射光成等距平行变化。

(2)当棱镜在水平方向左右扭转时,反射光也发生左右转移。

(3)当棱镜相对入射光作垂直方向上下移动时,反射光相对于入射光的移动量为2倍。

(4)当棱镜左右平行移动时,入射光与反射光的相对位置保持不变。

2. 激光对中仪的使用方法

(1)将发射/接收靶固定在基准轴上,把直角棱镜固定在被测轴上(调整侧),操作者站在发射靶后面,并按顺时针方向转动两对轮(两对轮用穿销连接)。

(2)开机后,激光发射器1-1发出一束红色激光射向直角棱镜,由直角棱镜返回的光束被激光接收器1-2接收。折回的光束在接收器中的位置,将随着两轴转动到12:00(时针位置)、3:00、6:00、9:00四个不同方位而改变,接收器将接收到的不同位置的光束转变为电信号送到微机中,经微机的计算就给出两对轮的端面平行偏差、外圆偏差及相应的轴承座(轴瓦)的调整量。

第四节　送风机、引风机及一次风机的检修

国能九江发电有限公司四期 660 MW 超超临界锅炉,每台炉配置 2 台动叶可调轴流式(双级)一次风机,2 台动叶可调轴流式(单级)送风机,2 台动叶可调轴流式(双级)引风机,全部为并联运行方式,水平对称,室外露天布置,垂直进风,水平出风。风机有良好的调节性能。正常工况下用调节动叶控制流量时,调节叶片由最小开度到对应于满负荷的最大开度的动作时间为 45~60 秒。动叶可调轴流风机的叶片调节装置应灵活、可靠,叶片在全过程调节中没有死行程和明显滞后。主轴承设计成在风机壳体内一旦出现紊流工况时,能承受全部附加推力而不发生故障,并在油系统事故使风机机组转速惰走到零时的过程中,轴承不会损坏。

一、工作原理

送风机的作用是不断地向炉内供给足够的空气,降低煤粉的不完全燃烧损失,同时给制粉系统提供输送煤粉和干燥煤粉所需的空气。

引风机的作用是克服炉膛尾部烟道中布置的过热器和再热器等设备对烟气产生的阻力,将烟气吸出,通过烟囱排至大气。

一次风机为入炉煤粉提供输送和干燥的介质风。一次风机出口分为两路,一路为冷风,一路经过空预器加热变为热风,此两路风经过适当混合进入磨煤机,用以输送和干燥煤粉。

由系统管道流入风机的气流经进气箱改变方向,经集流器收敛加速后流向叶轮,电动机动力通过叶轮叶片对气流做功,叶片的工作角度与叶栅距可无级调节,由此改变风量、风压,满足工况变化的需求;流经叶轮后的气流运动方式为螺旋式,经后导叶转为轴向流入扩压器,在扩压器内气体的部分动能转化成静压能,再流至系统满足运行要求,从而完成风机出力的工作过程。

二、风机的基本结构

定子部件包括带护轴管的进气箱、带整流罩和后导叶的风机壳、扩压器、膨胀节、活节及管路系统等。

转子部件含联轴器、中间轴、主轴承装配、叶轮、伺服马达等。

叶轮是风机做功的主要部件,为悬臂式,轮毂通过毂盘与主轴连接,由轴头

螺母将其紧固在主轴上。动叶角度无级可调,叶片轴安装在轮毂体内,轴上轴向推力球轴承可承受叶片离心力,径向球轴承可承受叶片调节力,自润滑轴套可承载气动力,叶片轴承注油(脂)后可持久润滑,由 O 型密封圈密封。

主轴两端分别支撑联轴器毂和叶轮,双级风机两端均支撑叶轮。

主轴承座置于风机芯筒中,主轴有密封装置,轴承座端盖水平剖分。每侧轴套上装有一对可径向移动的人造石墨密封圈,该圈由三段组成,用一管状弹簧围箍,有一个定位块防止转动。两密封圈之间有一个通道与大气相通,使内外压力平衡,防止泄漏。轴套上环槽内装有叠层密封环,靠外径定位,隔离内部的溅油和外部的灰尘。

伺服马达含控制阀、油缸、活塞及导轴,安装在叶轮后部,与其共同旋转,控制阀壳不旋转,用于动叶调节。控制头与油管相连,当油站启动后,风机外部的控制执行装置通过一根推拉杆来操纵阀壳作轴向前后移动,以使压力油(通过阀芯油道)分别进入油缸的后腔或前腔。油缸内压力使活塞随同控制阀实现方向和行程相同的位移(略滞后),把调节力矩通过导轴传递给调节盘,执行动叶片的开大与关小(注意:必须在油站启动后,才能进行执行器操作,其全行程时间不得小于 40 秒)。

调节盘外径上有开口环槽,叶片轴内端曲柄的滑块安装在调节盘环槽中,活塞的轴向位移通过导轴、调节盘、滑块和曲柄,使动叶产生围绕叶片轴的转动,达到调节叶片开度和风机出力的目的。

联轴器为挠性膜片联轴器,具有误差补偿、吸振且不需维护等优点,安装在中间轴两端。

油站(辅件,含油泵、过滤器、冷却器、各种阀及仪器仪表元件)分别向主轴承提供润滑冷却油(低压)和向伺服马达提供调节控制油(高压)。引风机设计可同时向电动机提供润滑冷却油(低压)。

密封冷却风机(辅件,含电机,常规常温风机无此配置)密封各段芯筒,防止腐蚀性烟气进入而导致轴承等机件锈蚀失效。停机时若无法有效保证进出口管道挡板门的密闭性,或未设置进出口挡板门,也应保持持续运行(检修除外);该风机同时用作轴承等机件降温。

三、风机的参数

一次风机主要技术数据见表 3-1:

表 3-1 一次风机参数

序号	项目	单位	数值
1	风机型号		GU23636-11
2	风机调节装置型号		U236T
3	叶轮直径	mm	1778
4	轴的材质		42CrMo
5	轮毂材质		42CrMo
6	叶片材质		航空锻铝
7	叶轮级数	级	2
8	每级叶片数	片	22
9	叶片调节范围	度	-36~+20
10	液压缸缸径和行程	mm/mm	400/63
11	转子重量	kg	5500
12	转子转动惯量	kg·m²	1000
13	风机的第一临界转速	r/min	1937
14	进风箱材质/壁厚	/mm	Q235/5
15	机壳材质/壁厚	/mm	Q235/15
16	扩压器材质/壁厚	/mm	Q235/5
17	风机轴承型式		滚动轴承
18	轴承润滑方式		循环油+油池
19	轴承冷却方式		循环油+油池
20	轴瓦冷却水量	t/h	0
21	风机旋转方向(从电机侧看)		逆时针旋转
22	风机总重量	kg	17000
23	安装时最大起吊重量/最大起吊高度	kg/m	8000/2.65
24	检修时最大起吊重量/最大起吊高度	kg/m	5500/2.65

引风机主要技术数据见表 3-2：

表 3-2 引风机参数

序号	项目	单位	数值
1	风机型号		HU26654-22
2	风机调节装置型号		U266T
3	叶轮直径	mm	3350
4	轴的材质		42CrMo
5	轮毂材质		42CrMo
6	叶片材质		Q345D
7	叶片使用寿命	小时	正常工况下≥60000
8	叶轮级数	级	2
9	每级叶片数	片	22
10	叶片调节范围	度	-36~+20
11	液压缸缸径和行程	mm/mm	630/80
12	转子重量	kg	20000
13	转子转动惯量	kg·m^2	15000
14	风机的第一临界转速	r/min	970
15	进风箱材质/壁厚	/mm	Q235/8
16	机壳材质/壁厚	/mm	Q235/20
17	扩压器材质/壁厚	/mm	Q235/8
18	风机轴承型式		滚动轴承
19	轴承润滑方式		循环油+油池
20	轴承冷却方式		循环油+油池+风冷
21	轴瓦冷却水量	t/h	0
22	风机旋转方向(从电机侧看)		逆时针旋转
23	风机总重量	kg	65000
24	冷却风机型号/数量		5-29№5A/2
25	冷却风机功率	kW	单台7.5
26	冷却风机风量、风压		2000~3300 m^3/h、4400~3650 Pa
27	安装时最大起吊重量/高度	kg/m	29000/4.0
28	检修时最大起吊重量/高度	kg/m	20000/4.0

送风机主要技术数据见表3-3：

表3-3 送风机参数

序号	项目	单位	数值
1	风机型号		GU15238-01
2	风机调节装置型号		U152T
3	叶轮直径	mm	2661
4	轴的材质		42CrMo
5	轮毂材质		42CrMo
6	叶片材质		航空锻铝
7	叶轮级数	级	1
8	每级叶片数	片	22
9	叶片调节范围	度	-36~+20
10	液压缸缸径和行程	mm/mm	400/80
11	转子重量	kg	4000
12	转子转动惯量	kg·m^2	980
13	风机的第一临界转速	r/min	1287
14	进风箱材质/壁厚	/mm	Q235/8
15	机壳材质/壁厚	/mm	Q235/19
16	扩压器材质/壁厚	/mm	Q235/6
17	风机轴承型式		滚动轴承
18	轴承润滑方式		循环油+油池
19	轴承冷却方式		循环油+油池
20	轴瓦冷却水量	t/h	0
21	风机旋转方向(从电机侧看)		逆时针旋转
22	风机总重量	kg	22000
23	安装时最大起吊重量/最大起吊高度	kg/m	6500/3.0
24	检修时最大起吊重量/最大起吊高度	kg/m	4000/3.0

四、检修工艺及质量标准

检修前应做好准备工作,在检修现场铺设塑料布,准备好照明设施,搭好脚手架;了解设备检修前的运行情况,记录设备缺陷,做好原始记录,如压力、流量、温度、振动等。备品材料准备就绪,技术方案或文件包编制完成;技术骨干担任工作负责人,办理工作票,检查验证安全措施;特殊工种包括起重、电焊、金相等工种应持证上岗。

1.联轴器的检修

工艺要点及注意事项:

(1)拆卸靠背轮罩及靠背轮螺丝。先测量中心,做好原始记录;对轮上打好记号,做好回装标记;吊走电动机。

(2)用加热法取下联轴器对轮。

(3)检查弹簧片是否完好。

(4)检查连接弹簧片的螺丝是否松动。

(5)检查半联轴器的中间法兰是否完好。

质量标准:

(1)联轴器对轮应完好,无裂纹、变形现象;靠背轮孔扩大不得超过1 mm。

(2)键与键槽滑动配合,但不允许有松动感,键的顶部应有0.2~0.5 mm间隙。

(3)对轮螺栓无弯曲、变形、裂纹及滑丝,丝口完好灵活。

(4)对轮弹簧片无裂纹变形,弹簧片应完整无缺,对轮接正后弹簧片不能弯曲。

(5)连接轴与中间法兰应完好。

(6)连接轴加热温度不得超过150 ℃,不可用焊枪直接加热,避免局部过热。

(7)联轴器安装在轴上应紧固,销子完好。

2.伺服马达的检修

工艺要点及注意事项:

(1)拆除机壳膨胀活节上半部螺栓(若为滑轨结构,下半部的也要一并拆除)。

(2)将动叶移到全关位置或拆下动叶片(必要时进行,参见"动叶拆装")。

(3)拆除机壳(含后导叶)中分面螺栓,吊出其上半部(若为滑轨结构,则移出扩压器)。

(4)打开扩压器芯筒人孔门。

(5)拆除伺服马达控制阀上的调节连接件与管路。

(6)拆除扩压器芯筒与后导叶芯筒的连接螺栓。

(7)拆除整流罩水平剖分面的连接螺栓,将上半部分吊出。

注意:动叶对冲击很敏感,起吊壳体部件要特别小心。若动叶未完全关闭就起吊机壳上盖,将对叶片造成损伤。

(8)(从叶轮上)拆卸:用清洁的压缩空气将伺服马达置于"关闭"位置(导轴伸出)。

提示:压缩空气会使油从控制头回油管路溢出,应将其接进一个能充分流通的容器内,戴上护目镜用于人身保护。

(9)将吊环螺栓拧进液压缸上螺孔内,用于起吊伺服马达。

(10)拧松伺服马达和叶轮中介环的连接螺栓,脱开伺服马达。

(11)用清洁的压缩空气使伺服马达置于"开启"位置(导轴缩进),使伺服马达和叶轮的间隙打开,叶片轴保持在"关"的位置。

提示:控制头对撞击很敏感,不得随意拆卸。

(12)拆出连接导轴和调节盘的螺栓;拆开两块半环法兰,应防止掉在地上。

(13)将拆下的伺服马达放置在合适的场地。

(14)组装(到叶轮上):清洁所有接触表面,用组装粘剂均匀涂盖,不均匀可能引起伺服马达振动,组装与拆卸程序相反。

质量标准:

(1)伺服阀与杠杆及杠杆与传动轴的连接处无严重磨损,转动应灵活。

(2)杠杆、连杆无裂纹及变形。

(3)连杆与转换器连接螺栓应完好无松动。

(4)导柱应无裂纹、弯曲变形,转动灵活。

(5)旋转油密封老化的应更换。

(6)检查伺服马达的各部轴承完好。

(7)刮油圈Ⅰ、Ⅱ,双联密封圈Ⅰ、Ⅱ,密封套密封不漏油。

3. 叶轮装配的检查与检修

动叶的检修：上部机壳已揭开，转子已装在机器上，拧出动叶上的螺栓，卸下动叶。

注意：动叶分布不均时，转子会突然旋转，易造成伤害，通常按直径相对称的叶片进行拆卸，拆卸时应确保转子不要转动。

动叶进、出口边及防磨层对碰压敏感，只能用进口边叶根部固定转子以防转动。轮毂上附着的含硫灰尘会导致锈蚀，使转动卡涩，拨松后用吸力清除。转子不得置于露天，可用防水布遮盖好。

转子叶片应整套更换，不能单件更换。叶片用字母和数码标记（从1到n为每一个叶轮上的叶片数目），一台整机的所有叶片应标相同的字母，转子叶片的顺序由其编号决定，编号必须按圆周上的顺序定；不必在乎哪片叶片做1号或叶片以顺时针或逆时针安装；动叶安装顺序错误会产生不平衡和振动，应按正确的编号顺序安装动叶；如果动叶布置不平衡，转子可能会突然转动，会造成损害；始终按相互对称位置成对安装叶片，确保转子不转动，装毕，拆除转子的固定块；清洁叶片根部、端表面和叶片轴；在螺纹和螺头压紧处使用 MoS_2 润滑剂；使用对应口径的力矩扳手拧紧螺栓。

从可旋转安装架底部开始拆卸叶片轴承；拆卸调节曲柄，防止叶片轴掉落，避免旋转，松开并卸下螺母。加热拆卸弹簧（若有），拆卸平衡锤（若有）；拆卸挡圈、蝶簧和轴承套；叶片轴承旋转朝上；连接叶片轴，拆下挡圈并向外压，拆下带深沟球轴承套的压环；拆卸轴向推力深沟球轴承圈、轴承套和密封件。

提示：拆卸下的零件（包括轮毂）极易生锈，须立即清洗干净或直接浸入油中。叶片轴承若经检验不符合要求，通常应全部更换。

从轴颈上拆下开口挡圈，拆下带曲柄轴承的滑块；从滑块孔拆下开口挡圈，推出滑块轴承。曲柄组装：顺序与拆卸相反。润滑剂中的粒质会导致本不用维护的轴承卡滞，不要润滑曲柄轴承。

配套零件编号，做号码标记，按号码顺序装配叶片轴承零件；检测轴和轴承座孔的直径符合要求，先装配的叶片轴承应放在旋转安装架一侧。向轴承套外部加胶合剂后向里推压，确保推进到位并靠紧内部轴承套。润滑剂中的粒质会导致本不用维护的轴承卡滞，不要润滑轴承套。将叶片轴承旋转向下；将轴承套挤压进轴向推力深沟球轴承外环，带上O型圈，装入座孔中。将叶片轴承旋转朝上,从外边把叶片轴插入;把平衡锤(若有)套在叶片轴上,按标记对准,紧固螺栓;按规定组装螺栓;固定叶片轴,防备脱落,避免转动。

把球轴承装入轴承位置并加入润滑油(若采用油脂,则各孔施加油脂必须等量)。所有深沟球轴承内外圈安装尺寸相同且为同一批次,保证质量合格配合良好。加热推力深沟球轴承内环,装进压环,带上 O 型圈,打开轮毂侧润滑孔。

压环连同 O 型圈和轴承环装在一起后向里压入叶片轴,过量的油通过润滑孔流出。堵住润滑孔,安装径向深沟球轴承座圈,注满润滑油(或脂)。安装套,含 O 型圈,先不上螺塞,如果有必要就加满油(或脂),用螺塞堵住油孔。

安装并固定碟形弹簧;拧上螺母,用扳手拧紧,用紧定螺钉固定;用胶粘剂把调节弹簧(若有)安装到叶片轴上。

安装曲柄,用力矩扳手拧紧防松螺栓;向下压叶片轴承,检查确认没有油泄漏;检查确认各叶片轴均在正确位置。

动叶片与机壳间隙的调整:在调整间隙前,先用楔形木块将叶轮垫起并固定,同时找出与机壳内壁间隙最长与最短的叶片,做好记录。根据机壳内径尺寸大小,在其内壁沿圆周方向等分 8~12 点,作为标准测量点。分别测量最长和最短的叶片与标准测量点之间的间隙,做好记录。调整叶片,达到标准。叶片间隙调整结束后,安装叶柄的紧固螺栓、止退垫圈和螺帽,止退垫圈应将螺帽锁住,防止螺帽松动。

动叶片的角度调整:确认调解推力盘已安装好,螺栓已紧固;取一铁板放在距叶片顶部 3 mm 处,稍加固定,取一叶片为基准,在铁板上画线,旋转叶轮,使每一片叶片角度与基准叶片一致,并紧固曲柄、夹紧螺栓。

调节盘拆装条件:伺服马达和叶轮中介环已拆除,叶轮与毂盘已脱离,水平放置叶轮,松开连接调节盘和调节环的螺栓,脱开调节环,然后拆下调节盘。组装顺序相反。

质量标准:

(1)叶片不允许有裂纹。

(2)叶柄表面无损伤,叶柄应无弯曲变形,内部无裂纹。

(3)叶柄孔内衬套应完整,无结垢,无毛刺。

(4)叶柄孔中的密封环不得老化脱落。

(5)叶柄的紧固螺帽不得松动。

(6)轴承无缺陷。

(7)各部紧固螺栓无裂纹及松动。

(8)叶片转动灵活,无卡涩现象。

(9)轮毂无裂纹及变形。

(10)轮毂与主轴配合牢固无松动。

(11)轮毂密封片密封完好。

(12)动叶片与机壳间隙的调整：

a. 最长叶片与机壳内壁各点的最大间隙与最小间隙之差不大于 1.4 mm。

b. 最短叶片与壳体内壁各点的最大间隙与最小间隙之差不大于 1.5 mm。

c. 最长叶片及最短叶片与壳体内壁各点的平均间隙一般不大于 3.5 mm。

d. 动叶片与机壳之间的最小间隙不大于 2.5 mm。

(13)动叶片的角度调整：

a. 开度一致,偏差小于 1°。

b. 动作灵活。

4. 液压组装(主轴/叶轮)

用液压方式联结和脱开叶轮与主轴(锥形压装),在升(降)压过程中,配合间隙中的油膜能保护元件接触面不会损坏；当压力下降时,接触面压力使油从配合间隙中排除,两机件摩擦贴紧。压力装拆可以无限次重复,严格按技术要求安装并进行配合部件的清洁。A 型密封垫圈遵照 DIN7603 - Cu,油粘度为 46~48 mm^2/s。

叶轮拆卸：

(1)拧松退出轴螺母。

(2)将液压螺母拧到轴端螺纹上,其环状活塞推拉距离为 1 mm,推进尺寸约 2.4~0.1 mm。

(3)将泵分别与主轴油孔和液压螺母油孔连接。

(4)使环状活塞抵靠到毂盘位置,然后给液压螺母先施加 100 bar 的预张力。

(5)将油从主轴油孔压入配合间隙。必须戴上护目镜,使用规定密封件,不能使用麻纤维或塑料条,以防油喷射。

（6）在十分钟之内，随着液压压力上升，伴有轻微的振动，此时应停止升压。

（7）缓慢地降低液压螺母的压力，从锥轴颈上平稳地滑移退出叶轮。若未装液压螺母进行液压拆卸，叶轮将猛烈地从主轴上飞出，造成伤害。

叶轮组装：

（1）检查油槽倒角是否符合要求，接触表面有无损伤，有无尖利的棱边或毛刺。

（2）检查部件尺寸的正确性，应保证锥度接触痕迹≥80%。

（3）清洁并干燥圆锥表面。

（4）用液压油涂抹圆锥表面。

（5）沿轴向轻轻地装配轴和轮毂，直到它们表面紧密接触。

（6）将液压螺母拧上轴端，直到环状活塞与叶轮相接触。液压螺母须完整拧上，若少量螺纹受力会使螺纹崩断，叶轮突然飞出。

（7）连接压装设备，给油罐加上油。

（8）安装百分表：把探针尖对正，刻度设置为"0"。

（9）把油从轴孔缓慢压入配合间隙，直到有油从边缘渗出。

（10）提升液压螺母中的油压至 100 bar，使锥形面边缘压紧密封。

（11）提升配合间隙中的油压至 1000 bar，若压力下降，略加油，并稍微增加液压螺母油压。

（12）缓慢地增加油压，直到推进尺寸达到要求，必须是一次性不间断的过程；压力过高可能损坏机件或螺母，不能超过规定的压力。

（13）释放配合间隙的油压并拆去油泵。

（14）排干液压螺母油 2 小时后，推进尺寸可能有所回退，但不超过 0.05 mm。拆去油泵。须遵守 2 小时的等待时间，保持毂盘固定，液压螺母拆卸太快，毂盘可能飞出。

（15）安装并紧固轴螺母。

（16）通气清洁液压孔。

（17）装油孔堵头到轴上。有时推进尺寸可能会大于液压螺母的行程，安装、拆卸必须遵守以下规则：释放配合间隙中的油压；液压螺母的油排出 2 小时以后，推进尺寸可能回退，但不超过 0.05 mm；拆卸时，回退液压螺母，但要移动环状活塞使其与毂盘相接触；组装时，移进环状活塞，液压螺母往前拧。

质量标准：

主轴无裂纹及腐蚀、磨损；主轴弯曲不应大于 0.05 mm/m，且全长弯曲不大于 0.10 mm；主轴锥度接触痕迹≥80%；主轴螺母丝扣完好，灵活无滑丝。

5. 主轴承箱装配的检修

主轴承拆卸：

用液压方式拆卸毂盘（见"液压组装轴与叶轮"）；拆下轴承座两端的剖分端盖和集油中；拆下轴套；拆下固定端（单件）轴承盖；将轴承垂直放置，浮动端（伺服马达端）向下；拔出主轴（包含固定端圆柱滚子轴承内圈、角接触轴承、浮动端圆柱滚子轴承内圈）。

拆下浮动端轴承盖（单件）；拆下浮动端带滚子的轴承外圈；松开并拆下带槽的压紧螺母；拆除滚子和角接触球轴承内圈及隔环。

组装：轴承极易污染和生锈，不要过早拆包装，当在现场已准备好安装时，方可拆开，使用过的和已污染的轴承应该清洗或用油浸泡；检查轴承标记，不得误装。

喷气清洁主轴承孔；角接触球轴承内圈、滚子轴承内圈、推力角环应在油中加热到大约 100 ℃ 后组装。温度超高会损坏滚动轴承，决不允许轴承温度超过 120 ℃。

将轴承、轴承组件、隔环、开槽的轴螺母（用加长扳手紧固）按图装入主轴；用紧固螺钉固定轴螺母。喷气清洁轴承座上各孔，包括供油孔、温度计插孔、液压连接孔等。

组装浮动端圆柱滚子轴承外圈；组装活动端轴承盖（单体）；将轴承座垂直放置，悬挂主轴插入轴承座；固定端装轴承盖（单体）；将轴承座水平放置，装 O 型圈进主轴槽内；将轴套在油中加热到 100 ℃ 后推到主轴上。

轴封拆装：拆掉剖分轴承端盖的上部分；拆掉管状弹簧的挂扣、管状弹簧、定位块和上下边的各个密封扇环段；拆掉剖分轴承端盖的下部分；拆掉集油盖螺栓和集油盖；握住薄片叠环的一端，以螺旋运动方式拔出拆去。

组装：

(1) 将叠层密封环沿轴向并轻微地径向张开，以螺旋运动方式将其插入槽沟，每槽装两件。

提示：叠层密封环很容易变形，绝对不要过分径向扩张。

(2)在油中加热轴套,然后把它推上轴。

(3)拧紧(单体)轴承盖上的集油盖。

(4)装叠层密封环在推进的同时做径向调整以克服阻力,并沿轴向轻轻敲击。

(5)拧上(剖分)轴承端盖的下部分螺栓。

(6)从密封圈上拆卸管状弹簧,打开挂扣,推送弹簧的一端穿过机腔,穿过定位扣。

(7)将弹簧合拢成圈扣住,逐步按标记把扇环段密封圈装上轴,用管状弹簧箍定。

(8)将下部分扇环段推进机腔槽,上部分扇环段留在轴上。

提示:如果扇环段密封圈放置顺序错误,主轴承将渗漏,组装过程中应注意。

(9)同一密封各扇段应有同样的标记数码,邻接面数码应匹配,所有数字都在同一侧。

(10)转动轴套上的密封圈,把定位扣放入槽沟。

(11)调整好所有扇环段。

(12)小心组装剖分轴承端盖上部,检查密封圈定位扣位置。

(13)将剖分轴承端盖拧紧在轴承座上。

质量标准:

(1)滚动轴承的内外套、隔离圈及滚珠不应有裂纹、重皮、斑痕、腐蚀、锈痕等缺陷。

(2)轴承的游隙为 0.18~0.25 mm。

(3)轴承内外套存在裂纹、重皮、斑痕、腐蚀、锈痕的应更换。滚珠存在裂纹、重皮、斑痕、腐蚀、锈痕等缺陷时应更换。

(4)轴承与轴的配合应有 0.01~0.03 mm 的紧力。

(5)主轴无裂纹及腐蚀、磨损;主轴弯曲不应大于 0.05 mm/m,且全长弯曲不大于 0.10 mm;主轴轴颈椭圆度小于 0.02 mm。

(6)新轴承的外观不应有裂纹、重皮、斑痕、腐蚀、锈痕等缺陷,新轴承的游隙应为 0.18~0.25 mm。

(7)各法兰接合面光滑平整,正确垫好垫片,安装时对准记号。

(8)轴承等部件套在主轴上时要水平一致,不能倾斜。

(9)轴承外钢圈与轴承壳配合间隙在 0.03～0.05 mm 之间。

(10)轴承端盖的油封间隙在 0.20～0.35 mm 之间,转动主轴,无卡涩现象。

(11)装配轴承加热温度不要大于 110 ℃。

(12)轴封叠层密封环及扇环段密封圈完好,无破损变形。

(13)轴封沟槽完整无变形。

(14)密封 O 型圈检修需全部更换。

6.转子就位及联轴器找中心

清理轴承座各接合面,将组装好的转子吊装入内,穿好紧固螺栓,用塞尺检验转子是否落实,落实后紧固连接螺栓;按原记号连接好电机侧和机械侧联轴器,并紧固好各螺栓;在两对轮上架好百分表,调整电机使之偏差在合格范围内。对角紧固好电机地脚螺栓,恢复电机侧对轮防护罩。

质量标准:

(1)转子与支座间底部间隙不大于 0.05 mm。

(2)水平找正的同时两端联轴器找正(提示:联轴器径向不找正,只找联轴器端面平行度即可);电机侧应上张口,风机侧应下张口(引风机:电机侧上张口 0.2～0.3 mm,机械侧下张口 0.2～0.3 mm);送风机和一次风机数据可适当调小至 0.1 mm。

(3)联轴器预拉开尺寸(常规 140±40 ℃时)约为叶轮直径的千分之一(引风机 3.35 mm,送风机、一次风机 0.5 mm);同时,考虑风机热膨胀量略大于电机,故冷态情况下电机水平轴线应略高于风机水平轴线,约为叶轮直径的万分之五(引风机 1.675 mm),即安装时电机端联轴器为上张口,风机端联轴器为下张口,各张口上下间隙尺寸差约为叶轮直径的十万分之六。

(4)在安装滚动轴承电机时:须将联轴器安装间隙比自然间隙多出 0.5 mm 左右。

(5)在安装滑动轴承电机时:在电机空载试机时,以磁力中心线为准,将转轴向负载方向预拉 0.5 mm;运转时,半联轴器保持在原设计值状态,电机基本保持在磁力中心线上运转。

(6)防尘罩螺栓紧固,位置正确。

7.前后导叶及扩压筒检修

工艺要点及注意事项:

(1)检查导叶与内外环的磨损情况。

(2)检查导叶与内外套的配合情况。

(3)检查导叶进出口角度应符合设计要求。

(4)检查扩压器有无变形、脱焊、裂纹等缺陷。

质量标准：

(1)导叶内外环应完好,无严重变形。

(2)导叶与内外套无松动,紧固件完整。

(3)导叶磨损到原厚度 2/3 以上更换。

(4)扩压器无变形、脱焊、裂纹。

8. 油站及引风机、冷却风机检修(送风机及一次风机无冷却风机)

工艺要点及注意事项：

(1)检查并清理油位计,必要时应进行油位计最高和最低油位校对。

(2)检查、清理冷却水管及冷却器,当冷却水管及冷却器结垢严重、影响冷却效果时,可用稀盐酸进行酸洗,酸洗后用清水清洗干净。

(3)拆除油站系统的管路接头,对管路清洗检查接头处的密封垫,损坏的需更换。

(4)清洗过滤器,更换损坏的垫圈及 O 型密封圈。

(5)解体冷油器,检查清洗,对破损的铜管更换或堵死。

(6)解体油泵,检查对轮及齿轮磨损情况。

(7)更换磨损的密封圈,清洗油泵各部件,按要求回装。

(8)紧固各接头,防止渗漏现象。

(9)冷却风机解体检修,检查叶轮磨损情况。

(10)冷却风机管路检查,各接合面无泄漏。

(11)风机外壳检查,外壳不应有与风轮摩擦部分。

质量标准：

(1)油位计应畅通、清楚。

(2)冷却水应畅通,水量适中,冷却水阀门应开关灵活。

(3)管路表面无裂纹。

(4)冷油器芯子有漏的需检修或更换,外壳应无裂纹或损伤。

(5)回装后的油泵应盘动灵活,无卡涩。

(6)各管路无渗油现象,油泵运行平稳,油压、油位正常,电机电流正常。

(7)风机叶轮静平衡无明显回转,盘动轴系无卡涩现象。

(8)风机出口挡板密封严密,风机无倒转。

9.进出口补偿器及进口消音器的清理及检修

工艺要点及注意事项:

(1)修补补偿器,若损坏严重则进行更换。

(2)补偿器装复后应检查是否有漏风处并设法消除。

(3)用压缩空气清扫消音器中的污秽物。

质量标准:

(1)补偿器应完好无残缺。

(2)紧固钢片应完好。

(3)消音器要全部畅通,无污秽物。

10.风机进出口挡板门的检修

工艺要点及注意事项:

(1)检查开度是否正确,并进行调整。

(2)检查各联杆销子是否齐全完好。

(3)检查轴承有无润滑油。

(4)检查引风机出口挡板执行机构进、出气管是否完好,无腐蚀、无泄漏;气缸动作是否灵活;机组大修时应对逆止风门轴封填料进行更换;逆止风门门座软密封条每2~3年须更换一次;机组停运检修时应检查风门关闭严密性,检查门框底座密封处是否有积灰或异物,并对门板背面槽钢和门座软密封件进行检查,若有脱焊应及时进行补焊,如密封件有脱落损坏现象应及时维修或更换。

质量标准:

(1)挡板完好,开度与指示一致。

(2)各联杆销子齐全完好。

(3)轴承无锈浊、剥皮、卡死等现象,并且轴承内部有润滑油。

(4)引风机出口挡板气缸动作灵活,进、出气管无腐蚀、无泄漏,挡板密封条完好。

11.热风再循环门的检修(送风机)

工艺要点及注意事项:

(1)检查挡板开度是否正确,并且调整。

(2)检查各联杆销子是否齐全完好。

(3)检查转子部分是否完好。

质量标准：

(1)挡板完好,开度与指示一致。

(2)各联杆销子齐全完好。

12.电机轴瓦的检修

工艺要点及注意事项：

(1)取样检查润滑油油质是否变质、污染,更换不合格的润滑油。

(2)检查上盖及端盖螺栓,螺栓应无裂纹、弯曲,螺纹完好,配件齐全;拆卸下的螺栓应清理干净并存放好。

(3)测量轴瓦各部位配合间隙并做好记录。

(4)用煤油或汽油将瓦面清理干净,检查乌金有无裂纹、砂眼和烧损现象。

(5)检查轴颈有无伤痕。

(6)检查油环,应光滑、无毛刺。

(7)用红丹粉检查瓦与轴的接触面及触点。

(8)检查进油槽是否有足够的间隙,保证进油畅通。

(9)检查测量顶部间隙,推力间隙在合格范围。

(10)检查测量瓦顶间隙和球面接触在合格范围。

质量标准：

(1)润滑油油质应合格。

(2)瓦面应无裂纹、砂眼和烧损现象。

(3)轴颈应无伤痕,用细砂纸打磨,用金相砂纸和麻绳抛光。

(4)轴瓦与轴颈应有 70°~90° 的接触角,在此范围内每平方厘米上的接触点不少于两点。

(5)轴瓦与轴颈之间的瓦口间隙应有 0.08~0.12 mm,推力间隙应有 0.20~0.30 mm,顶部间隙应有 0.16~0.25 mm,瓦顶间隙应留有适当的紧力 0.01~0.03 mm。

(6)进油舌应有 0.30~0.35 mm 的间隙,出油舌应有 0.30 mm 的间隙。

13.风机试运转

清理现场卫生;检查设备情况,盘动轴系灵活无卡涩,运转时各接合面无漏风;机械转动正常,无金属摩擦声;风机温度和振动符合要求。

试转2 h,风机轴承温度不高于80 ℃,温升小于40 ℃;振动不大于0.08 mm或不大于4.6 mm/S,冷却风机振动小于0.06 mm。油站内部管道接头无漏油现象。

第五节　风机常见故障及处理

电站风机运行的可靠性直接关系到发电机组的安全和经济运行。风机故障或事故停运,引起发电机组非计划停运或非计划降低出力运行,造成发电量损失。常见的风机故障如下:

(1)转子故障。叶片或其他构件脱落;转子完全损坏;叶片、前盘部分损坏,引起强烈振动,使轴承或其他构件损坏;叶轮与轮紧固螺栓或铆钉失效,轮毂与轴之间的配合松动,使叶轮脱落;焊缝和叶轮构件金属出现裂纹;动叶可调轴流风机叶片螺钉失效。

(2)轴承故障。轴承温度升高;轴承漏油;轴承构件损坏;整个轴承损坏。

(3)静叶调节机构故障。调节叶片卡涩或破损,调节不灵;各调节叶片动作不一致;叶片支撑轴承损坏。

(4)电动机故障。电动机容量不够,风机启动困难,或多次启动后绝缘损坏;接线松动;线路或线圈短路;线圈松动;转子挡膛和轴承损坏。

(5)动叶调节机构故障。调节系统漏油;动叶调节头损坏;叶片卡涩,调节油压过高;叶片推力轴承或系统其他构件问题使液压控制失常。

(6)空气动力性能差。风机出力不够;并列运行风机"抢风",运转不稳定。

(7)风机机壳和进出口烟风道振动。机壳、烟道、风道产生裂纹,噪声大。

一、引起风机故障的主要原因

1.直接原因

(1)磨损。气流中含有固体颗粒,流过风机时,对叶片、机壳、进风口或集流器、导叶或挡板、轮毂、前后盘的金属产生磨损。磨损会使转子部件的强度减弱,造成叶轮部件失效,严重时整个叶轮损坏。磨损还会引起不平衡振动。对于空心机翼形叶片,磨损会产生微小孔洞,使叶片表面或焊口开裂,使飞灰进入空心叶片内,造成严重不平衡。

(2)积灰。积灰是引起振动的主要起因,微小的飞灰等固体颗粒会进入空心机翼形叶片内、轴流风机的轮毂内。飞灰还会黏附在叶片表面,造成不平衡引起振动。积灰也有可能堵塞风机入口或出口管道,特别是风机的进风箱和入口调节门,造成管道阻力上升,风机性能下降,严重时不得不限制风机的出力。此外,微小颗粒积聚在调节导叶的轴承内,造成轴承腐蚀或卡涩。

(3)振动风机的很多问题是由于振动引起的,如裂纹、轴承损坏、进口调节风门和导叶损坏、螺栓松动、机壳和风道损坏等。振动的基本原因有:叶轮不均匀磨损和积灰;轮毂在轴上松动;后盘与轮毂的连接螺栓或铆钉松动;联轴器损坏或中心不对正;轴承损坏或有缺陷;固定螺栓松动;垫片不正;转子临界转速过于接近风机运行转速;支撑部件不牢固,如基础松软、支座、垫板、地脚螺栓以及灌浆构件不牢等;密封件摩擦;叶轮部分脱落,如叶片、防磨衬件、前盘的碎片;异物落入叶轮内,如挡板、烟风道支撑件、滤网等;部件裂纹等。

(4)风机旋转失速和叶轮进口涡流风机在运行过程中发生旋转失速或叶轮进口存在涡流造成气压脉动,可能引起烟风道、入口调节挡板及其他部件发生强烈振动,导致裂纹和断裂。

(5)腐蚀。腐蚀将缩短引风机的寿命。腐蚀主要来源于:排烟温度过低,达到烟气露点以下,产生硫酸腐蚀;清洗空气预热器或烟道时进入引风机的腐蚀性排水;或用水冲洗引风机等。

(6)配合公差不对。螺栓或铆钉的孔径过大;推力环松动;滚动轴承内圈与轴颈配合松动,外圈与轴承壳间隙过大或过小,引起轴承发热、振动和损坏。

(7)焊接和材料问题。采用不合格的焊接材料,特别是堆焊耐磨材料不当时,可能使风机叶片、前后盘、挡板或导叶、蜗舌出现裂纹;焊接质量不合格,如未焊透、气孔、夹渣超标等;铆钉和螺栓材料不合格或尺寸不精确;选用的钢板材料有夹层或夹杂异物或严重腐蚀等。

(8)中心找正问题。由于联轴器中心不正引起风机、电动机及液力联轴器振动和轴承损坏;机壳与轴中心不对正引起动静摩擦,如主轴与机壳密封件之间、轴流风机叶尖与外壳之间;个别中心不正问题是由于轴承损坏或基础下沉引起的。

(9) 调节风门的导叶或挡板,缺乏正常润滑引起卡涩。

(10) 轴承润滑冷却不良导致轴承损坏。主要原因有:风机启动前未对润滑设备和油管路进行彻底的清洗;接头泄漏,使冷却水进入油内;飞灰和尘土从不严密的密封处进入轴承内,油质变脏;轴承液被风机吸走或从壳体裂缝中流失;调节油阀堵塞,造成轴承缺油;甩油环磨损或损坏,影响润滑;冷却水堵塞或因冷冻、振动造成水管破裂,引起轴承缺乏冷却水。

(11) 主轴临界转速太接近风机运行转速。风机对平衡要求十分严格,运行中易发生振动。

(12) 冻结和结冰。北方寒冷地区,送风机和一次风机吸风口可能结冰,堵塞气流进入风机。结冰也可能被吸入风机进口和调节风门内。在高寒地区甚至在叶片上也会聚结成冰,导致叶片断裂。风机停机时由于冷却水中断或轴承下半导水管疏水被阻,也会引起轴承冷却水管或导管冻结。

2. 间接原因

(1) 风机设计问题。应力计算不准确或安全系数太小;机壳、前后盘、轮毂、轴承座刚度不够;主轴刚性不够;调节机构设计不完善;轴承设计错误;轴承油封欠佳;材料质量差;等等。

(2) 基础设计的重量和刚性不够,土壤和桩基支撑不够。

(3) 进出口烟风道设计不当。风机负荷不均匀,入口气流旋转,导致风机性能降低。不均匀气流也会使飞灰向一侧集中,从而造成非正常的集中磨损,大大降低易磨件的使用寿命。烟、风道支撑不够坚固,刚性差,在气流作用下易引起振动和噪声,甚至造成裂纹或破损。

(4) 制造工艺差。焊接不透或有缺陷;平衡精度不够或平衡重过大;空心机翼叶片内部加强筋固定不牢;组装不完全或有毛病,内应力过大;推力环松动;铸件有裂纹,甚至成品中也出现裂纹;耐磨衬垫固定不牢;主轴与轴承配合公差超标;加工不正确,造成应力集中;调节机构安装粗糙,调节叶片紧固不好,使调节力太大,各调节叶片动作不一致;基础台板不平;等等。

(5) 选型不当。主要问题有:风机容量过大,造成调节风门开度太小,使风机运行效率低。此外,易发生旋转失速或长期运行在气流压力高脉动区,威胁风机运行,难以控制,易发生"抢风"现象,如在高灰分的烟气中选用空心机翼或不耐磨的轴流风机。

（6）安装错误。螺栓松动；不该有的外加负荷，如烟风道等外力作用在风机上；现场的焊接不良；垫片调整不当或有毛病；找中心不准；调节机构的导叶或挡板装反；调节叶片内部角度与外部指示及控制室内的显示不一致；轴承清洗不彻底，安装时接触不良或间隙过大或过小；轴承润滑油管线或冷却水管线启动前清理不彻底。

（7）运行不当。风机长期处于高振幅下运行；轴承温度迅速上升未能及时发现；喘振装置失效，轴流风机长期处于旋转失速下运行；离心风机在风门开度30%以下气流高脉动情况下长期运行；高压风机在调节风门关闭条件下长期运行，使风机过热；风机长期运行在烟气温度低于露点之下。

（8）控制和仪表问题。控制装置或执行机构整定不当，致使调节机构不能正常操作；报警传感器不足；传感器位置安装不当，如测振仪的测振头未安装在振幅最大方向，通常水平方向振动最大；警报器或传感器失效；保护系统不完善；轴流风机失速，保护装置整定不正确，未在现场实际整定。

（9）除尘器效率低、飞灰负荷过重、除尘器容量不足、维护不当；低负荷下投油助燃未投入除尘器，以及燃煤灰分超过设计值均会造成飞灰负荷过大。此外，烟、风道设计不良，使飞灰集中，助长飞灰负荷过量。

（10）检修工艺差，未能发现已出现的较隐蔽裂纹、已集中严重磨损的部位。

二、轴流风机常见故障与处理

1. 主电动机不能启动

原因：电源不符合设计要求；电缆发生断裂；电动机本身损坏或短路等。

处理：检查主电源电压、频率是否符合设计规定值；检查电缆及接线等应完好；协助电气人员进行电动机的检修或更换。

2. 主轴承箱振动过大

原因：叶轮叶片及轮毂等处沉积有污物；联轴器损坏，中心不正；轴承箱内主轴承存在缺陷；轴承箱地脚螺栓松动；叶片磨损；失速运转。

处理：清理污物，不要存在异物以影响叶轮平衡；联轴器修复或更换，并重新找中心；轴承箱内轴承解体检查，超过标准应更换新轴承；检查所有地脚螺栓并紧固；对于部分叶片磨损或损坏的，应整体更换新叶片；断开主电动机或控制风机,以便离开失速范围;检查导管应不堵塞,如设有缓冲器,应打开。

3. 风机运行中噪声过大

原因:基础地脚螺栓可能松动;主电动机单相运行;旋转部分与静止部分相互接触;失速运行。

处理:检查并紧固地脚螺栓;查明电源及接线方式等并修复;检查叶片端部裕度;停止风机或控制风机脱离失速区,检查风道是否阻塞、挡板是否开启。

4. 叶轮叶片控制失灵

原因:伺服机构存在故障;液压系统无压力;调节执行机构失灵。

处理:检查控制系统和伺服机构,配合热工人员校对伺服机构;检查液压油站,必要时解体检修;检查调节执行机构的调节杆和调整装置。

5. 液压油站油压低或流量低

原因:液压油泵入口处漏气;安全阀设定值太低;油温过高;隔绝阀部分开启;滤网污染;入口滤网局部阻塞。

处理:解体检查液压油泵,重新连接入口管接头;重新调整安全阀设定值;清洗冷油器;检查隔绝阀的开启状态;更换滤网;清洗疏通入口滤网或更换。

6. 液压油泵轴封漏油

原因:油泵轴瓦回油孔阻塞;入口压力过高;油封环损坏。

处理:油泵解体,清洗轴瓦回油孔;解体检查,调整间隙;更换新油封。

7. 液压油站安全阀动作不准确

原因:安全阀污染;安全阀设定值过高。

处理:拆下安全阀清洗;重新调整或更换安全阀。

8. 液压油泵运行有噪声

原因:油泵组装不对中;空气进入泵内;隔绝阀部分关闭。

处理:检查维修;排除空气;重新开启隔绝阀。

9. 液压油温过高

原因:油泵压力过高;安全阀设定值过低导致泵内积油;液压油被污染,液压油黏度低。

处理:解体检查油泵;重新调整安全阀设定值;更换新液压油。

风机常见故障及处理方法见下表。

表3-4 常见故障及处理方法

序号	故障现象	原因分析	处理方法
1	轴承振动太大及运行不平衡	叶轮上有沉积物和剥落层 叶轮磨损、不平衡 轴承游隙过大 轴承磨损 轴承过早失效 联轴器没校正 地基下沉,机件松动	清洁叶轮,查明原因 平衡叶轮,修复磨损 调整轴承到正常游隙 装配新轴承 参见序号8 重新校正联轴器 修复地基,重新校正紧固件及联轴器
2	轴承温度太高	油站测温元件出故障 疲劳或磨损引起轴承损害 轴承和轴承间隙不适合 润滑油太少、太黏 密封冷却风机污染(若有) 密封冷却风机失效(若有)	检修或更换 更换轴承 按清册规定轴承型号标记更换轴承并保证间隙 增加润滑油量,更换专用油 清洁该风机叶轮和进口栅网 修理密封冷却风机
3	润滑油温度太高 润滑油温度太低	加热器没关或设定过高 冷却水量未开或太小 冷却水温太高 冷却器污染或质量差 外界热源的影响 加热器没打开	检查调温器和关掉加热器 打开冷却水或增加冷却水量 增加冷却水量 清洁冷却器或更换 保护供油与热源隔离 检查调温器和加热器
4	油压太低 油压太高 油压波动	过滤器污染、堵塞 油路泄漏 阀门失调或堵塞 压力阀故障,油温高,油位低 油泵故障 溢流阀失调 蓄压器不起作用	清洁过滤器,转换备用过滤器 更换油封,纠正泄漏 校正或清洁阀门 清洁或重校压力阀加油 更换油泵 调节溢流阀 检查,重新按规定充氮或更换
5	油脏 油色变暗 润滑油PH值过高 润滑油中含水	换错油 油过滤器出故障或滤网太粗 管路或密封不良 换错油或油质太差 流道气体渗入 雨水或干净水渗入 冷却器泄漏 油箱中的水没排净	换油 更换过滤器滤网 更换管路或密封 按规定换油 清洁通气栅网,检查密封 采取保护措施 修理冷却器 定期排水,排除故障因素

续表 3-4

序号	故障现象	原因分析	处理方法
6	油位下降	主轴承油泄漏 管道连接处泄漏 软管出故障 密封件磨损	参见序号7 检查并紧固好内外管道接头、更换密封 更换软管 更换密封件
7	主轴承油泄漏 叶片轴承油泄漏	轴密封损坏 油量太大 油位太高 密封平衡管不通气 叶片轴承垫圈损坏 非原装垫圈或油已失效 流道气温超高,不能承受	更换密封件 减少油量 降低油位 清理通气管道及栅网 更换垫圈 用原装垫圈替换 限制流道气温
8	轴承过早失效	润滑油量太少 油脏 轴承座污染 轴承损坏	增加润滑油量 参见序号5 清洁轴承座 安装新轴承,查明原因
9	动叶磨损 导叶/空心支撑柱磨损	高含尘量 气流冲击过分集中	控制含尘量、检测磨损,是否超过允许极限 安装导流护板
10	动力消耗失控 动力不能达到 伺服马达高压软管破裂	执行器传动障碍或行程过快 控制油压太低 伺服马达活塞密封件磨损 叶片轴承被卡滞 动叶磨损 动叶受涂盖层影响 控制头卡住	调整执行驱动、行程时间及连杆 调整控制油压 更换密封件 参见序号11 更换备用动叶 清洁动叶 检查控制头、控制阀芯与活塞的同轴度
11	叶片轴承卡滞	叶片轴承无润滑 在叶轮(毂)上有积垢	加注润滑油脂 清洁叶轮(毂),找出原因

续表 3-4

序号	故障现象	原因分析	处理方法
12	逆止风门轴封漏风	填料失效	大修时应对轴封填料进行更换
13	逆止风门关闭不严密	门框底座密封处有积灰或异物	停运检修时立即清理干净
14	逆止风门门板背面槽钢松动脱焊，门座软密封脱落	长期运行造成	停运检修时应对背面槽钢及时进行补焊，密封件应及时维修或更换

第四章 水泵检修

在热力发电厂中,水、油、蒸汽是三大主要介质,它们从位置低的地方到位置高的地方,从低压到高压的输送和能量转换都是靠泵来实现的。例如,锅炉灰浆的排除、汽轮机轴承润滑油压的形成、循环水的输送等都是靠泵来实现的。所以,泵可定义为能输送各种介质并能使其获得能量的转动机械。泵是将机械能变成压力能和动能的设备。

在电厂中,水、油、蒸汽的传输都离不开泵,所以,电厂能否正常运行与泵的拆装和检修质量密切相关。泵检修质量的好坏直接影响到泵机械效率的高低。

第一节 泵的类型及结构

泵按其工作原理分类,可分为容积式泵和叶片式泵。

容积式泵通过密闭工作室容积周期性的往复运动来输送液体,并使液体产生一定的动能和压力能。容积式泵主要包括往复泵(活塞泵)、齿轮泵、螺杆泵、喷射泵等。

叶片式泵是靠装在主轴上的叶轮旋转来工作的,使液体流动并产生一定的动能和压力能。叶片式泵又包括轴流泵、离心泵和混流泵三种形式。

轴流泵指液体在与主轴同心的圆柱面上流出,即液体是沿着轴向流动的,它靠叶片转动时产生的升力输送液体,并提高其速度能、压力能。轴流泵主要适用于扬程低、流量大的系统中,如火力发电厂中的循环水系统一般都采用轴流泵输送。

离心泵主要利用叶轮随着轴的旋转运动产生离心力,离心力使液体产生速度能、压力能。液体离开叶轮时的流动方向是沿着径向流动的,故离心泵也称径向泵。

离心泵的主要工作部分是叶轮,叶轮由若干个叶片组成。当叶轮和整个泵壳内充满液体时,通过叶轮旋转,叶片就迫使液体做回转运动,使液体产生离心力。离心力迫使液体由叶轮中心流向叶轮边缘,液体的速度加快和压力升高,液体进入泵体内,再一次升压,然后由出口排出。当叶轮中的液体离开叶轮后,叶轮中心入口处的压力就显著下降,此时处于真空状态,因此作用在吸水池水面上的大气压将液体连续不断地压入泵的吸入管内,并经过管路流入叶轮中,以填充从叶轮中流出的液体。叶轮不断地旋转,液体就不断地被吸入和压出,这样,液体就在离心泵中不断地连续流动。

1. 叶轮

叶轮是把电动机输入的机械功直接传给液体,使液体获得动能、势能及压力能的部件。叶轮分为单吸和双吸两种。图4-1(a)所示为单吸叶轮,图4-1(b)所示为双吸叶轮。双吸叶轮应用于大流量、低压、低扬程的系统中,因两侧同时进水有自动平衡轴向推力的特点,不易产生汽蚀的现象,常用在单级泵上。单吸叶轮常用在流量大、压力大、扬程高的系统中。叶轮的叶片数目为6~12片,叶片一般采用后弯式,厚度为3~6 mm。叶轮的出口宽度和直径根据工作环境而定,一般在低流量、高压和高扬程的系统中,采用直径大、出口截面小的叶轮;在大流量、低压和低扬程的系统中,则采用直径较小、出口截面积大的叶轮。

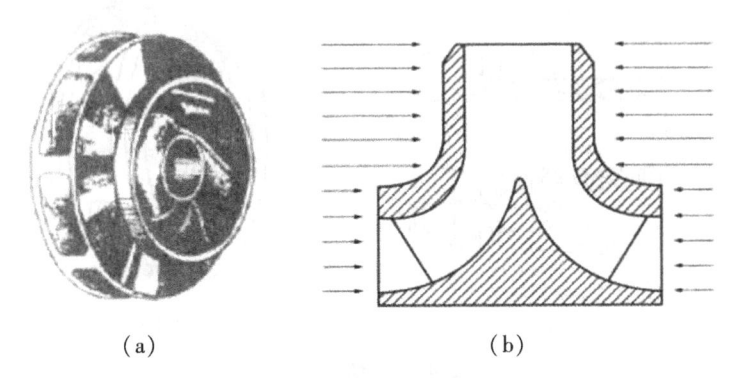

图4-1 叶轮的结构形式
(a)单吸叶轮;(b)双吸叶轮

2. 泵轴

轴是传递扭矩的主要部件,它把叶轮、平衡盘、轴套、键、联轴器组合到一起,并与电动机连接起来。它的直径是根据传动功率所产生的扭矩及材料的许用应力而确定的。轴的材料一般采用碳素钢;高压、大功率泵轴采用合金钢;对于腐蚀性大的泵,则采用不锈钢。轴套的作用是保护轴,将其和各个部件隔开并固定到相应的位置。

3. 轴承

轴承的作用是将泵轴托起来,使轴保持相应的位置,使转动部件和静止部件保持适当的间隙,这样轴在旋转时可以减小摩擦阻力。用在泵上的轴承有两种形式,一种是滑动轴承,另一种是滚动轴承。滑动轴承的可靠性强,适用于大容量的泵,检修比较方便,但是摩擦阻力比较大,润滑系统比较复杂。滚动轴承的摩擦阻力小,维护简单,润滑系统简单,但是可靠性较差,适用于小容量的泵。泵上所用的轴承还有圆筒形滑动轴承和中分式滑动轴承。

4. 密封装置

泵轴与泵壳之间必须留有一定的间隙,以防止在转子转动时与静止部件发生摩擦而使设备损坏。由于此间隙的存在,泵体内的液体会向外泄漏,泵外的大气向泵内流入会破坏泵内的真空,所以在泵轴和壳体之间加有密封装置。密封的形式有填料密封、卡圈密封、机械密封和水封等。

低压泵一般采用填料密封和水封。图4-2(a)所示为填料箱。可在填料之中加一个水封环,水封环的形状如图4-2(b)。

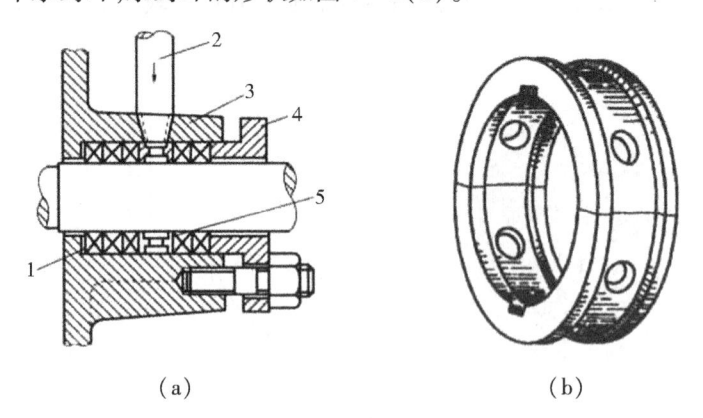

图4-2 填料密封

(a)填料箱;(b)水封环

1——填料;2——水封管;3——填料套;4——填料压盖;5——水封环

高压泵除采用填料密封和水封外还可采用机械密封,其密封形式如图4-3所示。

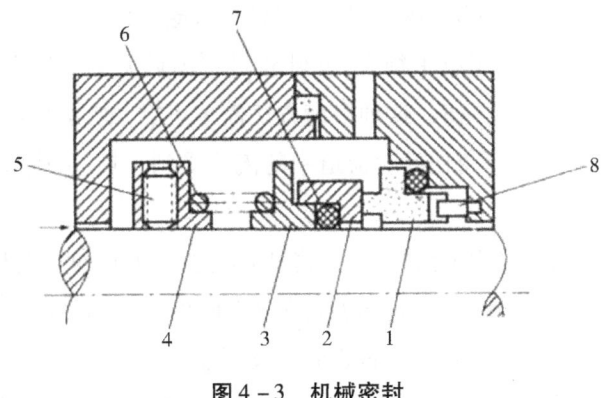

图 4-3 机械密封

1——静环；2——动环；3——动环座；4——弹簧座；
5——固定螺丝；6——弹簧；7——密封圈；8——防转销

5. 泵体

泵体也叫泵壳，它由吸水室、导叶、压水室等部分组成。泵体用来引导液体沿着一定的路线流动，把水流动的速度降低、压力升高。

离心泵吸水管接头与叶轮入口前的空间称为吸水室。吸水室有 3 种形式，即锥形管吸水室、半螺旋形吸水室和圆环形吸水室。锥形管吸水室结构简单、制造方便、流速分布均匀、损失小，主要用于悬臂式离心泵，锥度一般为 7°~8°。对于半螺旋形吸水室，当液体进入叶轮时流速分布比较均匀，阻力小，其常用在水平中分式泵中。圆环形吸入室的轴向尺寸较小，制造简单，液体分布不大均匀，阻力比较大，常用在分段式多级泵中。

压水室是指叶轮出口处或导叶出口处与压水管接头之间的空间。它的作用是以最小的损失收集从叶轮中甩出的液体，然后将液体引向压水管。压水室有环状及螺旋形两种。环状压水室的流通断面面积相等，有冲击损失，效率较低，结构简单。螺旋形压水室具有收集液体和引导液体沿出口流入管路中的作用，并在出口扩散管中将部分动能转变成压力能。其特点是效率高，但加工复杂。

6. 平衡装置

单侧进水的离心泵，在工作时水泵内吸入端的压力一定小于压出端。这样压力高的一端（压出端）的压力作用在叶轮上，使转子受到一个从压出端指向吸入端的力，这个力叫轴向推力。对轴向推力必须采用不同的方法平衡，否则其将使动静部件发生摩擦或碰撞。平衡离心泵的轴向推力的方法很多。

(1)平衡孔和平衡管平衡法。叶轮前装有卡圈(密封环)。在叶轮吸入口相对的叶轮后盖板上加工有平衡孔,使叶轮进口前后两侧的压力相等,作用在叶轮上的轴向推力得到平衡。这种平衡方法简单可靠,缺点是部分流体经平衡孔漏回叶轮的吸入侧时,将使叶轮流道中的流体受到干扰,造成涡流损失,使泵的效率降低。

另一种平衡法是采用平衡管,它是将叶轮后侧靠近轮的空穴与水泵吸水侧用管子连接起来,以使叶轮卡圈(密封环)以下两侧的力相平衡,从而消除轴向推力。采用平衡管平衡轴向推力的效果比较可靠、简单,但是效率比较低,泵内的损失比较大,所以在一些小型离心泵中采用平衡孔和平衡管综合的方法效果更好。

(2)对称进水平衡法。在单级大流量离心泵中常采用双吸叶轮自动平衡轴向推力。多级大容量离心泵把叶轮设计为偶数,使其一半叶轮从左侧进水,另一半叶轮从右侧进水,这样两侧的轴向推力基本相等,自动平衡了轴向推力。为了安全可靠,可以采用推力轴承平衡剩余的轴向推力。

(3)平衡盘平衡法。大容量多级泵一般采用平衡盘平衡轴向推力。平衡盘装在泵的出口端最末一级叶轮的后面。动盘用键连接在轴上,同轴一起旋转。在平衡盘前的壳体上装有平衡套,平衡盘后的空间与离心泵第一级叶轮吸入室相通,使之保持低压。在平衡盘与平衡套之间形成一轴向间隙,在末级叶轮与平衡室之间有一径向的间隙,它是轴套与泵体单侧径向的间隙。在此装置中允许平衡盘与转轴做少量的轴向窜动。

对于大型高压给水泵,由于启动或停止时,离心泵不可能达到额定应力,因而平衡盘两侧的压力差不足以平衡轴向推力,造成转轴向吸入口侧窜动。此时,动盘与静盘发生摩擦,严重时还可能发生卡涩现象。因此,这类高压泵的动盘和静盘采用耐磨材料,并且还装有油膜压力推力轴承,以防止在平衡力不足时动静盘发生摩擦。

第二节　泵的拆卸及检查

1. 水泵的拆卸

以分段式多级离心泵的拆卸步骤为例：

（1）热工元件拆除。联系热工人员拆除设备上的热工元件及电缆等。

（2）拆除水泵所连接的进出口管道及其附属管道，拆除水泵的地脚螺栓，拆除联轴器的连接螺栓，在拆除时一定要在联轴器销子配合孔上做好标记，以防在组装时装错。

（3）将整台泵吊至检修场地进行解体检修。

（4）拆卸联轴器时一般用拉子（拉马）将其从轴上拉下来，也可以用锤击的方法：垫上铜棒，对称180度击打联轴器的轮毂处（不能击打联轴器的外缘），使其慢慢退出；如果联轴器与轴之间是过盈配合，则应对联轴器进行加热（或对轴进行冷却），然后拆除，加热温度不能太高，一般不超过200 ℃。

（5）轴承解体。解体时要进行轴承的有关测量并记录，然后拆除两端轴承及其托架。

（6）拆除高压端的密封装置，然后拆除高压端的尾盖，测量平衡盘的窜动量，如图4-4所示。将百分表垂直装在轴的端面，沿轴向来回撬动轴，到撬不动时读数，来回的读数差即为平衡盘的窜动量。

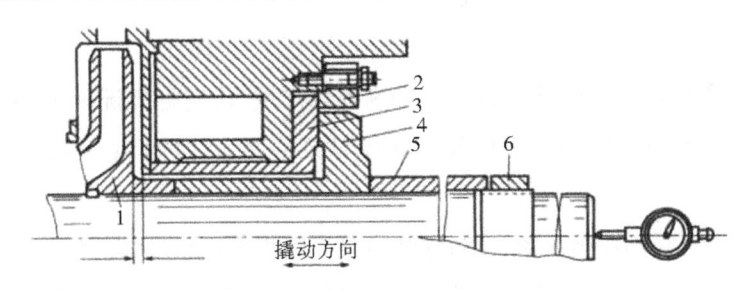

图4-4　平衡盘窜动量的测量

1——末级叶轮；2——平衡座压盖；3——平衡座；
4——平衡盘；5——轴套；6——轴套螺帽

（7）拆下高压侧轴套的螺帽，取出轴套及平衡盘，用一假轴套装在平衡盘位置，再将轴套及其螺帽装复，沿轴向来回撬动轴，到撬不动时读数，来回的读数差即为转子的总窜动量。

(8)拆除低压端的密封装置、低压端的尾盖、进水段的泵壳、轴套及首级叶轮后,拆除穿杆螺栓,按从高压侧向低压侧的顺序,依次拆除各级泵段、叶轮及轴套等。解体时应对各零部件做记号,最好做上永久性记号。永久性记号一般是用钢号码打在零件较明显的地方,但不准打在配合面上。

2. 水泵解体后的检查

(1)止口间隙检查

多级泵的两个泵壳之间都是止口配合的。止口之间的间隙不得过大,间隙过大将影响泵的转子与静子的同轴度。把泵壳叠在一起放在平板上,在下面泵壳上安装一个磁力表架,其上夹一个百分表,百分表的测量杆与上一个泵壳的外圆接触,然后将上面一个泵壳往复推动,于是百分表上的读数差就是止口间隙。在间隔90度的位置再测一次。一般止口间隙在0.04~0.08 mm之间。若间隙大于0.12 mm,就需要进行修理。简单的修理方法是,在间隙较大的泵壳凸止口周围间隔均匀地堆焊6~8处,每处长20~30 mm,然后将堆焊后的止口车削到需要的尺寸。

(2)裂纹检查

一般采用宏观检查或用5~10倍的放大镜进行检查。当检查到裂纹时就应进行处理,如果裂纹在不承受压力或不起密封作用的地方,为了防止裂纹继续扩大,可在裂纹的始末两端各钻直径为3 mm的圆孔,以防裂纹扩展。如果裂纹出现在承压部位,则应进行补焊。

(3)导叶检查

一般采用宏观检查,当发现导叶冲刷损坏严重时,应更换新导叶,在使用新导叶前应将流道内壁打磨干净。导叶与泵壳的径向间隙一般为0.04~0.06 mm。

导叶在泵壳内应被压紧,以防导叶与泵壳隔板平面被冲刷。如果导叶未被压紧,可在导叶背面沿圆周方向并尽量靠近外缘均匀地钻3~4个孔,加上紫铜钉,利用紫铜钉的过盈量使两平面密封。在装紫铜钉之前,先测量出导叶与泵壳之间的轴向间隙,其方法是先在泵壳的密封面及导叶下面放3~4根铅丝,再将导叶与另一泵壳放上,垫上软金属,用大锤轻轻敲打几下,取出铅丝测其厚度,两处铅丝平均厚度之差即为间隙值。紫铜钉的高度应比测出的间隙值多0.3~0.5 mm。这样,泵壳压紧后,导叶便有一定的预紧力。

(4)平衡装置检查

平衡装置的动静盘在启停泵或水泵发生汽化时会产生摩擦。当动静盘接触面出现磨痕时,可在其接合面之间涂上研磨砂进行对研。若沟痕很深,应用车床进行车削。车削后再用研磨砂对研,使动静盘的接触面积在75%以上。

(5)密封环与导叶衬套检查

密封环与导叶衬套分别装在泵壳及导叶上。它们的材料硬度应低于叶轮,当与叶轮发生摩擦时,首先损坏的是密封环和导叶衬套;若发现其磨损量超过规定值或有裂纹时,必须进行更换。密封环同叶轮的径向间隙随密封环的直径大小而异,一般为密封环内径的1.5%~3%;磨损后的允许最大间隙不得超过密封环内径的4%~8%。(密封环直径小,取大比值;直径大,取小比值)对于密封环同泵壳的配合,如有紧固螺钉可采用间隙配合,其值为0.03~0.05 mm;若无紧固螺钉,其配合应有一定紧力,其值为0~0.03 mm。

导叶衬套同叶轮的间隙应略小于密封环同叶轮的间隙(小于1/10)。若导叶与导叶衬套为过盈配合(过盈量约为0.015~0.02 mm),还需用止动螺钉紧固。

(6)泵轴检查

泵轴是转子上所有零件的安装基准,并传递力矩。转子的转速越高,轴的负荷越重,因此对轴的要求严格。检修时应对轴的弯曲进行测量,弯曲度一般不允许超过0.05 mm,否则应进行直轴工作,解体后若发现泵轴有下列情况之一时,应更换新的泵轴:

a. 轴的表面有裂纹;

b. 轴的表面有被高速水流冲刷而出现的较深的沟痕,尤其是在键槽处;

c. 轴的弯曲很大,经多次直轴而又弯曲。泵轴个别部位有拉毛或磨损时,可采用热喷涂或涂镀工艺进行修复。

(7)叶轮检查

检查叶轮口环处的磨损情况,如磨损的沟痕在允许范围内,可在车床上把沟痕车掉。车削时必须保持原有的同心度,加工后口环处的晃动度应小于0.04 mm。车后的叶轮应配制相应的密封环,以保持原有的间隙。若叶轮口环的磨损严重,已超过标准时,应更换新叶轮。首级叶轮的叶片容易受汽蚀损坏,如果叶片上有轻微的汽蚀小孔,可进行焊补修复。

叶轮内孔与轴的配合部位由于长期使用和多次拆装,其配合间隙将增大,此时可将配合的轴段或叶轮内孔用喷涂法修复。

需要更换叶轮时,检查新叶轮的实际尺寸是否与图纸上的尺寸相符。对于新的叶轮必须清除其流道的黏砂、毛刺、凹凸不平处和氧化皮等,以提高流道表面的光滑程度。过去常采用喷砂法或手工铲刮,效果一直不佳。近年来有的工厂采用砂洗装置进行流道清理,效果较好。新叶轮清洗后还应进行静平衡校验。找静平衡后,对于永久平衡质量的固定均采用磨削的方法,也就是将叶轮偏重一侧的外表磨去偏重值。

第三节　泵的测量

旋转体外圆面对轴心线的径向跳动称为径向晃动,简称晃动。晃动程度的大小称为晃动度。旋转体端面沿轴向的跳动即轴向晃动,称为瓢偏。瓢偏程度的大小称为瓢偏度。旋转体的晃动、瓢偏不允许超过允许值,否则将影响转体的正常运行。

转体产生瓢偏、晃动的主要原因有:

(1)轴弯曲造成转子上部件的瓢偏度、晃动度增加,越接近最大弯曲点的部件其值增加越大。

(2)在加工转体上的零件时,加工工艺不正确,造成孔与外圆的同心度、孔与端面的垂直度超过允许范围。

(3)在安装、检修时,套装件不按正规工艺进行套装,如键的配合有误、轴与孔的配合间隙过大、套装段有杂质、热套变形等。

(4)铸件退火不充分,造成其因热应力而变形。

(5)运行中动静部件发生摩擦,造成热变形。

晃动、瓢偏对转体的影响:

(1)转体晃动会影响转体的平衡,尤其对于大直径、高转速的转体,其影响更为严重。

(2)对动静间隙有严格要求的转体,晃动、瓢偏过大会造成动静部件的摩擦。

(3)以端面为工作面的旋转部件,如推力盘、平衡盘的工作面,要求在运行中与静止部件有良好的动态配合。若瓢偏度过大,则将破坏这种配合,导致盘面受力不匀,并破坏油膜或水膜的形成,造成配合面磨损或烧瓦事故。

(4)对于转体的连接件,如联轴器的对轮,若晃动度、瓢偏度超过允许范围,将影响轴系中心及联轴器的装配精度,导致机组的振动超常。

(5)对于传动部件,如齿轮,其晃动的大小直接关系到齿轮的啮合优劣,又如三角带轮的瓢偏与晃动会造成三角皮带的超常磨损。

因此,在检修中对转子上的固定件,如叶轮、齿轮、皮带轮、联轴器、推力盘、轴套等都要进行瓢偏和晃动的测量。测量工作可以在机体内进行,也可以在机体外进行,一般应在机体内进行,这样得出的数值较准确。

一、晃动的测量方法

将所测转体的圆周分成 8 等份,并编上序号。固定好百分表架,将表的测杆按标准安放在圆面上,如图 4 - 5(a)所示。被测量处的圆周表面必须是经过精加工的,其表面应无锈蚀、无油污、无伤痕,否则测量就失去意义了。

把百分表的测杆对准图 4 - 5(a)所示的位置"1",先试转一圈。若无问题,即可按序号转动转体,依次对准各点进行测量,并记录其读数,如图 4 - 5(b)所示。

根据测量记录,计算出最大晃动度。以图 4 - 5(b)的测量记录为例,最大晃动位置为 1—5 方向的"5"点,最大晃动值为 0.58 - 0.50 = 0.08(mm)。

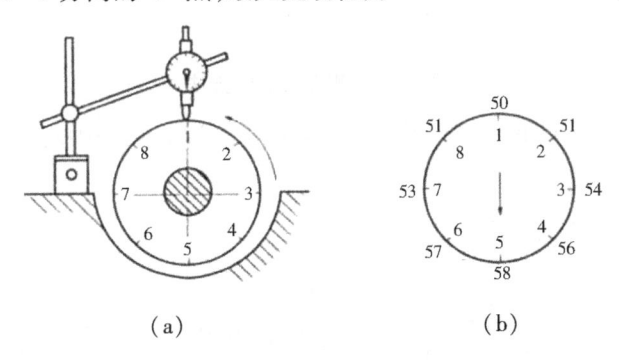

(a)　　　　(b)

(单位:0.01 mm)

图 4 - 5　测量晃动的方法

在测量工作中应注意以下几点:

(1)在转子上编序号时,按习惯以转体的逆转方向顺序编号。

(2)晃动的最大值不一定正好在序号上,所以应记下晃动的最大值及其具体位置,并在转体上做好明显记号,以便检修时查对。

(3)记录图上的最大值与最小值不一定正好在同一直径上,无论其是否在同一直径上,计算方法不变,但应标明最大值的具体位置。

(4)测量晃动的目的是找出转体外圆面的最凸出位置及凸出的数值,故其值不能除以2(除以2后其将成为轮外圆的中心偏差)。

二、瓢偏的测量方法

1. 瓢偏的测量过程

在测量瓢偏时,必须安装两只百分表,因为测件在转动时可能与轴一起沿轴移动,用两只百分表可以将移动的数值(窜动值)在计算时消除。装表时,将两表分别装在同一直径相对的两个方向上,如图4-6所示。将表的测量杆对准图4-6所示的"1"点和"5"点,两表与边缘的距离应相等。表计经调整并证实无误后,即可转动转体,按序号依次测量,并把两只百分表的读数分别记录下来。

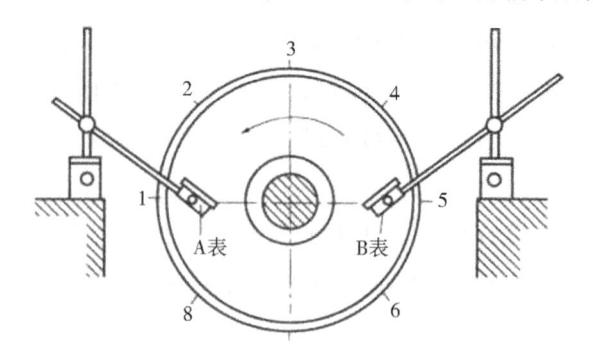

图4-6 测量瓢偏的方法

记录的方法有两种:一种用图记录,如图4-7所示;一种用表格记录,见表4-1。

用图记录的方法如下:

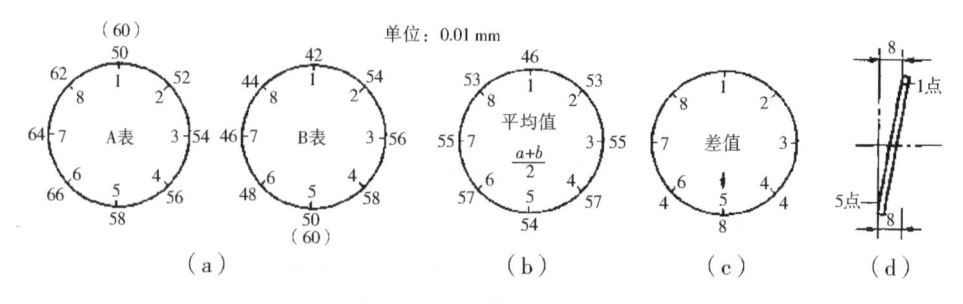

图4-7 瓢偏测量记录

(1)将 A 表、B 表的读数 a、b 分别记在圆形图中,如图 4-7(a)所示。

(2)算出两记录图同一位置的平均数并记录在图 4-7(b)中。

(3)求出同一直径上的两数之差,即为该直径上的瓢偏度,如图 4-7(c)所示。通常将其中的最大值定为该转体的瓢偏度。从图 4-7(c)中可看出,最大瓢偏的位置为 1—5 方向,最大瓢偏度为 0.08 mm。该转体的瓢偏状态如图 4-7(d)所示。

用表格记录的方法见表 4-1:

表 4-1 瓢偏测量记录及计算举例(0.01 mm)

位置编号		A 表	B 表	ab	瓢偏度
A 表	B 表				
1—5		50	50	0	
2—6		52	48	4	
3—7		54	46	8	
4—8		56	44	12	
5—1		58	42	16	$\dfrac{(a-b)_{max}-(a-b)_{min}}{2}=\dfrac{16-0}{2}=8$
6—2		66	54	12	
7—3		64	56	8	
8—4		62	58	4	
1—5		60	60	0	

从图 4-7(a)和表 4-1 中可看出,测点转完一圈之后,两只百分表在 1—5 点位置上的读数未回到原来的读数,由"50"变成"60"。这表示在转动过程中转子窜动了 0.10 mm,但由于用了两只百分表,在计算时该窜动值已被消除。

测量瓢偏应进行两次。第二次测量时,应将测量杆向转体中心移动 5~10 mm。两次测量结果应很接近,如相差较大,则必须查明原因(可能是测量上的差错,也可能是转体端面不规则),再重新测量。

2. 瓢偏度与转体瓢偏状态的关系

根据图 4-7 与表 4-1 计算出的瓢偏度,其值指的是转体端面的最凸出部位还是最凹入部位,抑或是凹凸之和,可通过图 4-8 所示的图解法求证。

图 4-8 所示的图解结果证明,瓢偏度是转体端面最凸处与最凹处之间的轴向距离。

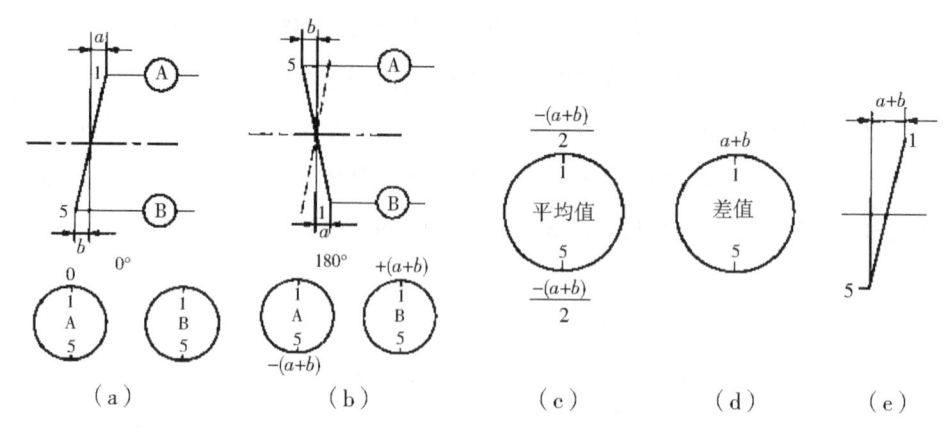

图 4-8 瓢偏度与瓢偏状态的关系

3. 测量瓢偏的注意事项

(1) 图与表所列举的数据均为正值,实际工作中有负值出现,但其计算方法不变。

(2) 若百分表以"0"为起点读数,则应注意 +、- 的读法,在记录和计算时同样应注意 +、- 数。

(3) 用表计算时,其中两表的差可以用 $(a-b)$,也可以用 $(b-a)$ 来计算,但在确定其中之一后就不能再变。

(4) 图和表中的最大值与最小值不一定在同一直径上,出现不对称情况是正常的,这说明转体的端面变形是非对称的扭曲。

三、轴弯曲测量与直轴

在火力发电厂热力设备的检修过程中,对于对弯曲度有严格要求的轴,如汽轮机转子轴、水泵轴等,必须进行详细的测量,一旦发现其弯曲值超过允许范围就必须对其进行校直处理。

1. 轴弯曲的测量

(1) 测量条件

测量轴弯曲时,应在室温状态下进行。大部分轴可在平板或平整的水泥地上,将两端轴颈支撑在滚珠架或 V 形铁上进行测量;而对于重型轴,如汽轮机转子轴,一般在本体的轴承上进行。测量前应将轴向窜动限制在 0.10 mm 以内。

(2) 测量步骤

① 测量轴颈的不圆度,其值应小于 0.02 mm。

②将轴分成若干测段,测点应选在无锈斑、无损伤的轴段上,记录测点所处轴段的不圆度。

③将轴的端面8等份,序号的"1"点应定在有明显固定记号的位置,如键槽、止头螺钉孔,以防在擦除等分序号后失去轴向弯曲方位。

④为了保证在测量时每次转动的角度一致,应在轴段设一固定的标点,如划针盘、磁力表座等。

⑤安装百分表时,应按图4-9所示的要求进行,并检查装好后的百分表的灵敏度。

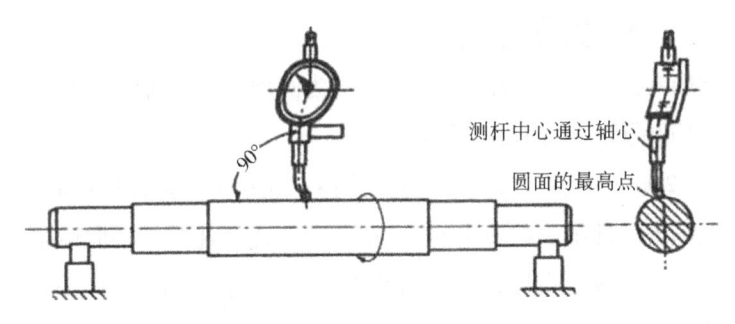

图4-9 百分表的安装要求

⑥将轴沿序号方向转动,依次测出百分表在各等份点的读数。根据记录计算出每个测段截面的弯曲向量值和弯曲方向,同直径读数的1/2即为轴中心弯曲值。绘制各截面弯曲相位图。

⑦根据各截面弯曲向量图绘制弯曲曲线图,纵坐标为轴的各截面同一轴向的弯曲值,横坐标为轴全长和各测量截面的距离(按同一比例绘制)。根据各交点连成两条直线,在直线交点及其两侧多测几个截面,将测得的各点连成平滑曲线与两直线相切,构成轴的弯曲曲线。

2. 直轴的方法

直轴的方法主要有机械加压法、捻打法、局部加热加压法和内应力松弛法。

(1)机械加压直轴法

机械加压直轴法是把轴放在V形铁上,两V形铁的距离一般为150~200mm,并使轴弯曲的凸面向上,在轴的下方或轴端部装上百分表,然后利用螺旋加压器压轴的凸面,使凹面金属纤维伸长,从而达到直轴的目的。注意下压的距离应略大于轴的弯曲值,过直量一般不超过该轴的允许弯曲值。

该种直轴法一般不需要进行热处理,但精度不高,有残余应力,在运行中容易再次出现弯曲,其只能用于直径较小、弯曲较小的轴,如阀杆及其他棒类等。

(2)捻打直轴法

捻打直轴法是通过人工用捻棒捻打轴的弯曲处凹面,使这部分金属延伸,从而将轴校直。捻棒可用低碳钢或黄铜制作。捻棒的宽度根据轴的直径决定,捻棒下端端面应制成与轴面相吻合的弧形且没有棱角。

其具体方法如下:

①将轴的凹面向上,牢固地固定在固定架上,在支座与轴的接触处应垫以铜、铝之类的软金属板或硬木块,轴的另一端任其悬空,必要时可在悬空端吊上重物或进行机械加压以增加捻打效果。

②在轴的弯曲部位画好捻打范围,一般为圆周的1/3,轴向捻打长度应根据轴的材料、表面硬度和弯曲度来决定。

③用1~2 kg的手锤靠其自重锤击捻棒。先从1/3圆弧的中心开始,左右相间均匀地锤击。锤击次数应中间多、左右两侧逐渐递减。轴向锤击次数也由中央向轴的两端递减。在锤击的过程中要注意,捻打时在轴面上不许有刻痕,使用锤击捻棒时用力要均匀,每捻打完一遍,检查一次轴的伸直情况。轴的伸直变化开始较大,以后由于轴的表面逐渐硬化,轴的伸直也减慢了。经多次捻打效果不显著时,可以用喷灯将轴的表面加热到300~400 ℃,进行低温退火,再捻打。捻打到最后时要防止其过直,但允许有一定的过直量(0.01~0.02 mm)。

④最后对轴的捻打部位进行低温退火,消除内应力和表面硬化。

该种直轴法精度高、应力小、不产生裂纹,但有残余应力存在,同机械加压法一样,只适用于小直径且弯曲不大的轴。

(3)局部加热加压直轴法

局部加热加压直轴法在加热温度、加热时间、加热部位及冷却方式上与局部加热法相同,不同之处是加热前用机械加压法使轴先产生弹性的与原弯曲方向相反的预变形,加热后膨胀受阻产生压缩的塑性变形,达到校直的目的。

在进行局部加热加压直轴时,注意压力的大小应根据轴的两支点间的距离、轴的直径及弯曲值来选择,施加的压力必须在轴完全冷却之后卸压。

在直轴的过程中对没有达到校直要求的轴或运行后再次弯曲的轴均允许重复校直,用局部加热法或局部加热加压法直轴,每加热一次均能有较好的效果,在同一部位再次加热,效果就比第一次差。对同一部位加热一般不多于两次,否则应变动加热部位。

此法的直轴效果较前几种方法好,但不适用于高合金钢及经过淬火的轴,且其稳定性较差,在运行中有可能向原弯曲形状再次变形。

(4) 内应力松弛直轴法

内应力松弛直轴法是将轴最大弯曲处的整个圆周加热到低于回火温度 30~50 ℃,接着向轴的凸起部位加压,使其产生一定的弹性变形。在高温下,作用于轴的内应力逐渐减小,同时弹性变形逐渐转变为塑性变形,从而达到轴的校直目的。

用这种直轴法校直后的轴具有良好的稳定性,尤其适用于用合金钢锻造或焊接的轴。

第四节 密封装置检修及水泵装复

一、密封装置检修

1. 填料密封

填料密封主要由填料箱、填料(又称盘根)、水封环、水封管和填料压盖等组成,又称盘根密封。填料起阻水隔气的作用,为了提高密封效果,填料一般做成矩形断面。填料压盖的作用是用来压紧填料,用压盖使填料和轴(或轴套)之间直接接触而实现密封。水封管和水封环的作用是将压力水引入填料与泵轴之间的缝隙,不仅起到密封作用,同时也起到引水冷却和润滑的作用。有的水泵利用在泵壳上制作的沟槽来取代水封管,使结构更加紧凑。

泵工作时,填料密封的效果可以用松紧填料压盖的方法来调节。如压得过紧,则填料挤紧,泄漏量减少,但填料与轴套之间的摩擦增大,严重时会造成发热、冒烟,甚至烧毁填料或轴套。如压得过松,则填料放松,又会使泄漏量增大,泵效率下降,对吸入室为真空的泵来说还可能因大量空气漏入而吸不上水。一般压盖的松紧以水能通过填料缝隙呈滴状渗出为宜(约为60滴/分钟)。

填料的种类很多。离心泵在常温下工作时,常用的有石墨或黄油浸透的棉织物。若温度或压力稍高,可用石墨浸透的石棉填料。对于输送高温水(最高可达 400 ℃)或石油产品的泵,可采用铝箔包石棉填料,或用聚四氟乙烯等新材料制成的填料。

填料密封结构简单,安装、检修方便,压力不高时密封效果好。但是填料的使用寿命比较短,需要经常更换、维修。填料密封只适用于泵轴圆周速度小于 25m/s 的中、低压水泵。

水泵的盘根密封装置与阀门的盘根装置在结构和检修方法上大体相同。由于泵轴在高速下运行,故在加盘根时尚需注意以下两点。

①盘根密封装置内有水封环时,则必须使水封环对准水封管。

②盘根压盖压盘根的松紧程度应适当。压得过紧,使盘根与轴套发热,甚至烧毁,使轴功率的损失增大;压得松,渗漏量太大。一般掌握盘根压盖的压紧程度为:液体从盘根室中滴状渗漏,每分钟几十滴。

2. 机械密封

机械密封是无填料的密封装置,主要零件有动环(可随轴一起旋转并能做轴向移动)、静环、弹簧(压紧元件)和密封圈(密封元件)等。这种密封装置主要依靠密封腔中液体和弹簧作用在动环上的压力,使动环端面贴合在静环端面上,形成密封端面 A;另外,又用两个密封圈 B 和 C 封堵静环和泵壳、动环与泵轴之间的间隙,切断密封腔中液体向外泄漏的可能途径;再加上弹簧和密封圈具有缓冲振动和减少端面 A 磨损的作用,又可以确保运行中动静环密封端紧密地贴合,从而实现装置可靠的密封。此外,为带走密封端面 A 产生的摩擦热,避免端面液膜汽化和某些零件老化、变形并防止杂质聚集,还采用引入清洁冷却液体等方法降低密封腔中液体的温度,并通过少量泄漏对端面 A 进行冷却润滑和冲刷。

动环与静环一般由不同材料制成,一个用树脂或金属浸渍的石墨等硬度较低的材料,一个用硬质合金、陶瓷等硬度较高的材料,但也可以都用同一种材料,如碳化钨。密封圈常根据泄漏液体温度的高低,采用硅橡胶、丁腈橡胶等制成,其型式通常制成 O 形、V 形或楔形。

机械密封的优点是密封效果好,几乎可以达到滴水不漏;整个轴封尺寸较小;使用寿命长,一般为 1~2 年;可自动运行而不需在运行时调整;轴与轴套不易受磨损;功率消耗较少,一般为填料密封功率消耗的 1/3~1/10;耐振动性好。

机械密封在现代高温、高压、高转速的给水泵上得到广泛的应用,其缺点是零件多,结构复杂;安装、拆卸及加工精度要求高;如果动静环不同心,运行时易引起水泵振动;价格贵。

机械密封实质上是由动静两环间维持一层极薄的流体膜而起到密封的作用(这层膜也起到平衡压力和润滑动静端面的作用)。因此,在动静环的接触面上需要通入冷却液。停泵时待转子静止后方可切断冷却液。

常由于对机械密封的性能和使用条件等了解不多,造成安装或使用过程中不必要的损伤。下面就实际应用中常见的一些问题,做简单介绍。

(1)机械密封的安装要求检查弹簧应无裂纹、锈蚀等缺陷。在同一机械密封中,各弹簧的自由高度差要小于 0.5 mm,且装入弹簧座内以后不得有歪斜、卡涩等现象。检查动静环密封端面的瓢偏应不大于 0.02 mm,动静环密封端面的不平行度小于 0.04 mm。

(2)机械密封的故障一般表现为泄漏量大、磨损快、功耗大、过热、冒烟、振动大等现象,产生原因及处理方法见下表:

表 4-2 机械密封的常见故障

故障类别	产生原因	处理方法
密封压盖端面的泄漏量大	密封压盖垂直度超差,加工不良	重新加工,予以修正
	压盖螺栓紧固不均匀	重新拧紧
	密封垫不良	予以更换
静环密封圈处泄漏	装配不当	重新调整
	密封压盖变形、开裂	修复或更换
	密封胶圈不良	予以更换
密封端面的不正常磨损	端面干摩擦	加强润滑,改善端面摩擦情况
	端面腐蚀	更换端面材料
	端面嵌入固体杂质	加强过滤并清理密封水管路
	安装不当	重新研磨端面或更换新件
密封端面泄漏量大	动静环材料匹配、形状尺寸不合格	予以更换或修复
	弹性缓冲机构工作不良	予以修复
	密封端面研磨精度不符合要求	重新研磨密封端面

续表 4-2

故障类别	产生原因	处理方法
泵轴周围的泄漏量大	泵轴处密封圈的材质、尺寸不合适	予以更换
	泵轴处密封圈在装配时损伤	予以更换
	轴的尺寸公差不合适或加工不良	重新加工
有振动、噪声等异常现象	泵自身缺陷	修正动平衡、轴弯曲及轴套变形等
	泵的安装有不当之处	检查调整联轴器、轴承及管路状况
	运行条件变化	改善辅助装置以适应要求

（3）对密封端面的修复规定

①密封端面不得有内、外缘相通的划痕或沟槽，否则不再修复。

②对石墨环的凸台为 3 mm 的、密封端面磨损量小于 1 mm 及凸台为 4 mm 的、密封端面磨损量小于 1.5 mm 的情况，可对密封端面进行研磨，达到技术要求后重新使用。

③密封端面有热应力裂纹或腐蚀斑痕，一般不再修复。

机械密封在检修时，应很仔细地研磨动静环的密封面，以便保持接触良好。为了使密封得到润滑、冷却，可在动静环端面圆周上开几个不通的缺口，以便使冷却液进入密封面。为了使动环动作灵活，辅助密封胶圈在轴上装得不可过紧。机械密封具有摩擦力小（仅为盘根密封的 10%~15%）、密封性能好、泄漏少等优点，所以得到广泛应用。对于原来是盘根轴封的泵，可以改成机械密封。采用机械密封的泵，其轴向窜动量一般不允许超过 ±0.5 mm。

3. 浮动环密封

在正常运行时，浮动环不与其他部件接触，漂浮在液体之中。浮动环与轴套的径向间隙为 0.04~0.075 mm。间隙越小，渗漏的液体量也越小。为了提高密封效果，减少给水的渗漏，在密封装置中通有密封水。密封水约有 1/4 流入泵内，3/4 从间隙中流至泵外，其漏水量是一个不小的数字，这也是该装置的主要缺点。

浮动环的轴向密封效果决定于浮动环与支撑环端面接触的严密程度。在检修时两个环的密封面应仔细研磨。研磨时还应特别注意密封面的垂直度。

二、离心泵的装复

1. 转子的试装

泵在装复前要进行一次试装。

(1) 试装的目的

它是决定组装质量的关键。其目的为：消除转子的紧态晃动，以免内部摩擦，减少振动和改善盘根工况；调整叶轮之间的轴向距离，以保证各级叶轮的出口中心与导叶的入口中心对准；确定调节套的尺寸。

(2) 试装前的检查

检查转子上的部件尺寸，消除部件的明显超差。轴上套装件的不同心度一般不超过 0.02 mm，套装件与轴的配合必须符合原设计的配合标准，轴的弯曲度不超过 0.05 mm。对轴上所有的套装件，如叶轮、平衡盘、轴套等，应在专用工具上进行端面对轴中心垂直度的检查。假轴与套装件应采用转动配合，用手转动套装件，转动一圈后百分表的跳动值应在 0.015 mm 以下，用同样的方法检查端面的垂直度。有的不用假轴，将套装件放在平板上进行测量，这种测量法不能得出端面与轴中心线的垂直误差，得出的是上下端面的平行误差。

(3) 找转子晃动的部位

做好上述准备工作后，将套装件清扫干净，并按从低压侧到高压侧的顺序依次将其装在轴上，拧紧轴套螺帽（对于热套转子，只装首、末级叶轮，中间各级不装），然后分别测出各部位的晃动。所测的晃动值应符合质量标准。

2. 水泵的装复

(1) 首级叶轮出口中心的定位

在组装带有导叶的泵时，要求叶轮的出口槽道中心线必须对正导叶的入口槽道中心，如果两者的中心不重合就会降低水泵的效率，因而对泵的各级尺寸都有严格的要求，一般只要第一级中心对正了，以后各级的中心都能对正。首级叶轮的定位先根据导叶入口槽道的宽度和叶轮出口槽道的宽度制作一定位片，把第一级叶轮装在轴上并使之与轴的凸肩靠紧，将定位片插入叶轮出口，再推轴使定位片与导叶端面相接触；然后在与端盖的端面平齐的地方，用划针在轴套外圆上画一道线，以便在组装平衡装置后检查叶轮出水口中心的情况和叶轮在静子中的轴向位置。

(2) 总窜动量的测量

在泵体组装完毕并将拉紧螺栓全部拧紧后，先不装轴承及轴封，也不装平衡盘，而用专用套代替平衡盘套装在轴上，并上好轴套螺帽，此时即可开始测量总窜动量。测量前在轴端盖上装一只百分表，然后拨动转子，转子在前、后终端位置的百分表读数之差即为转子在泵壳内的总窜动量。

(3) 转子轴向位置的调整

当完成总窜动量的测量之后,将平衡盘、调整套等装好,并将轴套螺帽拧至转子的位置,然后拨动转子使平衡盘靠紧平衡座,在与首盖端面平齐的地方用划针所画的线应大致重合,如不重合,可通过套的长度或垫片的厚度进行调整。

(4) 推力轴承的调整

水泵中装有推力轴承时,应测量并调整其轴向位置。当泵启动或停止而平衡盘尚未建立压差时,叶轮的轴向推力由推力轴承的工作瓦块承受。平衡盘一旦建立压差,叶轮的轴向推力就完全由平衡盘平衡,而推力盘与工作瓦块脱离接触。要达到这样的要求,需将转子推向进口侧,使推力盘紧靠工作瓦块,此时平衡盘与平衡座应有 0.01 mm 的间隙。若间隙过大或无间隙,可调整工作瓦块背部的垫片,也可调整平衡盘在轴上的位置。推力轴承在运行时油膜厚约为 0.02~0.035 mm,要使推力轴承在泵正常运行时不工作,平衡盘与平衡座在运行时的间隙应大于 0.045 mm,只有这样推力盘才能处于工作瓦块与非工作瓦块之间而不投入工作。如果推力轴承仍然处于工作状态,应重新调整平衡盘与平衡座的轴向间隙。

(5) 转子与静子同心度的调整

泵体装完后,将两端的轴承装好,即可调整转子与静子的同心度。

在两端轴承架上各装一只百分表,表的测量杆的中心线垂直于轴的中心线并接触轴颈。用撬棍在轴的两端同时平稳地将轴抬起,其在上下位置时百分表的读数差就是转子与静子上下方向的间隙 K。

将转子撬起,放入轴瓦,此时百分表的读数应为最小读数(轴在最低位置时的读数)加 K 值的一半,否则就需调整。调整时如果轴承架下有调整螺栓,则只需松、紧螺栓即可。若无调整螺栓,则可调整轴瓦下面垫片的厚度。对于转子与静子两侧同心度的测量可按上述原理进行,也可用内卡或内径百分表测出轴颈在轴承座凹槽内两侧的间隙,并要求两侧间隙相等。

第五节 给水泵、凝结水泵和循环水泵检修及故障处理

一、给水泵

国能九江四期发电有限公司 660 MW 机组每台机组配备一台 100% 容量的汽动给水泵。汽动给水泵组布置在 6.9 m 夹层,采用弹性基础。汽动给水泵与前置泵均由给水泵汽轮机驱动,给水泵与前置泵之间装有一台减速箱以降低前置泵的转速。

1. 给水泵结构

汽动给水泵是由日本荏原制作所制造的 16×16×18E-5stgHDB 型锅炉给水泵,该泵为卧式、离心、多级、双壳体型,共有 5 级,对称布置,轴端采用迷宫密封。

(1) 一般结构

该泵为双壳体型泵,外壳体为坚固的圆筒型,与外壳盖通过圆形法兰连接,其内装有水平中开型的内壳体。该结构外壳体既安全又形状简单、内壳体流体效率高,而且无须移动吸入、吐出管路和原动机即可拆卸、装配。内、外壳体之间充满了高压水,该高压由外壳体承担,内壳体仅承受外压。该泵主要由外壳体及外壳盖部件、内壳体部件、转子部件和轴承部件四个部分构成。

(2) 外壳体及外壳盖部件

①外壳体及外壳盖为锻制,通过圆形法兰连接,只设计有一处高压接合面。法兰由坚固的高温合金钢双头螺柱和高碳钢六角螺母紧固。外壳体由位于水平中心线上的两组安装底脚固定。外壳盖及内壳体的安装止口处堆焊有奥氏体不锈钢,加以保护。外壳体及内壳体按照设计压力的最小 1.5 倍或合同规定值进行水压试验。

②两端密封体内侧的压力均为吸入压力。外壳盖侧密封体内侧的高压介质经平衡套筒流出后,再通过平衡管引回吸入侧,因此该侧也为吸入压力。

③外壳体与外壳盖、外壳体与内壳体的结合部位存在较高的压差,所以装有缠绕垫片以防泄漏。垫片使用不锈钢加石墨组合而成的缠绕带,以及 O 型圈。

(3) 内壳体部件

内壳体由13%铬钢铸造而成。内壳体中设计有各级压出室,且压出室为双涡壳式。内壳体为水平对称中开,接合面经磨削和刮研,无须垫片即可装配。

由于内壳体只承受外压,无须太厚,紧固螺栓也无须太大,从而可实现小型化,拆卸、装配也比较容易。该泵的转子部件为一个整体,拆卸、装配比较简单,现场的磨损部位检查、游隙检查以及转子弯曲检查都比较容易。而且泵的保养所必要的转子、轴承及密封等的调整也很容易。

双涡壳式的设计使径向力得以平衡,也使外壳体的热分布保持均匀。内壳体要经过气密试验,确认无泄漏。配合部分全部保证同心,正确找正后车削。

(4)转子部件

转子部件主要由轴、叶轮及密封环构成。

①轴

轴由13%铬钢锻制,经过热处理、精密的机械加工及研磨。

叶轮入口处的轴加工成流线型,吸入状态好,而且使入口处的圆周速度最小。为使叶轮配合处容易装入、拆出,自轴的中心向外各级依次减小,加工成台阶式。

②叶轮

叶轮为闭式,由13%铬钢铸造、表面全部加工,并实施静、动平衡试验。

叶轮的设计与内壳体的双涡壳相匹配,能在流量—扬程曲线的较宽范围内保持高效率,而且无"驼峰"。

叶轮对称布置,为自平衡型。无须使用压力损失大的平衡盘等即可平衡轴向力。

叶轮热装在轴上,用分半卡环定位。该方法去掉了各级叶轮间的轴套,避免了轴套的加工误差、叶轮与轴套的紧固等造成的不必要的轴应力的发生,使轴可以自由膨胀。

③密封环

将密封环外圆上的突起嵌入内壳体的配合槽中,即可固定密封环。

压差比较大的部位,通过加大配合间隙长度来减少级间泄漏。为保证各密封环在热膨胀时的安全性,相对转动件的间隙设计得较为充分。

密封环采用13%铬钢,间隙配合部位通过热处理进行表面硬化。

(5)轴承部件

①径向轴承。径向轴承为可自行调整的轴瓦型,基质为碳钢,其上嵌有轴承合金。

②推力轴承。尽管该泵在使用状态下径向力、轴向力可以自动平衡,但考虑到负荷急剧变动引起的不可预测的推力,设置有承载能力强的瓦块式推力轴承。

③轴承体。轴承体为铸铁制,上下中开,用螺栓牢固固定在壳体上。

2. 设备参数

表4-3　给水泵设备参数

序号	参数名称	单位	设计参数	备注
1	功率(额定/最大)	KW	19733/23722	
2	流量(额定/最大)	t/h	1864.185/2157.477	
3	扬程(额定/最大)	m	3446.9/3557.1	
4	转速(额定/最大)	rpm	5243/5500	
5	效率(额定/最大)	%	86/85.8	
6	必须汽蚀余量(额定/最大)	m	74.5/111.5	
7	进水压力(额定/最大)	MPa	2.38/2.51	
8	进水温度(额定/最大)	℃	186.6/190.6	
9	出口压力(额定/最大)	MPa	32.122/33.036	
10	设计温度	℃	210	
11	抽头压力(额定/最大)	MPa	13.2/13.6	
12	抽头流量	t/h	90	
13	正常轴振(双振幅值)	mm	0.04	
14	重量	kg	27000	
15	旋转方向		逆时针(从汽轮机向给水泵看)	
16	轴承形式		滑动(径向)+可倾斜瓦(轴向)	
17	叶轮级数		5	

3. 设备大修周期及标准检修项目

大修周期:12年(参考)。

表4-4 大修标准项目清单

序号	检修项目	备注
1	推力轴承和径向轴承检查	
2	迷宫密封检查	
3	壳体检查	
4	叶轮检查	
5	轴和键检查	
6	轴套检查	
7	转子跳动检查	
8	间隙检查	
9	联轴器检查	

4. 设备小修周期及标准检修项目

小修周期:6年(参考)。

表4-5 小修标准项目清单

序号	检修项目	备注
1	推力轴承和径向轴承检查	
2	迷宫密封检查	
3	联轴器检查	
4	泵与小机、泵与减速箱轴系检查	
5	各接合面螺栓紧固检查	

5. 修前准备

设备的状态评估已完成。安全措施已全部落实。作业文件包已编制完成。专用工具已准备就绪。包括起重、焊工、金属试验等特殊工种应持证上岗。检修人员已经落实,并经安全、技术交底,明确检修的目的、任务和要消除的缺陷。

6. 检修工艺及质量标准

表4-6 给水泵检修工艺及质量标准

序号	检修项目	工艺要点及注意事项	质量标准
1	水泵解体准备	(1)关闭小机进汽速关阀,小机转速为0。 (2)停运小机润滑油泵,确定给水泵润滑油系统无压力。 (3)隔离给水泵各进出水阀门,开启给水泵放水阀,消尽泵内压力,放尽存水。	
2	外部管道拆除,清理检查	(1)拆除泵的轴承进、出油管道,并清理。 (2)拆除泵的密封水进、出水管道,并检查、清理。 (3)拆卸泵的平衡管,并检查、清理。 (4)拆除外部各热控元件。	(1)管道内无杂物。 (2)管道接头及法兰密封面无沟槽。 (3)各管道装复前均要将密封件换新。
3	靠背轮检查	(1)拆下联轴器保护罩。 (2)拆卸靠背轮螺栓,在靠背轮与中间联轴器之间做好记号,取出中间联轴器。 (3)清理、检查靠背轮叠片挠性部件和垫圈。 (4)拆卸靠背轮并帽螺钉,用专用扳手松下靠背轮并帽,再用专用工具拉出进水侧和出水侧两个靠背轮。检查靠背轮、键、键槽及并帽处螺纹。	(1)不锈钢叠片要求平整。 (2)靠背轮螺栓无损坏变形,螺纹完好无滑丝。 (3)靠背轮装复后各螺栓紧力要求一致。 (4)靠背轮键与键槽配合不松动,无剪切变形。
4	非驱动端推力及径向轴承检查	(1)拆除靠背轮侧挡油套上的紧定螺钉,从轴上取出挡油套。 (2)拆下轴承体中分面的螺栓、端面螺栓及定位销,吊下轴承体的上部。 (3)从轴上拆下锁紧螺母,分别取出推力瓦座、推力盘(注:将拆下的推力瓦座及推力瓦块做好记号,严禁装错)。 (4)取出非驱动端上轴承(注:将拆下的轴承做好记号,严禁装错)。 (5)拆下轴承体端面螺栓,将下轴承与下轴承体一同吊下,取出下轴承(注:将拆下的轴承做好记号,严禁装错)。 (6)从轴上取出内侧挡油套,并做好记号。 (7)对推力轴和径向轴承进行清理、检查、测量。 (8)对挡油套进行清理、检查、测量。 (9)装复按拆卸的相反工序进行。	(1)内、外侧推力瓦块高度,每套里面的最大尺寸变量不能超过0.05 mm。 (2)使用千分尺检查轴定位环表面的平行,中心孔的垂直度应为0.01 mm。 (3)轴瓦无磨损、裂纹、剥落、砂眼、夹渣、脱胎等缺陷。 (4)推力轴承轴向间隙设计值为0.36~0.41 mm,如组装时的推力轴承间隙大于0.70 mm,则应调整到设计值。 (5)推力轴承座磨损大于1 mm,则应更换新轴承。 (6)推力盘无磨损现象,表面光洁度Ra=0.4 μm,跳动值≤0.015 mm。

续表 4-6

序号	检修项目	工艺要点及注意事项	质量标准
5	驱动端轴承拆卸	(1)拆下轴承体中分面的螺栓、端面螺栓及定位销,吊下轴承体的上部。 (2)拆下驱动端轴承的上部(注:将拆下的轴承做好记号,严禁装错)。 (3)拆下轴承体端面螺栓,将轴承与下轴承体一同吊下,取出下轴承(注:将拆下的轴承做好记号,严禁装错)。 (4)从轴上取出内、外侧挡油套,并做好记号。 (5)对径向轴承进行清理、检查、测量。 (6)对挡油套进行清理、检查、测量。 (7)装复按拆卸的相反工序进行。	(1)轴瓦无磨损、裂纹、剥落、砂眼、夹渣、脱胎等缺陷。 (2)轴承直径间隙设计值为 0.16~0.19 mm,当该间隙大于直径上间隙设计值的 1.5 倍时,更换新的轴承。 (3)下瓦与轴颈接触角为 60°~65°,接触面在 70%以上,分布均匀。
6	泵盖拆卸	(1)用加热棒将泵盖螺栓加热后,用扳手将泵盖的螺帽拆松。 (2)用起重工具将泵盖吊住,拆下泵盖的六角螺母和垫片并做好记号。 (3)将顶丝螺栓安装到泵盖的螺纹孔中,在泵盖和筒体之间顶出间隙。 (4)将泵盖从筒体上吊出,拆下泵盖泵体缠绕垫。	
7	驱动端盖拆卸	(1)拆松端盖的六角螺母和垫圈,将起重工具吊住驱动端盖。 (2)用顶丝螺栓在端盖与筒体之间顶出间隙,在螺纹孔中安装顶丝螺栓,断开端盖和筒体之间的缠绕垫连接。 (3)将端盖从筒体上吊出,拆下端盖与筒体之间的缠绕垫。注:一般不需要拆卸驱动端盖也能抽出芯包,除非有必要更换或修理外筒体或驱动端盖。	
8	节流衬套检查	(1)将节流衬套做好记号,拆除填料函与端盖的紧固螺栓。 (2)用顶丝在节流衬套与端盖之间顶出间隙,取出节流衬套。拆下紧固端环和节流衬套的锁紧套,从节流衬套上拆下端环,之后拆下 O 型圈。 (3)取出节流衬套上的 O 型圈,对节流衬套进行清理检查。 (4)更换全部 O 型圈,按拆卸相反的工序进行装复。	节流衬套与轴套间隙设计值为 0.509~0.553 mm,当该间隙值大于设计值的 1.5 倍时,更换新的部件。

续表 4-6

序号	检修项目	工艺要点及注意事项	质量标准
9	抽出泵芯	(1)将抽芯托架安装在泵盖侧的垂直中分面大螺栓上,通过托架调整支架,将托架调好,拧紧大螺帽,将托架紧固。 (2)在托架的一端挂上钢丝绳,安装链条葫芦。 (3)在泵芯端面上安装吊环螺钉,将钢丝绳穿过泵芯端面上的吊环螺钉,再挂在链条葫芦的挂钩上。 (4)卷动链条葫芦,即可将内壳体拉至托架上,直至从外壳体中拆出。 (5)用起重工具将泵芯包吊到检修平台,泵芯包放在软垫上。(注意:泵芯上内壳体上的吊环螺钉为上内壳体起吊用,不得用于起吊整个内壳体和转子部件) ① 液压缸　② 缸座　③ 插入工具　④ 联轴器　⑤ 手动泵　⑥ 检出工具　⑦ 铁链　⑧ 吊环螺钉　⑨ 托架 (6)取下泵芯包上的密封垫。	
10	芯包解体	(1)拆下内壳体中开面的螺栓,将拆下的螺栓包放好。 (2)通过在中开面的螺纹孔里拧入启封螺钉,可以容易地分离上下内壳体。由于会造成不合理的剥离,故绝对不得使用楔子。 (3)在内壳体上装好吊环螺钉,用起吊工具将上内壳体吊出,放置在支撑物上,防止配合面损坏。 (4)用起吊工具起吊整个转子部件。起吊过程中应特别注意保护研磨过的中开面,绝对不要划伤,用 V 型铁或其他合适的支架支撑转子的叶轮部位。	

续表 4-6

序号	检修项目	工艺要点及注意事项	质量标准
11	转子的解体	叶轮和轴套是以轻度热装的方式安装到泵轴上的，键、锁紧键和中开环是用来防止叶轮和轴套移动的。为了方便在轴上拆装零件，自轴的中心向外各级叶轮外轴径相差 0.127mm。标记所有拆卸零件的方位以便有助于重新装配操作，请按相应的顺序执行下列程序。 (1) 用火焰首先从外圆开始加热叶轮前盖板，在 1~1.5 分钟内顺次加热至口环处，然后同样加热叶轮后盖板。两盖板加热完，最后再加热轮毂，此时尽量不要加热到轴，加热时最好采用大的丙烷的火焰。 (2) 当叶轮温度到 150~200℃时，用榔头敲击叶轮，使其配合松动。叶轮拆出时必须先朝反方向移动，以取下叶轮定位用的卡环。 (3) 如果取卡环耗时过长，会发生叶轮变凉并卡紧在轴上的情况。此时应待叶轮和轴冷却至常温后，如前所述再次加热。如果叶轮在拆出过程中卡住，也要同样处理。 (4) 拆出时，应从两端的叶轮开始实施，然后逐渐进行至中心。 (5) 将所有叶轮按级编号。在将叶轮组装在轴上的过程中，对照剖面图把叶轮安装在它们适当的位置。	
12	清洗和检查	(1) 更换拆卸下来的所有密封圈和 O 型圈。 (2) 用丙酮或其他合适的溶剂彻底清洗所有零件，将零件吹干或用干净、不起毛的布料擦干。 (3) 检查所有零件的磨损、腐蚀或锈蚀情况，磨损和锈蚀程度已影响水泵运行的零件要更换备件。 (4) 确信轴上没有灰尘和毛刺，将轴放在 V 型铁上，用百分表检查轴的跳动，任何一点上百分表的读数值不应超过 0.03 mm。 (5) 内壳体拆卸后该涂料变为茶色薄膜黏在两侧的中开面上，取下该薄膜时绝对不得使用刮刀或锉刀等，应使用信那水之类的洗涤剂将其洗掉；清理干净后将上、下半内壳体装复紧固 1/3 螺栓，检查中分面间隙 <0.03 mm。	

续表 4-6

序号	检修项目	工艺要点及注意事项	质量标准
13	转子装复	(1)安装叶轮之前,将相应的键、轮毂侧级间套放到轴上。叶轮安装后,再将其级间套和泵体密封环放到叶轮的配合部。 (2)参照装配图将叶轮装入正确位置。为避免发生局部高温和产生翘曲,叶轮热装在轴上时必须均匀加热,因此应使用加热炉。不得已的场合,应使用大的气体燃烧器,一边不时翻动叶轮一边加热。加热温度为 150~200 ℃,直至轮毂孔径比轴径大出 0.127 mm 的程度。 (3)转子装复后将转子放至 V 型铁或专用托架上,对转子的跳动、瓢偏进行测量。	(1)泵内部转动部分和静止部分的配合间隙,半径上约 0.20~0.33 mm,当该间隙值大于设计值的 1.5 倍,更换新的部件。 (2)转子跳动要求:轴单独 0.03 mm;转子小装后叶轮口环、中间轴套处 0.05 mm。
14	芯包组装	(1)按照与芯包拆卸相反的顺序进行装配。装配前应先将零件清理干净,特别要确认内壳体中开面洁净。操作内壳体时,必须特别注意不要损伤各密封环安装内孔的边角、密封环的嵌入槽以及垫的作用平面等。 (2)内壳体中开面的加工非常精密,为了保护该面,并防止内部泄漏,装配时应涂以特殊涂料(如液体密封胶等)。装配时,用刷子向两面上同样涂以涂料,然后立即合上并用螺栓紧固,并用塞尺检查中分面间隙。	
15	芯包(内壳体)定位	内壳体装入外壳体时,内壳体的定位按以下顺序进行。 (1)将转子部件装入内壳体,将内、外壳体之间的垫套在内壳体上,再装入外壳体,直至止口处。 (2)将内壳衬套安装在外壳盖上。为了不将衬套两面装反,应确认内孔倒角的一端朝向外壳盖侧。 (3)安装外壳盖,在相隔 90°的 4 个螺柱上套上螺母拧紧(使用冲击扳手)。随着螺母缓缓拧紧,外壳盖推动内壳衬套,通过衬套将内壳推入内部的止口。内、外壳体之间的垫被轻微压缩。内壳衬套的最初厚度为 12.7 mm,内壳体处于正规位置时,外壳体和外壳盖的间隙约为 3.2 mm,即最初厚度的余裕值。 (4)如果内、外壳体之间的垫已压缩充分,内壳体已处于正规位置,应采用塞尺仔细测定外壳体和外壳盖之间的间隙,然后测定值加上 0.8 mm 作为内壳衬套的削除尺寸。例如间隙为 3.2 mm 时,3.2+0.8=4 mm,即内壳衬套应削除 4 mm。	

续表 4-6

序号	检修项目	工艺要点及注意事项	质量标准
15	芯包（内壳体）定位	(5)拆下外壳盖,从外壳盖上取下内壳衬套。然后按照上一项确定的尺寸,通过机械加工切削内壳衬套没有倒角的一面。 (6)安装新加工的内壳衬套,再次安装外壳盖,开始最后的装配。通过该方法,安装后的内壳体在外壳体里的窜动量为 0.8 mm 以下。尽管内壳体几乎不会产生轴向窜动,但作为提高信赖性的安全装置,这一方法还是被引入设计中。泵发货时,附有按正规厚度加工的内壳衬套。 注:装入新内壳体或与其他泵的内壳体调换时,必须重复该方法进行测定和修正。此时既可以更换新的内壳衬套,也可以在原衬套靠近内壳体的一侧塞入不锈钢平垫。	
16	泵盖安装	(1)装配时应将垫的安装面清理干净,并全部更换新垫。 (2)外壳盖装配时,应一边用塞尺确认外壳盖与外壳体法兰的平面间隙,一边均匀、平行地拧紧,直至外壳盖紧贴住外壳体法兰。 (3)在螺栓或螺母上涂上抗咬合剂,装上垫圈和加重六角螺母。 (4)用液压扳手拧紧外壳盖连接螺柱。紧固细节请遵从各工具的使用说明书。(拧紧时需实施螺栓的延伸量管理。汽泵延伸量为 0.414 mm。)	

续表 4-6

序号	检修项目	工艺要点及注意事项	质量标准
17	泵转子轴向、径向位置的设置	(1) 分别测量转子驱动侧和非驱动侧的总径向间隙值 A。 (2) 根据间隙值 A 来定转子的径向安装位置 B。 (3) 测量转子的轴向总窜动值,根据总窜动值计算转子的轴向定位值,转子的轴向定位值(工作窜动)为1/2总窜动值。	(1) 安装位置 B = (0.50 ~ 0.56) × A。 (2) 转子的轴向总窜动值大于 6 mm。
18	泵与小机、泵与齿轮箱的中心找正	分别用百分表在泵与小机、泵与齿轮箱的对轮处进行找正,中心值合格后方可联靠背轮。	冷态下中心找正数据 (1) 给水泵与小机 圆周:泵低小机中心值 0.50 ± 0.03 mm,泵向右(南侧)偏 0.09 ± 0.03 mm。 涨口:上下、左右均为 0.03 mm 以内。 (2) 给水泵与齿轮箱 圆周:泵低减速箱中心值 0.40 ± 0.03 mm,左右中心值 ± 0.03 mm。 涨口:上下、左右均为 0.03 mm 以内。

7. 常见故障及处理方法

表 4-7 给水泵常见故障及处理方法

现象	原因	处理方法
泵不上水	·空气或气体未完全排出 ·相比汽化压力,吸入压力余裕不足 ·吸入管内有气阱 ·自密封压盖进气 ·转速过低 ·转向不对 ·装置扬程比设计扬程高 ·并联运转时,泵的组合不合理 ·未供电 ·阀门关闭	·再次排气 ·确认 NPSHa ·排气 ·检查,改正缺陷 ·用转速计确认 ·正确方向请参照外形图 ·重新调查计划 ·重新调查计划 ·检查电源系统 ·检查阀门

续表 4-7

现象	原因	处理方法
流量不足	·泵和吸入管内未充满液体 ·相比汽化压力,吸入压力余裕不足 ·液体中混有空气或气体 ·吸入管中有气体积存 ·自吸入管或密封压盖进气 ·转速过低 ·转向不对 ·装置扬程比设计扬程高 ·液体黏度不同于设计值 ·叶轮流道堵塞 ·密封环磨损 ·叶轮损坏	·再次排气 ·确认 NPSHa ·排气 ·排气 ·检查吸入管法兰、密封压盖 ·用转速计确认 ·正确方向请参照外形图 ·重新调查计划 ·重新调查计划 ·清理 ·检查密封环与叶轮的运转配合间隙;修理/更换 ·检查叶轮;修理/更换
原动机过载	·转速过快 ·转向不对 ·装置扬程比设计扬程低 ·输送液体的比重和黏度不同于设计值 ·转子和定子有接触 ·密封环磨损 ·机械密封安装不当	·用转速计确认 ·正确方向请参照外形图 ·关小吐出阀 ·重新调查计划 ·检查泵内部,改正缺陷 ·检查/更换 ·检查/更换机械密封

二、凝结水泵

国能九江四期发电有限公司 660 MW 机组主凝结水泵为地坑立式外筒型多级离心式水泵。水泵本体通过压水接管用螺栓与吐出弯管相连接,安装在带有安装板的外筒体内,外筒体安装在安装座上。泵的结构大致分为外筒体部件、筒内壳体部件、转子部件和轴封部件等。内壳转子部件由导轴承径向支承,轴承用自身输送介质润滑。轴封有机械密封,为保持泵内的真空状态,通过 0.1~0.2 MPa 压力水进行轴封或冲洗。凝结水泵由三部分组成。一是筒体部件,由兼有电机支座的吐出弯管和兼有安装底板、吸入口的外筒体、安装座等构成,吐出弯管装有机械密封装置,下端与筒内壳体部件连接并起悬吊作用。二是内壳体部件,它通过螺栓紧固在吐出弯管下端,由压水接管、吐出段、中段、导叶、盖板、泵体、吸入喇叭口等构成。密封环、导叶套、衬套等零件装在中段、导叶及其他壳体的相关部位。三是转子部件。凝结水泵所产生的轴向推力通过推力瓦由泵本体承受,电机轴与泵轴通过弹性联轴器连接。转子部件的轴向高度通过推力轴承部件上的调整螺母进行上下调节,使叶轮出口与导叶、泵体等的流道中心相一致。叶轮、轴套等通过键、轴套螺母及锁紧螺母等固定在轴上。

1. 设备规范

主凝结水泵的参数、容量/能力:

泵型号:C680Ⅲ-5

铭牌工况(最大工况):经济运行工况(THA)/变频

水泵入口水温:34.9 ℃/34.9 ℃

介质比重(饱和水):0.994 t/m^3/0.994 t/m^3

水泵入口压力:-9.5 kPa(a)/-9.5 kPa(a)

水泵出口流量:1365 t/h/1085 t/h

水泵出口压力:3.407 MPa(a)/[3.877/3.2 MPa(a)]

水泵转速:1480 r/min/[1480/1368 r/min]

效率:84.5%/81.5%/83%

必须汽蚀余量:3.8 m/3.4 m/2.9 m

泵的转向:从联轴器方向往下看为逆时针

轴功率:1528.7 kW

重量:16800 kg

制造厂:湖南湘电长沙水泵有限公司

配套电动机的参数、容量/能力:

电机型号:YSPKSL560-4

额定电压:6000 V

额定频率:50 Hz

额定功率:1700 kW

功率因数:0.82

效率:93%

额定转速:1480 r/min

相数:3 相

极数:4 极

防护等级:IP54

冷却方式:空—水冷却方式

安装型式:立式

转子型式:鼠笼

工作方式:连续

2. 设备小修周期及标准检修项目

小修周期:6年(参考)。

表4-8 凝结水泵小修标准项目清单

序号	检修项目	备注
1	推力轴承换油	周期1年或8000 h。在经常起动和停泵、油温过高或由于外界因素影响使油较脏时,应缩短换油周期。
2	机械密封挡水环检查	
3	各部位螺栓紧固检查	
4	所属阀门盘根检查	

3. 设备大修周期及标准检修项目

大修周期:3年(参考)。

表4-9 凝结水泵大修标准项目清单

序号	检修项目	备注
1	靠背轮检查	
2	推力轴承检查	
3	机械密封检查	
4	叶轮、密封环、导轴承、轴检查	
5	进水筒袋清理	
6	所属阀门检修	

4. 修前准备

设备的状态评估已完成。安全措施已全部落实。作业文件包已编制完成。专用工具已准备就绪。包括起重、焊工、金属试验等特殊工种应持证上岗。检修人员已经落实,并经安全、技术交底,明确检修的目的、任务和要消除的缺陷。

5. 检修工艺及质量标准

表 4-10　凝结水泵检修工艺及质量标准

序号	检修项目	工艺要点及注意事项	质量标准
1	拆卸有关管道、法兰螺栓、热工装置及电缆	(1) 拆除泵的机械密封水进、出水管,推力轴承冷却水进、出水管,排空气管,将所有拆开的管口包好,以防杂物落入。 (2) 拆卸妨碍工作的热工表计及电缆。 (3) 拆卸测转速支架部件。 (4) 拆卸泵出口法兰螺栓。	
2	泵靠背轮检查	(1) 安装机械密封轴套定位块,松掉机械密封紧固在机械密封轴套上的螺钉,使机械密封与机械密封轴套脱离。 (2) 拆卸泵与电机联轴器螺栓。 (3) 拆卸电机地脚螺栓,吊走电机。 (4) 将泵侧靠背轮从泵的传动轴上拉下来,取下靠背轮键。 (5) 清理、检查联轴器、靠背轮键、键槽及靠背轮螺栓。	(1) 靠背轮表面应光洁无裂纹,无损伤变形,键槽无损伤,内孔与轴配合直径间隙不大于 0.03 mm。 (2) 靠背轮键无裂纹、变形、损伤,与键槽配合不松动。 (3) 靠背轮螺栓无裂纹、变形、损伤、毛刺、翻牙。
3	导瓦、推力轴承检查	(1) 拆卸推力轴承油室底部放油二次门后闷头,开启推力轴承油室底部放油一、二次门,放尽推力轴承油室内存油。 (2) 测量推力间隙。 (3) 拆出导瓦和推力轴承测温线。 (4) 测量轴(上)上端至推力轴承调整螺母上端的尺寸。 (5) 拆卸推力轴承调整螺母与推力头连接螺栓,缓慢旋松调整螺母,使泵缓慢落到底,取出调整螺母。注意:松下轴螺母之前一定要先确保机械密封与机封轴套脱离连接,以免轴的窜动损伤机械密封。 (6) 再次测量轴(上)上端至推力轴承调整螺母上端的尺寸。 (7) 拆卸推力轴承油室底部紧固螺栓,将推力轴承装置整体吊出,放置在检修场地的枕木上。 (8) 测量泵总窜动量。 (9) 拆卸推力轴承油室上端盖上油挡,拆卸推力轴承油室上端盖螺栓,将上端盖和导瓦装置组合体一起吊出。 (10) 从推力轴承室上端盖上拆出导瓦。 (11) 从轴(上)取出推力头及键。	(1) 导瓦及推力瓦块无磨损、裂纹,无砂眼、夹渣,乌金不剥落。配合面接触在 70% 以上。 (2) 导瓦与推力头径向直径间隙 0.33 mm。 (3) 推力盘表面光洁无磨损,允许端面跳动 0.005 mm。 (4) 推力间隙 0.45 mm。 (5) 工作窜动量 6 ± 1 mm。 (6) 总窜动量 12 ± 1 mm。

续表 4-10

序号	检修项目	工艺要点及注意事项	质量标准
3	导瓦、推力轴承检查	(12)取出推力瓦(带碟形弹簧及附件),拆卸承板。 (13)清理检查大端盖、导瓦、推力轴承油室壳体、油冷却器、推力头、推力瓦(带碟形弹簧及附件)、承板、底板。 (14)测量导瓦与推力头的径向间隙。 (15)按拆卸逆序装复推力轴承装置。 (16)按拆卸逆序安装推力轴承装置。	
4	机械密封检查	(1)拆除机械密封外部连接的管道。 (2)安装机械密封轴套定位块,松掉机械密封紧固在机械密封轴套上的螺钉,使机械密封与机械密封轴套脱离。 (3)拆卸机械密封固定在出水弯管上的螺栓,将机械密封组件整体取出。 (4)解体机械密封,清理检查动静环、弹簧、O型密封圈,按解体逆序装复机械密封。 (5)按拆卸逆序安装机械密封。	(1)机械密封挡水环内径与轴配合接触处无磨损,各段结合处结合良好,箍紧弹簧无锈蚀。 (2)动静环无破损、裂纹,接触面无磨损。 (3)动环下的一圈弹簧无锈蚀,弹力均匀。 (4)动静环应无磨损、无裂纹、无破损,弹簧无松弛、变形、断裂,无腐蚀。
5	泵吊出及将工作部分与出水部分分离	(1)拆卸底板固定在出水弯管的螺栓,将底板吊出。 (2)拆卸机封函体与出水弯管紧固螺栓,拆出机封函体,清理检查护套a、导轴承(上)、减压套。 (3)拆卸泵座地脚螺栓,将泵的工作部分、出水部分从进水筒袋内吊出至检修场地,平卧放好。 (4)筒袋上盖好盖板。 (5)将泵的工作部分用行车吊平。 (6)拆卸出水弯管与压水接管a法兰连接螺栓,将轴(上)从出水弯管抽出,使泵的工作部分与出水弯管分离。 (7)将泵的工作部分吊至检修场地,平稳地放置在预先铺好的枕木上,并在泵的工作部分两侧底部合适位置塞入锲木,防止从枕木上滚落下来。	护套a、导轴承(上)、减压套、护套a均无裂纹、严重磨损、毛刺。

续表 4-10

序号	检修项目	工艺要点及注意事项	质量标准
6	叶轮、密封环、导轴承、轴检查	(1) 拆卸压水接管 a 与压水接管 b 法兰连接螺栓，吊出压水接管 a。 (2) 拆卸压水接管 b 与次 4 级泵体法兰连接螺栓，吊出压水接管 b。 (3) 拆卸轴（上）上的轴套螺母，取出机封轴套和键、轴套 a 和键、轴承轴套（上）和键，清理干净轴（上）表面。 (4) 清理干净轴（下）露出部分表面。 (5) 拆卸套筒联轴器轴（下）侧锁紧螺母防松螺钉，拆卸锁紧螺母，将轴（上）与轴（下）脱离，将轴（上）妥善放好，并从轴（下）上取出键、锁紧螺母。 (6) 将轴（上）妥善放好。 (7) 拆卸套筒联轴器轴（上）端锁紧螺母防松螺钉，拆卸锁紧螺母和两合卡环，从轴（上）拆出套筒联轴器、键、锁紧螺母、轴承轴套 d 的止动螺钉、轴承轴套 d 和键。 (8) 从轴（上）拆出轴承轴套 d 和键，清理干净轴（上）表面。 (9) 测量泵的工作部分总窜动量，做好记录。 (10) 拆卸首级泵体与吸入喇叭口法兰螺栓，顶出吸入喇叭口。由于吸入喇叭内装有导轴承，必须水平而轻缓地顶出。 (11) 松卸轴端锁紧螺母，依次取出轴套（下）和键、首级叶轮和键、间隔套和键，测量窜动量。 (12) 拆卸首级泵体与次 1 级导叶连接螺栓，取出首级泵体，从轴（下）取出轴套和键、次 1 级叶轮和键，测量窜动量。 (13) 拆卸次 1 级泵体与次 2 级导叶连接螺栓，取出次 1 级泵体，从轴（下）取出挡套和键、2 级叶轮和键，测量窜动量。 (14) 拆卸次 2 级泵体与次 3 级导叶连接螺栓，取出次 2 级泵体，从轴（下）取出挡套键、次 3 级叶轮和键、挡套和键，测量窜动量。 (15) 拆卸次 3 级泵体与次 4 级导叶连接螺栓，取出次 3 级泵体，从轴（下）取出挡套和键、次 4 级叶轮和键、轴承轴套 C 和键。 (16) 从次 4 级导叶中抽出轴（下），妥善放置好。	(1) 轴（下）与轴（上）表面均匀，应无裂纹、伤痕、螺纹完好，键槽无变形损伤。 (2) 轴（上）各处幌动值： 靠背轮处≤0.02 mm 各轴套处≤0.02 mm 套筒联轴器处≤0.02 mm (3) 轴（下）各处幌动值： 套筒联轴器处≤0.02 mm 各轴套处≤0.03 mm 双吸叶轮处≤0.05 mm 各级叶轮处≤0.05 mm (4) 首级泵体及各导叶无严重磨损、裂纹，流道应光洁，无严重腐蚀。各叶轮无汽蚀损坏，前后盖板不鼓起刷薄。叶轮内孔配合面光洁，无裂纹、毛刺，键槽无损坏，与轴配合不松动，直径间隙不大于 0.03 mm。 (5) 各轴套、各挡套、间隔套无磨损、裂纹、毛刺，键槽无损坏，安装配合不松动，直径间隙不大于 0.03 mm。 (6) 轴套轴承（下）与导轴承（下）径向间隙 0.19~0.26 mm。 (7) 导轴承 C 与轴承轴套 C 径向间隙 0.22~0.30 mm。 (8) 导轴承 d 与轴承轴套 d 径向间隙 0.22~0.30 mm。 (9) 导轴承（上）与轴承轴套（上）径向间隙 0.22~0.30 mm。 (10) 减压套与轴承轴套径向间隙 0.44~0.52 mm。 (11) 轴套 a 与护套 a 径向间隙 0.4~0.535 mm。 (12) 护套、轴套 0.36~0.517 mm。

续表 4-10

序号	检修项目	工艺要点及注意事项	质量标准
6	叶轮、密封环、导轴承、轴检查	(17)清理检查轴(下)及轴(上),测量轴(下)及轴(上)晃动度。 (18)清理检查套筒联轴器、键、锁紧螺母及其防松螺钉、卡环。 (19)清理检查出水弯管、底板、压水接管 a、压水接管 b。 (20)清理检查各级导叶、密封环及叶轮。 (21)清理检查轴承轴套(下)和键、间隔套和键、轴套和键、各挡套和键、轴承轴套 C、轴承轴套 d、轴承轴套(上)、轴套 a、机封轴套、轴套螺母和防松垫圈。 (22)清理检查护套 a、各导叶套、护套、导轴承(下)、导轴承 C、导轴承 d、导轴承(上)。 (23)测量叶轮与密封环的径向间隙。 (24)测量各轴承与对应轴套的径向间隙。 (25)测量各挡套与对应导叶套的径向间隙。 (26)测量轴套 a 与护套 a 的径向间隙。 (27)测量轴套与护套的径向间隙。 (28)测量减压套与轴承轴套(上)的径向间隙。	(13)首级密封环与首级叶轮径向间隙 0.36~0.517 mm。 (14)次级密封环与次级叶轮径向间隙 0.45~0.617 mm。 (15)导叶套与挡套径向间隙 0.22~0.30 mm。 (16)各键无变形、裂纹。 (17)套筒联轴器无裂纹、严重冲蚀、螺纹无毛刺、损伤,键槽无变形、无毛刺、清洁干净,各锁紧螺母无裂纹、严重冲蚀,螺纹无毛刺、损伤,卡环无裂纹、无严重变形。 (18)各轴承无裂纹、破损、严重磨损。 (19)各轴承轴套、间隔套、各轴套、各挡套无裂纹、严重冲蚀,键槽无变形、无毛刺、清洁干净。 (20)各压水接管无严重腐蚀、冲蚀、裂纹、砂眼。 (21)各轴套螺母完好,螺纹无缺陷,防松垫圈完好。
7	转子校晃度	(1)将键和轴承轴套 C、键和次 4 级叶轮、键和次 3 级叶轮、键和次 2 级叶轮、键和次 1 级叶轮、键和挡套、键和轴套、键和间隔套、键和首级叶轮、键和轴承轴套(下)、轴端螺母依次装入轴(下),拧紧轴端螺母,然后将试装好的泵转子放在 V 型架上,架百分表,检测各轴套、叶轮口环处晃度。如不合格应查找出原因,调整至合格,确认合格后,把泵轴上所有部件拆出。 (2)将键和轴承轴套 d 装入传动轴并用螺钉固定,键和轴套 a、键和轴承轴套(上)、轴套螺母依次装入轴(上),拧紧轴套螺母,装入靠背轮。然后把试装好的传动轴转子放在 V 型架上,架百分表,检测各轴套处晃度。如不合格应查明原因再调整,确认合格后,传动轴上部件不必全部拆出,只需拆出靠背轮及键即可。	转子各部位晃动度: 轴承轴套(下)≤0.06 mm 轴套≤0.06 mm 间隔套≤0.06 mm 各挡套≤0.08 mm 轴承轴套 C≤0.08 mm 轴承轴套 d≤0.08 mm 轴承轴套(上)≤0.08 mm 轴套 a≤0.08 mm 各次级叶轮≤0.1 mm 首级叶轮≤0.1 mm 靠背轮径向≤0.05 mm 靠背轮端面飘偏≤0.02 mm

续表 4-10

序号	检修项目	工艺要点及注意事项	质量标准
8	组装	(1)按解体的逆序装复泵的工作部分。 (2)测量泵的工作部分转子窜动量,做好记录。 (3)装复套筒联轴器,将轴(上)与轴(下)连接好。 (4)将压水接管 b 吊入与次 4 级泵体连接,紧好法兰螺栓。 (5)将压水接管 a 吊入与压水接管 b 连接,紧好法兰螺栓。 (6)将轴(上)插入出水弯管,使工作部分与出水部分连接,紧好法兰螺栓。 (7)将组装好的泵吊入,在进水筒袋上就位,安装并紧好泵座地脚螺栓。 (8)测量泵总窜动量,做好记录。 (9)将机械密封组件装上。注意:切勿拧紧机械密封固定在轴套上的螺钉,使机械密封与机封轴套脱离。 (10)安装推力轴承整体组件,调整好泵工作窜动量。 (11)在推力轴承油室内加上适当的油。 (12)安装泵侧靠背轮。 (13)拧紧机械密封轴套与机封轴套的固定螺钉,将机械密封上的四个销饼取出。 (14)吊入电机,找正泵与电机靠背轮中心。 (15)空试电机合格后,安装靠背轮螺栓。 (16)拧紧机械密封轴套螺钉,将机械密封轴套固定在机封轴套上,拆卸机械密封轴套定位块。 (17)连接泵的出口管及其他外部管道。注意:组装时各接合面的 O 型圈及垫子等密封件均需更换新的。	(1)推力间隙 0.45 mm。 (2)工作窜动量 6±1 mm。 (3)总窜动量 12±1 mm。 (4)泵与电机转子中心: 圆周偏差不大于 0.05 mm, 端面偏差不大于 0.03 mm。
9	试泵	主凝结水泵检修后必须进行试运,检验检修效果。	(1)振动<0.08 mm。 (2)轴承温度正常、无杂声。 (3)盘根温度正常,不大量漏水。 (4)出力符合设计要求。

6. 常见故障及处理方法

表4-11 凝结水泵常见故障及处理方法

故障类别 原因项目	无水排出	流量不够	扬程不够	汽蚀噪音	启动后吸入率过大	轴功率过大	轴承温度高	振动大	处理方法
1. 转动方向错误	●	●	●						更正电机接线
2. 泵内未充满输送液	●								打开排气阀及系统阀门,然后向泵内注入液体,并且把泵内气体排尽
3. 吸入管内未充满输送液	●	●		●	●			●	开启吸入管路上的排气阀,再向管道内注入输送液,并将管道内气体排尽,然后再检查吸入管路
4. 吸入管内有气体侵袭	●	●	●					●	
5. 输送液中有空气、蒸汽									按照2、3项执行
6. 有效汽蚀余量(NPSH)a不够	●	●		●					检查吸入管路阀门及锥形过滤器
7. 吸入配管进气		●		●					查验吸入配管系统
8. 泵达不到额定要求转数		●	●						检查电机
9. 转速过高						●			按8项执行
10. 泵出口压力不够					●				将出口阀关小可调整压力,但是长期这样下去将会加速零件的磨损
11. 锥形过滤器的筛眼阻塞已超过了规定	●	●							检查过滤器前后的压差仪读数,其值是否在规定值内,否则,应停机冲洗和清扫过滤器
12. 密封环、轴套等已磨损			●						更换密封环、轴套等零件,检查转子是否偏位或有其他异物进入
13. 叶轮破坏和磨损			●						更换叶轮,检查转子是否偏位或有其他异物进入
14. 泵内漏损加剧			●						检查泵内零部件,更换有损伤的零件
15. 轴心不良						●	●	●	重新找正轴心

续表 4-11

故障类别\原因项目	无水排出	流量不够	扬程不够	汽蚀噪音	启动后吸入不良	轴功率过大	轴承温度高	振动大	处理方法
16. 轴弯曲						●		●	将轴校直
17. 转子与固定部件有接触						●			检查轴心是否符合要求及轴是否弯曲
18. 轴承过硬							●		检查轴承是否损伤,其安装是否正确
19. 轴承磨损							●		检测轴承磨损量,若超过允许间隙则需要更换
20. 转子不平衡								●	对转子进行平衡检查,调校转子平衡
21. 基础不牢固								●	检查并加固基础
22. 电机的振动								●	按电机使用说明书进行检查
23. 与泵连接的管路支撑不良								●	检查与泵相联的各种配管及阀门的支撑点位置

三、循环水泵

国能九江四期发电有限公司 660 MW 机组循环水泵为 88LKXG-27 型立式单级混流泵,配有 YKSL3100-16/1850-1 电机。泵轴承润滑水及电机冷却水供水方式上,在启、停泵时采用低压供水;正常运行时,则由泵出口自身供。循环水泵主要由泵本体和传动部件组成。

1. 设备参数

表 4-12 循环水泵设备规范

泵型号	88LKXG-27
流量	$Q = 9.25 \text{ m}^3/\text{s}$
扬程	$H = 27 \text{ m}$
效率	$\eta = 87.6\%$

续表 4-12

必需汽蚀余量		NPSHr = 8.50 m
转速		n = 370 r/min
轴功率		P_a = 2797 kW
配套功率		P = 3100 kW
输送介质		淡水
最小淹没深度		4.8 m(从喇叭口底端算起)
最大轴向水推力		60 T
转向		从上往下看,逆时针旋转
转子提升高度		5.5 mm
轴承润滑水		泵本体水
轴承润滑水量(启动前)		4.0 m³/h
轴承润滑水压(启动前)		0.3 MPa
制造商		长沙水泵厂有限公司

2. 设备大修周期及标准检修项目

大修周期:6 年(参考)。

表 4-13 循环水泵标准大修项目清单

序号	标准大修项目清单	备注
1	上下油室冷油器检查、更换	
2	导瓦清理、检查及修理	
3	推力瓦、推力头清理、检查及修理	
4	联轴器解体检修并找正中心	
5	电机润滑油更换	
6	上下机架橡皮圈及密封圈检查	
7	填料室检查及盘根更换	
8	水轴承检查及更换	
9	叶轮及导叶体检查	
10	各段接管检查	
11	各段护套管检查	
12	小配管系统检查及检修	
13	试泵	

3. 设备小修周期及标准项目

小修周期：2 年(参考)。

表 4–14　循环水泵标准小修项目清单

序号	标准小修项目	备注
1	电机冷油器检查	
2	电机润滑油更换	
3	联轴器检查及找正	
4	填料更换	
5	小配管系统检查及检修	
6	试泵	

4. 修前准备

设备的状态评估已完成。作业文件包已编制完成。安全措施已全部落实。专用工具及行车准备就绪。备品材料准备就绪。检修人员已经落实,并经安全、技术交底,明确检修目的、任务和要消除的缺陷。

5. 检修工艺及质量标准

表 4–15　循环水泵检修工艺及质量标准

序号	检修项目	工艺要点及注意事项	质量标准
1	上机架解体检修	(1)拆卸端盖螺栓,吊出端盖。 (2)拆除冷油器定位螺栓,吊出冷油器。 (3)拆导瓦测温线头,导瓦上压板,松导瓦调整螺栓,旋出调整螺栓,依次取出导瓦,做好记号,便于装复。 (4)拆去导瓦座架连接螺栓,吊出座架。 (5)先将千斤顶放在下联轴器上,将电机转子水平顶起(1~2 mm)。 (6)用专用工具,加热后,拉出推力头,取出键及挡油套。 (7)拆卸上机架和定子的连接螺栓及定位销,吊出上机架。 (8)推力头、推力瓦块清理、检查及修理。 ①推力头及瓦块用煤油进行清洗,检查乌金是否有碎裂、脱胎磨损、气孔凹槽。 ②用酒精把瓦块和推力盘接触处擦洗干净,在推力盘工作面上均匀涂上一层薄薄的红丹粉,将推力瓦块放在推力盘上,来回在推力盘上推动推力瓦块 5~6 次,取下瓦块检查,如有接触不良及硬点应进行修刮。	(1)冷油器铜管清洁无油垢,水压试验 3 kg/cm³,保持五分钟,无渗漏现象。 (2)推力盘平面幌动小于 0.02 mm。 (3)推力瓦块完整,乌金无裂纹、剥落、损伤、过热和脱胎现象。瓦块承力面光滑,与推力盘接触面积大于 75%(每 cm² 接触 2~3 点),进油口间隙为 0.5 mm。 (4)油室清洁,无油垢、锈蚀及毛丝等杂物,油位标志清楚,油室无渗漏。

续表 4-15

序号	检修项目	工艺要点及注意事项	质量标准
1	上机架解体检修	③推力头在机床上校平面幌动度,如大于标准,应进行磨削加工。 (9)导瓦清理、检查及修正。 ①先用煤油清洗并检查其乌金是否有脱胎、裂纹及推力头导瓦支承面。 ②然后在导瓦支承面上涂一层薄薄的红丹粉,把导瓦合上,来回推动导瓦 5~6 次,取下检查,如有接触不良及硬点应进行修刮。 (10)将轴承室内外用煤油擦洗干净。 (11)冷油器清理,水侧用高压水冲刷过,保证畅通,油侧可用工业洗洁净清洗后再用水冲洗,然后做水压试验,发现铜管破裂,则更换。	(5)耐油橡皮及密封圈完好,无损伤老化。
2	下机架支架解体检查	(1)放掉下机架油,拆去轴承室上盖螺栓,取出上盖,取下油挡。 (2)拆去轴承测温接头,松导轴承上盖螺栓,做好记号。 (3)拆去下端盖螺栓,将下端盖连同下轴承一起放下。 (4)清理检查下机架轴承及轴承室。 (5)检查橡皮圈及密封圈。	
3	拆吊电机转子及电机定子	(1)拆去上下联轴器靠背螺栓。 (2)吊去电机转子,用专用工具吊出电机转子后放在专用架上。 (3)拆电机定子固定螺栓,吊出定子,连同下机架支臂瓦座,用枕木垫好,放稳。	
4	水泵解体及检修	(1)吊出电机支座架。 (2)吊出护轴套,水平放稳。 (3)吊起第一根中间轴和护套管(套轴外,护套上端装好轴承支架,用行车小钩或葫芦起吊)。 (4)用工字钢在座板上支承好,先将该中间轴与下接轴的联轴器松开,然后再起吊,支承工字钢从护套管上端移至护套锥管上端处,拆下轴承支架,再拆下橡胶轴承和联轴器。 (5)同上依次吊出各段中间轴和护套管等,直到吊出叶轮室及叶轮。 (6)拆去填料压盖,挖出填料,清理填料函及填料压盖,如有毛刺,槽应修平。	(1)泵轴表面无严重损伤,螺纹完好。 (2)键与槽不松动、变形。 (3)叶轮无严重磨损、冲蚀。 (4)叶轮与轴之间配合间隙为 0~0.08 mm。 (5)导轴承和轴套之间的间隙为 0.4~0.7 mm,轴套表面光洁、无磨损。

续表 4-15

序号	检修项目	工艺要点及注意事项	质量标准
4	水泵解体及检修	(7) 拆叶轮护头盖螺栓、护头盖,拆去叶轮、护头,拆出叶轮键、轴套、轴套键,并进行清理及检查。叶轮如有磨损、污蚀严重,无法修补,则更换新叶轮。 (8) 泵轴锈蚀部位用砂布打磨光,如有损伤需修正。 (9) 橡胶轴套清理,检查轴承间隙及磨损程度,如间隙过大、磨损严重则需更新。 (10) 清理检查各泵联轴器,平面用砂布打光,如有毛刺,用锉刀修平,连接螺栓用钢丝刷把螺纹刷干净。 (11) 测量叶轮、轴套、轴承联轴器紧力间隙,泵轴校弯曲(在轴的每一轴承和联轴器部位每 300 mm 的跨距上进行测量,记下测量数据和测量部位至某一端面的距离),测量泵体水平。	(6) 更换所有密封垫板及 O 型密封圈和填料。 (7) 泵转子的提升高度为 5.5 mm,叶片与叶轮室的单边间隙为 1.2~1.5 mm。 (8) 轴承的最大径向跳动: $\delta(mm) = 0.083L$ (L 最大为 1/2 轴长),轴长单位为 m,超出此范围的轴要进行矫正。 (9) 泵体水平度为 0.05 mm/m。
5	泵体组装	(1) 将下主轴置于 V 型枕木上(以防滚动),然后在主轴 a 靠叶轮端装进一轴套,并滑过短键槽处;在短键槽处装上两根 B16×10×70 的键,将轴套退回至键位顶住,在轴套上三螺孔处拧上三个紧定螺钉。注意:螺钉头不得高出轴套外表面。 (2) 将叶轮放置在一人高左右的梁架上,在主轴 a 下端装上叶轮键 B56×32×480,在主轴的另一端拧上吊环螺钉;将轴吊至叶轮上方,放下主轴 a 使主轴穿过叶轮的主轴孔,装上叶轮哈夫锁环、螺栓、垫圈等,然后吊起组装好的部件放入叶轮室中。 (3) 将已装好导轴承的导叶体吊至组装好的主轴 a 上方,慢慢放下,使导叶体穿过轴与叶轮室配合面接触;将导叶体与叶轮室连接好,接合面涂密封胶。 (4) 将内接管 a 垂直吊起,穿入与导叶体连接好。 (5) 用 M48 的吊环螺钉将主轴 a 部件放入泵壳内,并用内接管 a 上的支撑耳支撑在枕木上(卸下吊环螺钉),并在主轴 a 上端装上一 B56×32×325 键。 (6) 将主轴 b 置于 V 型枕木上以防滚动,然后在主轴 b 装轴套部位处装一 B16×10×70 的键,并装上轴套;在填料轴套部位装上一 B16×10×70 的键,并装上填料轴套及轴套螺母,注意在填料轴套与轴套螺母的端面要装上 O 型密封圈。 (7) 将套筒联轴器直立于一平台上,使带有 4 个螺孔的一端朝下;在主轴 b 上方装上转子起吊工具,将主轴 b 吊起至套筒联轴器上方,慢慢放下,使轴从套筒联轴器内孔穿过;将套筒联轴器顺轴上推,直至露出键为止,并在联轴器外圆上拧上两个 M16 固定螺钉(用户自备)将其固定于轴上。	(1) 调整泵盖法兰位置,以使泵轴心线对中并垂直于基准面。 (2) 固定螺栓时应涂密封胶。 (3) 安装 O 型密封圈时,需涂上硅油脂或肥皂水,不能在干的状况下安装。

续表 4-15

序号	检修项目	工艺要点及注意事项	质量标准
5	泵体组装	(8) 将内接管 b 套在主轴 b 外，用行车的主、副钩分别将主轴 b 和内接管 b 同时吊至下主轴上方，将主轴 b 下放，两轴对中，将连接卡环装于轴上，松开联轴器上的固定螺钉，使其缓缓下落并滑过连接卡环至止推卡环位置，用螺栓和垫圈将止推卡环连接起来；再将润滑内接管 b 下放，与内接管 a 上法兰连接好。 (9) 用行车将装好的可抽出部分下放，用两根枕木（或其他支撑物）放在内接管 a 脚板的下方，使内接管 a 落在枕木上（或其他支撑物上）。 (10) 吊起可抽部件，移开枕木，放入泵壳体内，直至叶轮室与吸入喇叭口锥面完全贴合。叶轮室外圆周上的凸耳是防止可抽出转子部件在泵运行过程中旋转的，外接管的凹槽应对正叶轮室的防转槽中。 注意：外接管 a 的凹槽必须与叶轮室的凸耳的右边贴合（从上往下看），如下图所示。 ①垂直吊起泵主轴时，不要让套筒联轴器从上主轴滑至主轴连接卡环槽处。 ②在内接管穿轴安装过程中，不要碰伤轴加工表面，并设法保持泵主轴垂直。 （图：防转块挡板、外接管、凸耳、叶轮室，从上往下看） (11) 将导流片与导流片接管连接起来，用行车将此部件吊至上主轴上方，调整好导流片的方向，穿轴放下，与支撑板连接起来（注意两零件定位销孔方位）。 (12) 将导轴承 b 装入填料函体的轴承腔中，并在填料函体外圆装上 O 型密封圈，用行车吊起至上主轴上方，穿轴放入导流片接管上填料函体腔内（填料函与导流片接管连接处垫上 0.3 mm 纸垫），用螺柱、螺母将填料函体连接在导流片接管法兰上。 (13) 在上主轴的上部装上 B56×32×360 传动键，将泵联轴器和轴端调整螺母装上。	

续表 4-15

序号	检修项目	工艺要点及注意事项	质量标准
5	泵体组装	(14)测量转子窜动量,盘车,在上主轴上端安装吊环螺钉,吊起转子,使导叶体端面 A 与叶轮上端面 B 贴合,此时再在轴上端测量转子最大窜动量,窜动量必须大于转子提升高度。然后再将转子落至极下位置,再提升转子5.5 mm,盘车检查转子是否灵活,然后再放下转子到极下位置。 (15)泵轴中心位置调整。采用填料函内孔与泵轴对中的方法,在填料函内用四块金属楔形块或等厚块调整泵轴中心,与泵中心重合,径向允差在 0.05 mm 以内。调好后不要拆除垫块。 楔形块　等厚块	
6	电机组装	(1)电机定子就位,紧好固定螺栓。 (2)用水平仪测量定子水平,必要时在定子与基础之间垫垫片进行调整,定子水平线找正后,将电机转子穿入,并用顶转子的千斤顶将转子顶起,电机转子联轴器与泵轴联轴器之间应留有一定间隙,保证泵轴及电机转子有起落余地。 (3)用塞尺测量定子、转子间的空气间隙,将定子圆周作四等份测量,若偏差过大应调正。 (4)上机架就位,找正水平,紧好固定螺栓。 (5)按记号装复清洗、修刮好的推力瓦,校正后,涂上一层润滑油。 (6)测量推力头与轴面的配合尺寸及键与槽的配合尺寸,涂上一层润滑油,吊起推力头,对准键,加热后压入轴内,并装好锁圈,紧好螺栓。降下千斤顶,使转子重量承受在推力瓦上,检验推力头水平及检查八块推力瓦的接触情况,用推力瓦下的调整螺栓进行调整,结束后,把调整块锁定板用螺栓锁定,推力瓦两边限位螺钉紧至工作位置,锁紧。测量绝缘。	(1)推力头水平:推力头圆周八等分水平仪读数,按每米不超过 0.02 mm。 (2)定子、转子间的空气间隙标准:四等份对称点间隙均等,偏差不超过 0.05 mm;或四等份均值的 10% 以内。 (3)推力头与轴面配合尺寸: 0.01 ~ 0.03 mm 紧力。 (4)键与槽的配合尺寸:间隙 0.05 ~ 0.12 mm。 (5)导瓦间隙: 0.10 ~ 0.15 mm。

续表 4-15

序号	检修项目	工艺要点及注意事项	质量标准
6	电机组装	(7) 装复上导瓦,把导瓦装在支座架上,再把座架装入轴承室内,按原记号,用螺栓固定,依次装入八块导瓦,并在其表面涂上一层润滑油,把调整螺栓轻轻拧至导瓦与推力头的径向间隙"10 丝",能盘动。 (8) 电机转子校摆动度,在盘车前将推力头和电机转子联轴器沿圆周方向各分成八等份,其等分线应上下一致,在推力头与联轴器上各装两只百分表,互成 90°角。在同一水平面上,以人力或电动,缓慢盘动,方向与泵的转向一致,读出八等份上百分表读数,联轴器处百分表 8 点对应数差减去导瓦处的全摆动值,即为电机转子的净摆值。 (9) 测量推力头水平,盘车,读出推力头圆周八等分水平仪读数,按每米不超过 0.02 mm 为标准,如有偏差,则需调整推力瓦下调整螺栓,直至符合要求为止。 (10) 找正电机转子与泵转中心,在泵轴联轴器上装上两只百分表,对称架在同水平面上,表针指在对接的联轴器圆周径向。两联轴器中间应有间隙,在圆周方向分成四点,每 90°为一点,读取四点百分表读数,计算出数值,进行调整。 百分表 (11) 松开导瓦调整螺栓,调整导瓦间隙,并紧固调整螺栓并帽。 (12) 调整导瓦,调整螺栓间隙,并紧固并帽。 (13) 将冷油器按原位吊入轴承室,拧紧其与导瓦座架的固定螺栓。 (14) 将泵联轴器加好调整垫圈,紧固螺栓。 (15) 泵填料室加填料,装上压块,略紧螺栓。	(6) 电机(上机架)水平偏差:0.02 mm 以内。电机转子联轴器晃度:0.05 mm 以内。平面:0.02 mm 以内。 (7) 推力头套入后,卡板与推力头固紧。卡板受力后,用 0.03 mm 塞尺检查,有间隙的长度不得超过圆周长的 20%,并不得集中在一处。

6. 常见故障及处理方法

表 4-16　循环水泵常见故障及处理方法

故障	原因	处理方法
1. 泵起不动	(1) 电动机系统毛病 (2) 运动部件中有异物 (3) 轴承被卡住 (4) 起动条件不满足	(1) 检查电机系统 (2) 清理转子部件 (3) 更换轴承 (4) 满足应满足的条件
2. 出力不足	(1) 吸入侧有异物 (2) 叶片与叶轮室间隙过大 (3) 叶片损坏 (4) 转速低 (5) 有空气吸入 (6) 汽蚀 (7) 进口有预旋	(1) 清理滤网、叶轮和吸入喇叭口 (2) 调整间隙 (3) 更换叶片 (4) 测量电压、周波，检查电机 (5) 提高吸入水位或在水面放一浮体 (6) 提高水位，调整工况 (7) 设消旋装置
3. 打不出水	转向反了	校正转向
4. 超负荷	(1) 轴承损坏 (2) 泵内有异物 (3) 入口有反向预旋 (4) 转动部件不平稳 (5) 填料压得过紧 (6) 一相断线，单向运行	(1) 更换轴承 (2) 除去异物 (3) 设消旋装置 (4) 检修 (5) 放松填料 (6) 检查修理供电线路和电机接线
5. 异常振动和噪声	(1) 装配精度不高 (2) 吸入水面过低 (3) 汽蚀 (4) 轴承损坏 (5) 轴弯曲 (6) 电机故障 (7) 联轴器螺栓松动、损坏 (8) 运动部件不平衡 (9) 基础不紧固 (10) 受排出管路的影响	(1) 提高装配精度 (2) 提高水位 (3) 提高水位，调整运行工况 (4) 更换轴承 (5) 校直 (6) 修理电机 (7) 拧紧或更换螺栓 (8) 检修 (9) 增加基础的钢性 (10) 检查和排除影响
6. 填料泄漏过量和温升过高	(1) 填料压盖过紧或不均匀 (2) 填料磨损或装配不当 (3) 轴磨损或偏位	(1) 放松压盖，正确压紧填料 (2) 重装填料 (3) 换轴或校正

第五章　锅炉本体检修

火力发电厂的生产过程是一个连续的能量转换过程,而锅炉是能量转换过程的首要环节。它担负着燃料的化学能转化为蒸汽的热能,同时向汽轮机提供相应数量和质量(汽压、汽温等)的过热蒸汽的重要任务。

锅炉的运行状况,对保证发电厂的安全和经济运行至关重要。在锅炉运行了一段时间后,会出现零部件的磨损和变形、结垢和腐蚀,以及堵灰和结渣等现象,从而危及电厂的正常生产。因此,电厂必须对锅炉进行预防性和恢复性的检修工作。

第一节　检修常用工具和常用方法

一、常用工具

锅炉受热面检修的工具很多,这里主要介绍受热面换管常用工具的特点及使用方法。常用的工具有电动无齿锯、气动割管机、坡口机、角向磨光机等。

1. 电动无齿锯

电动无齿锯是利用电动机带动树脂切割片对钢管、型钢等钢材进行切割的工具,按重量的大小分为固定式电动无齿锯和移动式电动无齿锯两种。

固定式电动无齿锯重量较大,体积也较大,移动很不方便,采用 380 V 的电源,一般固定在车间内,适用于切割大口径管件及型材。特点是结构简单,使用方便,切割速度快。缺点是不便移动,需要使用 380 V 的动力电源。

移动式电动无齿锯体积小,重量轻,移动方便,采用 220 V 电源,可以随身携带,适用于切割小口径管件及型材。特点是结构简单,携带方便,更换锯片比较容易,现场随地可用。缺点是动力小,切割能力差。

固定式电动无齿锯的使用方法:摆正无齿锯;将被割件平放在无齿锯的锯床上,定位夹紧;抬起锯片,启动电源,待锯片转动正常后,轻放锯片进行切割;切割过程中,稍向下用力,直至将被割件切断;关闭电源,待锯片停止转动后,抬起锯片。

在使用电动无齿锯进行切割时，除了遵守《电业安全工作规程》中关于使用电动工具的有关规定外，还应注意以下几点：

①使用前，详细检查树脂切割片，不完整的锯片不许使用；②使用一段时间后，锯片直径减小到一定程度时，应更换锯片；③更换锯片时，必须可靠地切断电源；④使用者应戴上护目镜，并且注意切割时火星飞溅的方向，要求火星飞溅的方向无人员和可燃物品。

切割时，用手握住锯片，把手向下用力随着锯片移动，不要强力下压，以防夹锯。切割夹锯严重时会将锯片夹死，甚至会造成锯片碎裂，发生危险。在切割时，若感觉锯片的转速明显下降，应立即抬起锯片，待锯片转速正常后，再进行切割。

使用移动式电动无齿锯切割受热面管子时，应由熟练人员操作，在专用的滑道上进行，并由专人负责监护。

2. 气动割管机

气动割管机是利用压缩空气作为动力，驱动气动马达，带动较薄的树脂切割片切割钢管的机器。气动割管机主要用来切割受热面管子，其特点是：安全性好，可以在潮湿的地方使用，没有触电的危险，使用灵活，弹性好，不易发生像电动无齿锯锯片碎裂的危险，操作难度较小。

气动割管机的使用方法：①操作人员站好位置，按操作程序握住气动割管机，起动压缩空气开关，待切割片转动正常后，对准切割位置进行切割，手持气动割管机顺着割口移动，直至将管子切断；②关闭压缩空气开关，待切割片停止转动后，方可放下气动割管机。

气动割管机的注意事项与电动无齿锯类似。

3. 坡口机

坡口机是用来加工受热面管子坡口的机器，除手动坡口机外，还有电动驱动和气动驱动之分，也有内卡式和外卡式之分。外卡式坡口机的特点是夹管比较方便，效率高；缺点是刀具更换不方便，车出的铁屑容易落入管内。内卡式坡口机的特点是更换刀具方便，车出的铁屑不易落入管内；缺点是夹管不如外卡式方便，操作不好容易使夹具落入管内。

电动坡口机的使用方法：①根据受热面管子的规格，选用规格合适的坡口机；②选配好合适的刀具和夹具；③检查管子的切口应平齐，否则应用工具进行修整;④将坡口机夹在管子上,旋紧夹具,调节进刀旋钮,将车刀离开管口几毫米;⑤合上开关,待刀具旋转正常后,调节进刀旋钮开始加工坡口,进刀速度不要太快;⑥随着铁屑的车出,缓慢进刀,直至将坡口车好;⑦调节进刀旋钮,将刀具离开管口;⑧关闭开关,待刀具停止转动后,松开夹具,卸下坡口机。

电动坡口机的使用注意事项:①使用前应检查刀具是否锋利;②夹具一定要夹紧,使用内卡式坡口机,调节夹具要防止调过头,以免夹具落入管内;③合上开关前,一定要检查刀具是否离开管口,不然容易将车刀崩坏;④更换车刀时,必须拔下电源插头;⑤在坡口的车制过程中,若发现坡口机的转数急剧减慢,说明进刀量过大,应及时减少进刀量,防止崩坏刀具或损坏坡口机。使用电动坡口机应遵守《电业安全工作规程》中关于使用电动工具的有关规定。

4. 角向磨光机

角向磨光机是用来磨制坡口或打光金属表面的手持式小型电动工具,一般使用100~150 mm的砂轮片。角向磨光机的特点是使用方便、灵活,缺点是对操作人员的水平要求较高。

角向磨光机的使用方法:①将需要磨制的管子固定住,防止其晃动;②磨制前注意周围是否有人或易燃物品;③操作者戴好护目镜和手套,单手持角向磨光机,用另一只手打开开关;④当角向磨光机转动正常后,双手持角向磨光机进行磨制;⑤磨制完成后,关闭电源开关,待角向磨光机停止转动后,方可将角向磨光机放下。

除了需要遵守《电业安全工作规程》中关于使用电动工具的有关规定外,使用角向磨光机时还应注意以下几点:①使用前,必须检查砂轮片是否完整,不完整的砂轮片禁止使用;②更换砂轮片时必须拔下电源插头;③磨制容易晃动的管子时,必须将管子固定住,严禁磨制晃动的管子;④使用角向磨光机时应远离人员且确定附近无可燃物;⑤磨制有豁口的管子时,应使砂轮片顺着豁口的一侧缓慢磨制,严禁将砂轮片完全放入豁口内同时磨制豁口两侧,防止管子豁口将砂轮片夹住造成飞车,伤害操作人员或损坏角向磨光机。

5. 喷灯

喷灯是一种加热设备,具有携带方便、操作简单等优点。

(1)喷灯的作用

喷灯适用于小型设备的拆卸和套装前的加热。例如,轴承的拆卸和套装、联轴器的拆卸和套装等都采用喷灯加热。

喷灯的工作过程:喷灯容器中的燃油由于受压经过滤油器进入输油管,燃油再经过喷嘴喷出,与空气混合气化,点燃后形成蓝色的火焰。

(2)喷灯的结构

喷灯的结构见图5-1,它主要由喷焰管、预热盘、喷嘴、气筒等组成。

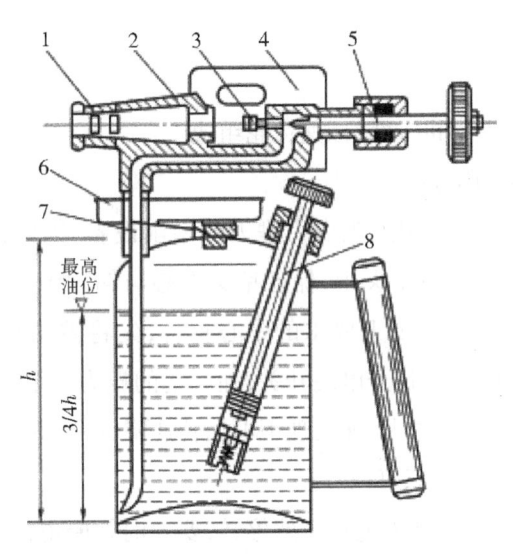

图 5-1 喷灯的结构

1——喷焰管;2——混合管;3——喷嘴;4——风罩;

5——调节阀;6——预热盘;7——注油螺丝;8——气筒

(3)喷灯的使用方法

拧开注油螺丝7,将燃油注入燃油器(注量不超过容器的3/4)。用气筒8向燃油器内打气加压,将燃油压入输油管,向预热盘6内加酒精并且点燃,对输油管进行加热,在预热火焰将要熄灭前,逆时针拧开调节阀5,使受压的燃油喷入空气混合管2中而气化,气化了的燃油利用预热盘中的明火点燃。燃烧时所需要的氧气通过气流自然吸入。工作时,可旋转调节阀来控制火焰。

喷灯熄灭时,顺时针关闭调节阀5,使其达到关闭状态,停止供燃油,火将自然熄灭。待喷灯冷却后,松开注油螺丝7,使燃油容器内的压力降到大气压,然后关紧注油螺丝。

喷灯安全装置:安全杆上端与容器用锡焊焊住,下端装在容器底上。当容器中压力过高时,底部就会向外凸出,并将安全杆向下拉动,使安全杆上端的锡焊点拉开,容器就与大气相通,高压气体从焊点处逸出,避免了容器因压力超载而爆炸。

6. 手电钻

手电钻的种类较多,常用的有三相电钻(电压 380 V)、单相电钻(电压 220 V)。手电钻具有携带方便、操作简单、使用灵活的特点,常用在不便于使用钻床钻孔的地方。

(1) 手电钻的结构

手电钻主要由电动机、两级减速齿轮组成。

(2) 手电钻的使用方法

手电钻是用手扶持、用人工压力进刀的钻削设备,因此,要求钻头必须锋利。使用前将钻头旋紧在钻夹中,保证钻头中心与钻轴中心一致。接好电源。为保证被钻孔的中心与图纸上要求的中心重合,先将被钻孔的中心打上样冲眼,钻头中心对准样冲眼,打开电源开关,加一定的压力。手电钻本身有一定的负载力,钻孔时压力不要过大,如发现手电钻转速降低,应立即减轻压力。

(3) 使用手电钻时注意事项

在钻削工作中,如发现手电钻突然停转,要及时切断电源,查明原因。移动手电钻时,应握持手柄,严禁拉橡皮软线拖动手电钻。钻孔完毕,将钻头拔离孔后,再切断电源。用完手电钻后要擦拭干净放入盒中保管。

7. 铰刀

(1) 铰刀的作用

铰刀是一种多刃切削刀具。在电厂的检修工作中,常利用铰刀加工精度要求较高、粗糙度要求较低的孔。如设备上的定位销孔,有一定配合间隙的孔都采用铰刀铰孔。

(2) 铰刀的结构

常用的铰刀有手用和机用两种。铰刀具有导向性好、切削阻力小、尺寸精度高等特点。

铰刀主要由切削部分、颈部、起削刃和尾部组成。刀齿的数目根据铰刀直径不同有 4~12 条,刀刃的形状为楔形,因为它的切削用量很小,所以前角为 0°。

(3) 铰刀的使用方法

铰孔的前道工序(钻孔或孔)必须留有一定的加工余量,供铰孔时加工。根据底孔的直径(按图纸要求)选择铰刀,按要求确定铰孔次数。在铰杠上装夹后,持铰刀插入被铰孔内,用直角尺检查铰刀与孔端面的垂直程度。两手握持铰杠柄部,稍加均衡压力,按顺时针方向扳动铰杠进行铰削。

铰刀是精加工刀具,用后应将切削部分清理干净,涂油放入专用盒内,以防生锈或被破坏。

8.刮刀

刮削工艺的主要工具就是刮刀。在电厂的检修工作中很多的设备都要进行刮削,如汽缸接合面、推力盘、轴瓦等。

刮削工艺具有精度高、表面粗糙度低的特点,所以它的用途很广。刮刀的种类很多,对于不同形状的工件选用不同形式的刮刀。

(1)刮刀的结构

刮刀分为平面刮刀和曲面刮刀。

平面刮刀又分为直头刮刀和弯头刮刀两种,主要用于刮削平面,如图5-2所示。

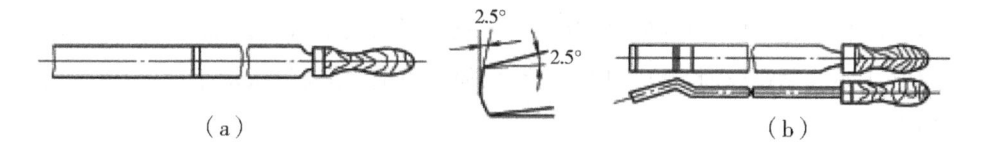

图5-2 平面刮刀

(a)直头刮刀;(b)弯头刮刀

曲面刮刀分为三角刮刀、匙形刮刀和圆头刮刀,主要用于刮削曲面,如图5-3所示。

刮刀一般采用T12A钢制成,对于较硬的工件采用焊接合金钢刀头和硬质合金刀头的方法进行加工。

(2)刮刀的使用方法

①平面刮刀的使用方法。用右手握住刀柄,左手握刀杆(距刀头大约50mm),刮削时,右臂利用上身摆动向前推,左手向下压,并引导刮刀的方向。

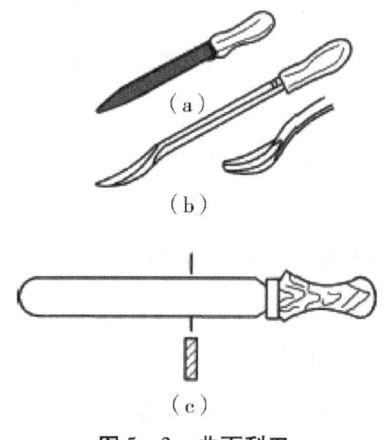

图5-3 曲面刮刀

(a)三角刮刀;(b)匙形刮刀;(c)圆头刮刀

左足前跨,上身随着向前倾斜,这样可以增加左手的压力。

②曲面刮刀的使用方法。曲面刮削是刀具做螺旋运动。使用时右手握住刀柄,左手握住刀杆(手掌向下横握)。刮削时,右手做半圆扭动,左手顺着曲面方向拉动或推动刀杆,与此同时,刮刀在轴向做螺旋运动。

9. 扳手

扳手的种类较多,常用的扳手有活动扳手、套筒扳手、梅花扳手、开口扳手等,其作用都是在松、紧螺丝时增长力臂,使螺丝旋紧到所需要的紧力。根据不同的设备、不同的螺丝,选用不同的扳手。下面就介绍部分不同扳手的结构、用途和使用方法。

(1) 活动扳手

活动扳手俗称活扳子,其优点是可以调整扳手开口的大小,松、紧不同尺寸的螺丝。活动扳手由手柄、扳口、调整螺丝等部分组成,其规格有 100 mm×14 mm、150 mm×19 mm、600 mm×65 mm 等 8 种。

使用方法:把扳手套在将要松紧的螺丝上,用调整螺丝将扳口调整到大于被拧螺丝的最大直径,再将扳口调整到与螺帽紧密接触,此时,就可以加力旋转手柄(正螺纹紧螺丝时,顺时针扳动手柄,松螺丝时,逆时针扳动手柄;反螺纹与其相反)。

(2) 套筒扳手

套筒扳手由套筒、加力杆、摇把等组成。常用的套筒扳手一般每套由 32 件组成,适用于 6~32 螺丝的松紧。此种扳手使用方便,套筒与螺帽结合良好,不易损坏螺帽,工作效率比较高。但是加力杆较短,不适用于紧力较大螺丝的松紧。

使用时,可以根据螺丝的尺寸选择与其对应的套筒,将套筒套在螺帽上,将摇把或加力杆装到套筒上加力旋转。紧螺丝时(对于正螺纹)顺时针旋转,反螺纹与其相反。使用后将套筒和摇把、加力杆卸下,擦拭干净,清点数目,装入专用的扳手盒内。

(3) 梅花扳手

梅花扳手俗称眼镜扳手。两头为扳口,中间部分为加力杆。常用的梅花扳手每套由 8 件组成,适用于 5~27 螺丝的松紧。扳口与螺帽接触良好,使用方便,但是加力杆较短,不适合紧力较大螺丝的松紧。

使用时,根据螺丝的直径选择与其对应的扳手。将扳口套在螺帽上加力旋转,旋向与螺丝松紧的关系与活动扳手相同。

(4)开口扳手

开口扳手俗称呆扳子。扳子的两头为开口的扳口,中间连接两扳口部分为加力杆。此种扳手结构简单,造价低,使用方便。

使用时,根据螺丝的直径选择与其对应的扳手,将扳口对准螺丝加力旋转,旋向与螺丝松紧的关系与活动扳手相同。

10. 百分尺

(1)外径百分尺

外径百分尺是常用的测量量具,主要用于测量工件的长、宽、高和外径。测量时能准确地读出尺寸,精度可达到 0.01 mm。测量范围 0 ~ 25 mm 是一种规格,25 ~ 50 mm 为一种规格,以此类推,每隔 25 mm 为一种规格,最大测量尺寸为 300 mm。

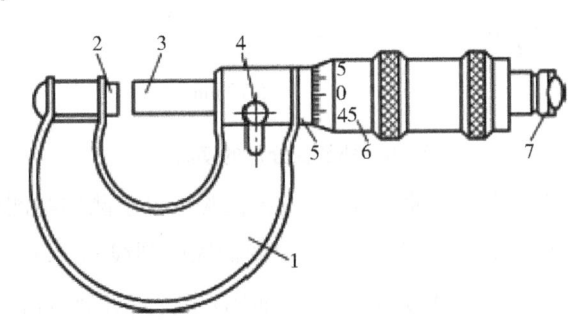

①外径百分尺的结构。外径百分尺的结构见图 5 - 4。它主要由弓架、测砧、测轴、制动销、固定套筒、活动套筒、棘轮组成,其中弓架、测砧和测轴都经过热处理和磨光。

图 5 - 4 外径百分尺的结构

1——弓架;2——测砧;3——测轴;4——制动销;5——固定套筒;6——活动套筒;7——棘轮

②外径百分尺的读数方法。外径百分尺固定套筒(见图 5 - 5)的圆柱表面一侧刻有一条纵向线,在线的上方刻有毫米格,在线的下方刻有 1/2 mm 格,活动套筒锥形表面上刻有 50 等份的小格。

测量时,活动套筒每转动一周,测轴与测砧两测量面就变动 0.5 mm,活动套筒顺时针转动一周,测轴与测砧两测量面的距离就缩短 0.5 mm,逆时针转动一周,就离开 0.5 mm。

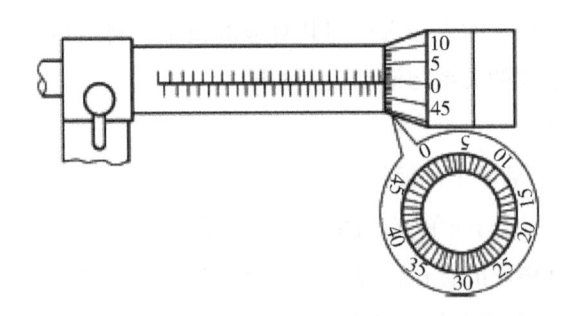

图 5-5 外径百分尺的固定套筒

如果活动套筒转 1/50 周（即一小格），测轴与测砧两测量面的距离就变动 0.01 mm。测量时，测距变动的数值在固定套筒纵向线上方读出毫米整数，下方读出 1/2 mm 数，不足 1/2 mm 的小数就在活动套筒锥形表面上读出格数。

被测尺寸 =（固定套筒纵向线上方 mm 数 + 下方 1/2 mm 数 + 活动套筒格数）× 0.01 mm。

外径百分尺的读数实例见图 5-6。

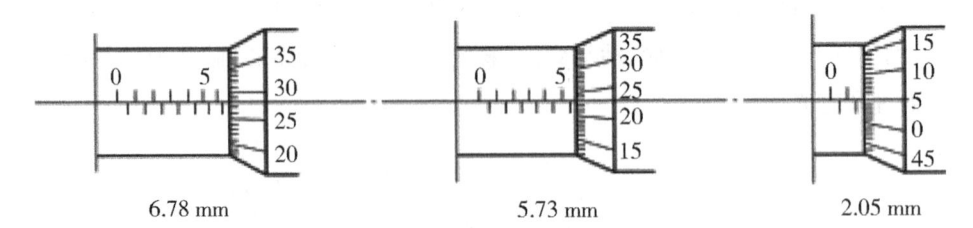

6.78 mm　　　　5.73 mm　　　　2.05 mm

图 5-6 外径百分尺的读数实例

③百分尺的使用方法。使用前，应先将检验棒置于测砧与测轴之间（0~25 mm 的外径百分尺不用检验棒），检验固定套筒纵向刻线和活动套筒端头边线是否重合，活动套筒的轴向位置是否正确。如固定套筒纵向线和活动套筒端头边线不重合，则必须调整。调整方法是，松开紧固螺母，用制动销固定住测轴，拧动固定套筒，调整到两线重合后，再固定紧固螺母即可使用。

测量时，拧动棘轮，两个测量表面接触被测件，当棘轮出现空转并发出咔咔响声，此时就可以读出尺寸。但需注意，测量时绝对不能拧动活动套筒，否则所测的尺寸不准确。如受条件限制不能读出尺寸，可先旋转制动销，然后取下百分尺再读数。

④百分尺的保养。百分尺在使用时不能摔或碰，测轴不能弯曲，测砧表面不能打磨。使用前要将两个测量表面用软布擦拭干净。用后涂上防腐油，装入

盒内保管。

(2) 内径百分尺

内径百分尺是用来测量内径尺寸的,分普通式和杠杆式两种,其结构如图5-7所示。

测量直径较小的孔时,用普通式内径百分尺。这种百分尺的刻线方向与外径百分尺和杠杆式内径百分尺均相反。当活动套筒顺时针旋转时,活动套筒连同左侧卡脚一起向左移动,测距越来越大,如图5-7(a)所示。

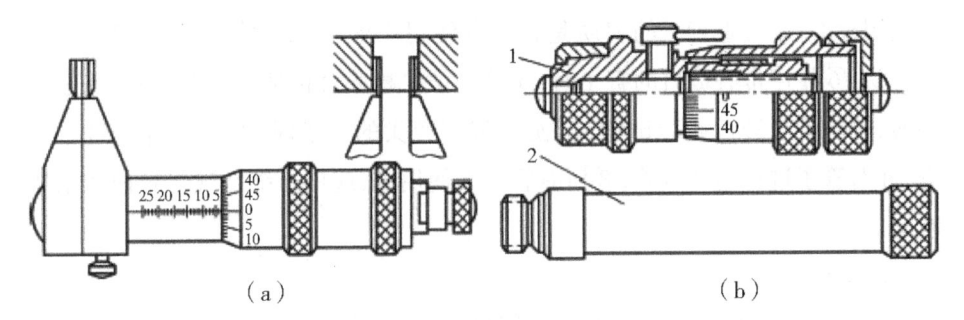

图5-7 内径百分尺的结构

(a)普通式;(b)杠杆式

1——尺头部分;2——加长杆

测量较大孔径时,选用杠杆式内径百分尺,如图5-7(b)所示。它由两部分组成,一是尺头部分,二是加长杆。螺杆的最大行程是25 mm。为了增加测量范围,可在端头上旋入加长杆。成套的内径百分尺,加长杆可以测至1500 mm。杠杆式内径百分尺无棘轮装置,测力大小由手的感觉来掌握。

在使用内径百分尺时,先要进行校验。其方法可用外径百分尺来测量,看其测得的尺寸是否与内径百分尺的标准尺寸相同;如不相同,应该松开紧固螺母进行调整。

测量时,一只手扶住固定端,另一只手旋转套筒,做上、下、左、右移动,这样测得的尺寸比较准确。

二、受热面管子的配制方法

锅炉受热面主要由钢管组成,当受热面管子发生严重缺陷时,就需要用新管更换有缺陷的旧管子,此时,就要求配制合适的受热面管子。

1. 管材要求

根据需要更换管子的规格与材质要求,尽可能选用符合规格、同材质的管子。选用代用管子时应注意:选用材质相近或高于被管材的管子,选用不同材质管子时应注意焊接方面的有关要求;选用外径相同、壁厚不低于被换管的管子,壁厚差不大于原壁厚的 15%,最大不超过 3 mm;尽量不选用外径不同的管子。

检查更换管子的质量:①检查这批管子是否有生产厂家的出厂合格证、检验合格证等;②检查这批管子是否通过涡流探伤检验;③用观察法检查管子的外表是否有明显的外部缺陷;④用游标卡尺测量管子外径、壁厚及圆度等,应符合选用标准;⑤检查管子的材质是否符合使用要求,必要时使用光谱仪进行检查确认;⑥使用带有坡口的管子时,应检查坡口检验合格证,并按有关规定进行抽检,并对管子进行通球试验;⑦使用带有弯头的管子时,对弯头部分进行检查,并对管子进行通球试验;⑧所有管子在使用前,应用压缩空气将管内的杂质吹净。

2. 坡口要求

锅炉受热面管子制作坡口的目的是使受热面管子可靠地进行焊接,防止出现焊接缺陷。受热面管子的坡口主要有 V 形、双 V 形、U 形等几种。

对于受热面管子壁厚不大于 6 mm 的管子,一般采用全氩弧焊接,采用 V 形坡口。

壁厚大于 6 mm 的管子,采用氩弧焊打底,电弧焊盖面的焊接工艺进行焊接。

壁厚在 6~16 mm 的管子采用 V 形坡口。壁厚在 16~20 mm 的管子采用双 V 形坡口。壁厚在 20 mm 以上的管子采用 U 形坡口。

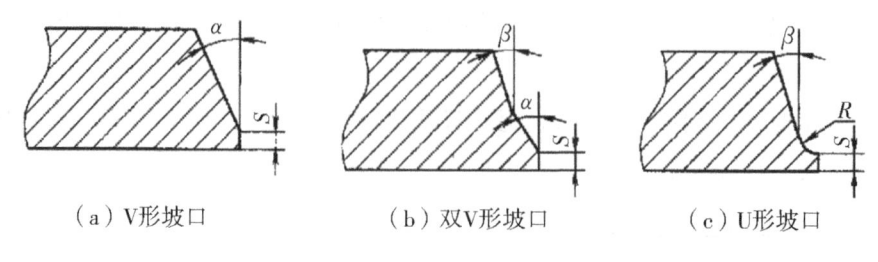

(a) V 形坡口　　(b) 双 V 形坡口　　(c) U 形坡口

图 5-8　管子坡口

(1) V 形坡口。坡口角度 α 一般为 30°~35°,钝边 S 一般为 0.5~2 mm,坡口端面应与管子中心线垂直,最大偏斜值不超过 1.5 mm,管口的内外壁为 10~15 mm。清除油漆锈垢,打磨至露出金属光泽。

(2)双 V 形坡口。坡口角度 α 一般为 35°～45°、β 一般为 10°～15°,钝边 S 一般为 1.5～2 mm,坡口端面应与管子中心线垂直,最大偏斜值不超过 1.5 mm,管口的内外壁为 15～25 mm。清除油漆锈垢,打磨至露出金属光泽。

(3)U 形坡口。坡口角度 β 一般为 10°～12°,钝边 S 一般为 1.5～2 mm,圆弧半径 R 一般为 5～8 mm,坡口端面应与管子中心线垂直,最大偏斜值不超过 1.5 mm,管口的内外壁为 15～25 mm。清除油漆锈垢,打磨至露出金属光泽。

3. 弯头要求

受热面换管时,如果受热面的弯头或弯头附近管子发生故障,需要更换带弯头的管子,配制时就需要进行弯管。

锅炉受热面的弯管一般都是小口径管,均采用冷弯工艺,弯曲半径一般为 $(2～4)d$(d 为管子外径)。管子弯好后应检查:①弯曲部分最大圆度小于 8%;②坡口布置位置距离弯曲部分起弧点 70 mm 以上;③弯曲外弧不应有明显的拉制痕迹及缺陷,必要时用放大镜进行检查;④弯曲内弧不应有明显的褶皱及其他缺陷;⑤所有的弯管均应进行通球试验;⑥高合金管子弯好后,应进行相应的热处理。

4. 对口要求

受热面管子对口时应采用专用的对口工具进行对口,除按规定进行的冷拉坡口外,严禁强力对口,以免在坡口内部产生附加应力。

对口时应保持对口面与管子中心线垂直,对口间隙 1.3 mm;保持两管中心在一条直线上,偏差小于 2 mm;保持两管口中心重合,错口小于 0.5 mm;不同壁厚管子对口时,应将厚壁管子的内径削去一部分,使两管内径相同并使削去部分保持 1∶6 以上的坡度光滑过渡。

三、受热面管子的更换方法

受热面管子有很多,其换管方法也各不相同,这里主要介绍膜式水冷壁、省煤器和立式对流过热器的换管方法。

1. 膜式水冷壁管子的更换方法

膜式水冷壁管子之间由鳍片组成,换管比光管麻烦。膜式水冷壁换管时,最好更换鳍片管,这样能减少工作量,还能避免用钢板代替鳍片与膜式水冷壁管焊接所产生的一些问题。

膜式水冷壁管子的更换方法如下:

(1)根据水冷壁的换管位置,接好足够亮度的照明,搭设好脚手架。

(2)拆除炉外换管部位的外护板、保温层等。

(3)清除炉内水冷壁换管部位的焦渣,保持管子表面清洁。

(4)用气割将所换管子的鳍片割开,再把换管割口部位的鳍片上下各切去100 mm,注意切割时不要伤及管子本身。

(5)用专用的割管机进行剖管,先割管子下部,割完后用薄金属片将下口堵上,再割上部,将管子割下,标上记号移出炉外。

(6)用坡口机或角向磨光机加工上下管口坡口,加工时将下管口用易溶纸堵上,加工好后取出易溶纸,用软木塞堵上。

(7)选好合适的管子进行配制,配制好的管段应比割下的上下管口间距短4.5 mm,确保对口间隙满足焊接要求。

(8)去掉软木塞,将配制好的管子放入割管处,对口焊接,焊接时炉内炉外各安排一名焊工进行对焊,并要求一次焊完。

(9)坡口焊完后待温度降下来,进行无损探伤,坡口不合格时应及时处理。

(10)坡口合格后进行鳍片的焊接工作:如果更换的是鳍片管,可直接进行鳍片的焊接工作;如果更换的是光管,需要配制合适的扁钢代替鳍片,放在管子之间的空隙处进行焊接。需要注意的是,换管坡口区域的切口应重点进行恢复,尤其注意管子与钢板之间的焊接。

(11)恢复炉外拆除的保温层、护板等,拆除炉内的脚手架。

2. 省煤器管排中间单根管子的更换方法

省煤器管排中间单根管子出现严重的缺陷时,需要将有缺陷的管子进行更换,其更换的方法如下:

(1)根据换管位置,接好足够亮度的照明,清理换管部位附近的积灰,在换管管排的两侧铺好专用的胶皮,防止工具或其他东西落入管排之间。

(2)用气割割开管排之间的定位装置和吊架,留出起吊管排的空间;支撑式结构的省煤器应将支撑架下部的焊点割开。

(3)悬吊布置的省煤器,用割管机将悬吊管割下一段,其长度视省煤器管排的高度而定,割下的悬吊管制作好坡口,留下备用。将管排上的悬吊管制作好坡口,并用软木塞堵上。

(4)在被割管排的正上方焊接临时吊架,准备好手拉葫芦等起重工具。

(5) 用割管机将换管的省煤器管排与省煤器出入口联箱相连接的管子割开。

(6) 用手拉葫芦将换管的省煤器两侧的管排向两边拉开一些，使被换管的省煤器管排容易吊出。

(7) 用手拉葫芦将换管的省煤器管排吊起，起吊应缓慢进行，在起吊过程中随时检查管排上升情况，防止管排被卡住受拉变形，起吊直至被换管露出一段高度为止，将手拉葫芦手链锁死。

(8) 找出有缺陷的管子，用割管机将有缺陷的部分割下，标上记号移出烟道外。如果被换管较长或被换管含有弯头，应先用气割将管排支撑架或悬吊管吊卡割开，再用割管机进行割管。

(9) 制作管排上管口和出入口联箱上管口的坡口备用。

(10) 根据被割的管子，配制合适的管子，加工好坡口，放在被割管的位置对口进行焊接。若配制的管子含有弯头，应经过检验合格后，再进行换管工作。

(11) 对坡口进行无损探伤，不合格时应及时处理。

(12) 坡口合格后，将割下的支撑架或悬吊管吊卡焊上。

(13) 松开手拉葫芦，将管排放入原位。

(14) 焊接省煤器出入口联箱相连接的管子，并经无损探伤检验合格。

(15) 取出软木塞，焊接省煤器悬吊管，并经无损探伤检验合格。

(16) 恢复省煤器吊卡。

(17) 撤除手拉葫芦等起重工具，拆除临时吊架，将省煤器管排之间的定位装置复位。

(18) 清点工具，清扫现场，撤除专用胶皮及照明。

3. 过热器中间管子的更换方法

墙式过热器中间管子的更换方法与膜式水冷壁管子的更换方法类似；卧式过热器中间管子的更换方法与省煤器中间管子的更换方法相同；屏式过热器由于其屏间间距较大，中间管子的更换比较方便，不进行叙述。这里主要介绍管排间距比较小的立式对流过热器中间管子的更换方法，其更换的方法如下：

(1) 根据换管部位，接好足够亮度的照明，搭设好脚手架。

(2) 清除换管部位管子上的焦渣与积灰，保持管子清洁。

(3) 摘除换管部位附近管排间的梳形定位卡子，或用气割与电焊将换管部位附近管排间的定位装置割掉,使换管部位的管排可以向两侧摆动。

(4) 确定换管管排,用两台 1 t 的手拉葫芦将被换管两侧的管排向两侧拉开一段距离,留出换管空间。

(5) 找出有缺陷的管子,在换管的上下位置搭好临时脚手架。

(6) 如果被换管较长,应用气割或电焊将被换管处的管间定位卡子割掉。

(7) 如果被换管位置靠近锅炉顶棚,换管空间狭小,或被换管包含弯头,由于位置窄,不利于坡口焊接,此时应用气割或电焊将被换管上部弯头处的吊卡以及管间定位卡子割掉,连同弯头一起更换,并将坡口位置设置在管排中部有利于焊接的位置。

(8) 用割管机割管,先割管子下口,割完后用薄金属片堵住下口,再割上口,将管子拿下,标上记号移出炉外。

(9) 用坡口机加工坡口,注意下管口不要落入东西,坡口加工好后用软木塞将下管口堵住。

(10) 根据割下的管子,配制合适的管子,制作好坡口,注意管子长度应满足对口间隙要求。

(11) 取下软木塞,将新管与原割管口处对口焊接,并对坡口进行相应的热处理。

(12) 坡口检验,合格后将管间定位卡恢复。

(13) 拆除坡口位置的临时脚手架,撤去拉管排的手拉葫芦,将管排恢复原位。

(14) 恢复管排上部的弯头吊卡。

(15) 加装管排梳形定位卡子,恢复管排间的定位装置。

(16) 清理现场,拆除脚手架,撤去照明。

四、受热面管子弯曲的处理方法

锅炉受热面管子由于热膨胀受阻或管间定位卡子烧损都可能使受热面管子弯曲。立式受热面管子严重弯曲时会使管子突出管排,造成管排受热不均,出现热偏差,甚至造成管子过热引起炉管爆破。卧式受热面管子严重弯曲时也会使管子突出管排,阻碍烟气流通,使突出的管子磨损加快,严重时造成管子泄漏。因此,对于受热面弯曲严重的管子,必须进行校直。受热面管子校直的方法有两种:炉内校直法和炉外校直法。

1.炉内校直法

锅炉受热面管子弯曲不太严重且管子较细时,由于校直的难度较小,可采用炉内直接校直,其方法如下:

(1)先找出管子弯曲变形的原因,并且将原因消除,不能消除时可采取临时补救措施,防止管子再次发生弯曲变形。

(2)用气割或电焊将弯曲管子的管间定位卡子割掉。

(3)用氧气乙炔焰在管子的弯曲变形处进行加热,加热时应随时注意加热温度,管子微微变红就可以了,防止管子过烧。

(4)加热的同时用撬棍等工具向相反方向校正弯曲的管子,校正时应多点进行,防止校正过头使管子向另一方向弯曲。

(5)管子校直后冷却,管子不再有明显的弯曲变形时,加装新的管间定位卡子。

2.炉外校直法

锅炉受热面管子弯曲比较严重或管子较粗时,由于校正的难度较大,采用炉内校直比较困难,可采用炉外校直法校正,就是将弯曲变形的管子割下,拿到炉外进行校正。炉外校直法的操作程序如下:

(1)先找出管子弯曲变形的原因,并且将原因消除,不能消除时可采取临时补救措施,防止管子再度发生弯曲变形。

(2)用气割或电焊将弯曲管子的管间定位卡子割掉,使弯曲的管子可以较方便地取下来。

(3)用割管机将管子的弯曲部分割下来,标上记号移出炉外。

(4)加工炉内管子坡口,下管口用软木塞堵住。

(5)将弯曲变形的管子放在校正平台上,用专用的校正工具进行校正,必要时辅以氧气乙炔焰加热校正。

(6)管子校直并冷却后,确认管子不再有弯曲变形时,加工管子坡口。

(7)将管子送入炉内对口焊接。

(8)坡口检验合格后,加装新的管间定位卡子。

五、锅炉受热面管子磨损的处理方法

锅炉受热面管子发生磨损时,应及时查找原因,采取可靠措施,减少磨损量。如果磨损比较严重,磨损量超过原管子壁厚的1/3以上且磨损面积较大,或锅炉受热面管子发生大面积磨损时,应进行换管;若磨损较轻,磨损量未超过原管子壁厚的1/3或磨损面积较小时,可采取以下方法进行处理:

1. 防磨瓦法

防磨瓦法是利用与受热面管子相配合的防磨瓦,加装在管子磨损的地方,用防磨瓦代替管子的磨损,以达到延长管子使用寿命的目的。防磨瓦法适用于管子磨损量较小的部位。使用防磨瓦法应注意,防磨瓦的尺寸应符合要求,加装时应将防磨管子靠严,并且加装要牢固,无松动现象。防磨瓦一定要加正,不允许出现偏斜现象,防止管子的磨损加剧。防磨瓦法也可用于吹灰孔附近的管子,防止管子被吹灰器吹蚀。

2. 补焊法

在受热面管子发生局部磨损,磨损比较严重且磨损面积不大时,可采用对磨损处补焊的方法处理。可采用火焊、电弧焊或氩弧焊进行修补加强,补焊完后用角向磨光机将补焊部位打磨圆滑、光亮,用这种方法可以在不换管的情况下,延长受热面管子的寿命。

3. 喷涂法

喷涂法是利用喷涂技术在受热面管子易于磨损的部位喷涂一层耐磨涂层来提高管子抗磨能力的一种方法。该方法适用于烟气温度较低的尾部垂直烟道的受热面,受损或磨损较轻的管子使用喷涂效果较好。

六、锅炉承压部件裂纹的处理方法

锅炉承压部件裂纹主要发生在锅炉各受热面的联箱以及大口径管道的坡口、弯头、三通等设备上,尤其是与受热面联箱相连接的受热面管子或管道的角坡口最容易产生裂纹。当锅炉承压部件的裂纹比较长且比较深时,应及时进行更换,彻底消除这一隐患。如果承压部件的裂纹比较浅,可采取以下方法进行处理:

1. 打磨法

对于汽包、水包、联箱及大口径厚壁管道出现的小裂纹,可用打磨法进行处理,即使用角向磨光机将裂纹磨掉,边缘光滑过渡,用着色法进行检验,确定裂纹已被磨掉,否则继续打磨,直至将裂纹全部磨掉。根据磨去的深度,对照原始壁厚,进行强度校核,强度校核无问题后,对打磨处不作其他处理。

2. 挖补法

对于汽包、水包、联箱及大口径厚壁管道出现较深的裂纹,或其他薄壁容器、管道以及小口径管子出现的裂纹,可采用挖补法进行处理。具体方法是:先用钻头在裂纹两端钻出止裂孔,钻孔深度超过裂纹深度 2~3 mm,再用角向磨光机将裂纹磨去,用着色法检查确认裂纹全部磨掉后,用电焊进行补焊,再用角向磨光机将补焊处磨光。如果补焊的是合金管件,在焊前应进行预热,焊后应进行热处理。

七、锅炉受热面管子固定装置的检修方法

受热面管子固定装置有许多种,常见的有吊卡、管间卡、管夹、固定拉钩、支撑架等。受热面管子固定装置一般由耐热钢制造,其冷加工性能与焊接性能都比较差,所以当受热面管子固定装置出现缺陷时,一般不易修复。如果管子定位装置变形很小或开裂,用补焊的方法进行处理;如果变形严重,只能采取更换的方法进行处理。

1. 顶棚吊卡的更换方法

光管式顶棚过热器管子以及立式对流受热面上部的 n 形弯头是用吊卡吊挂在顶棚过热器上方横梁上的。当吊卡烧损或更换 n 形弯头而将吊卡割开时,需要更换顶棚吊卡,更换方法如下:

(1)炉膛内接好照明,搭设脚手架,确定吊卡损坏区域。

(2)拆除吊卡损坏处顶棚过热器上部的耐火层、保温层与密封层,露出损坏的吊卡。

(3)将吊卡损坏处管间的耐火材料清除干净,保持管子与吊卡清洁。

(4)用临时吊架将更换吊卡处的管子固定住,注意加装临时吊架的位置应避开原吊的位置,防止加装新吊卡时发生困难。

(5)用电焊将损坏的吊卡割除,再次清理吊卡处的管子,使两侧的管子能相对活动,便于新吊卡能顺利穿入。

(6)将新吊卡穿入管子并且挂在横梁挂钩上,合拢后用电焊焊牢,也可直接将吊卡焊接在横梁上。

(7)拆除临时加装的吊架,清理管子与吊卡。

(8)恢复顶棚过热器上部的耐火层、保温层及密封层。

(9)拆除炉内搭设的脚手架,撤去照明。

2. 立式受热面管间卡的更换方法

立式对流受热面管子之间一般采用管间固定卡固定,也有采用钢筋和扁钢板固定管子的,它们均采用耐热钢制造。在长期承受高温的运行中,管间卡会出现开裂甚至烧损等缺陷,如果开焊变形不严重,可用锤子将其打开后用电焊焊牢,必要时用氧气乙炔焰加热;如果开焊变形比较严重或烧损,应将其更换,其更换方法如下:

(1)接好照明,搭脚手架。

(2)清洗管间卡上部管子表面,使表面光洁、无焦渣。

(3)在旧管间卡上安装临时专用夹管工具。

(4)调整好管子节距,将临时专用夹管工具夹紧,防止管子间距发生变化,造成新管间卡安装困难。

(5)用电焊将旧管间卡割下。

(6)在原位置安装新管间卡,靠紧用电焊焊牢。

(7)拆下临时安装的专用夹管工具。

(8)拆除脚手架,撤去照明。

3. 过热器管间固定拉钩的更换方法

现代大型锅炉随着容量的提高,其过热器越来越复杂,传热面积很大,管排一般都比较密,所以管排的管子与管子之间都采用固定拉钩的方式固定,使整排管子形成一个整体。固定拉钩由一对互相钩合的部件组成,分别焊在两根管子上,用以固定管子。固定拉钩由耐热钢制成,体积较小,加上它们与管子紧紧焊在一起,因此在通常情况下,烧损的可能性较小。出现的问题是安装质量不良或管子严重变形使固定拉钩脱出,造成管子突出管排,此时要将变形的管子复位并将固定拉钩挂合是非常困难的,只能更换固定拉钩。先将原来的固定拉钩割下,再用角向磨光机将管磨光,校正变形的管子,用夹具固定,然后安装固定拉钩,使之可靠挂合,用电焊将固定拉钩焊牢,最后对焊点进行热处理。

第二节　锅炉本体系统与设备

锅炉按炉膛水冷壁管中工质的流动特点,可分为自然循环炉、控制循环炉、直流炉及复合循环直流炉4种。自然循环炉及控制循环炉只适宜于亚临界及亚临界以下压力参数。

自然循环是指在一个闭合的回路中,由于工质自身的密度差产生的动力推动工质流动的现象。自然循环锅炉的循环回路是由锅筒、下降管、分配水管、水冷壁下联箱、水冷壁管、水冷壁上联箱、汽水混合物引出管、汽水分离器组成的。密度差是由下降管引入水冷壁的水吸收炉膛内火焰的辐射热量后,进行蒸发,形成汽水混合物,使工质密度降低形成的。

对于超临界及超超临界压力机组,因汽水的密度差消失,汽水的热物性特点决定了该压力下锅炉水冷壁管中的工质不宜采用自然循环工作方式,而宜采用直流工作方式。

直流工作方式如前面所述,是指锅炉的给水从进入省煤器开始,依次经过水冷壁管及过热器各级受热面,中间没有再循环过程。

直流锅炉的发展史几乎与汽包锅炉一样悠久,并被广泛应用于火力发电厂。在欧洲、北美、日本等工业发达国家,采用直流锅炉的比重可能还大于汽包锅炉,究其原因,主要是直流锅炉可适用于包括超临界压力在内的任何压力等级。直流锅炉更适合于大容量机组,特别是600 MW以上的机组。直流锅炉金属重量轻,受压件总重量比同容量的汽包锅炉轻10%~20%。直流锅炉的运行灵活性优于汽包锅炉,启停快,变负荷速率比较高。显然,直流锅炉的这些优点对于改善我国电站锅炉的品位来说无疑具有很大的吸引力,因而,超超临界压力机组选用直流锅炉也成为一种必然。

直流锅炉管子工质的状态和参数的变化情况如图5-9所示。由于要克服流动阻力,工质的压力沿受热面长度不断降低(在垂直上升管中还因工质自重产生的压力也在不断下降),工质的焓值沿受热面长度不断增加,工质温度在预热段不断上升,而在蒸发段由于压力不断下降,工质温度不断降低,在过热段工质温度不断上升,工质的比容沿受热面长度不断上升。直流锅炉水冷壁受热面工质的这一热物理过程规律同样也适用于超超临界压力锅炉在亚临界压力区域运行时的情况。

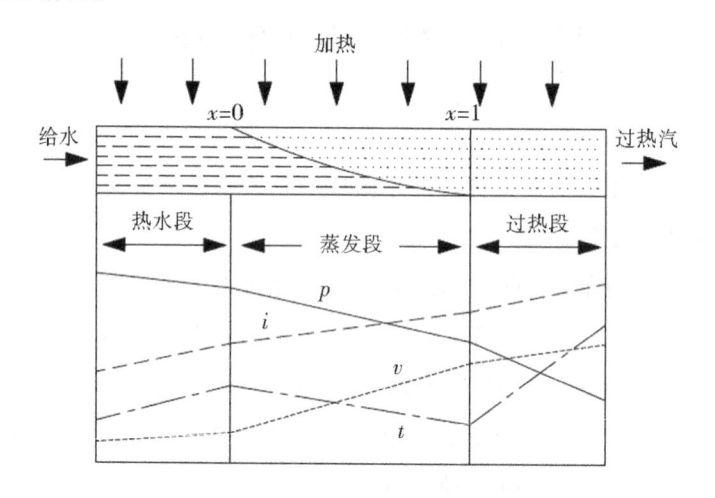

图 5-9 直流锅炉管中工质状态参数的变化

锅炉的运行由炉内过程与锅内过程两大工艺流程决定。对于采用煤粉燃烧方式的锅炉,当锅炉中工质的压力上升到超超临界压力等级以后,其炉内过程,即燃烧过程和高温烟气与受热面间的换热过程,与亚临界锅炉没有明显的差别;而锅内过程,即锅炉受热面内,特别是炉膛水冷壁管内水的吸热过程,与亚临界锅炉有很大的差别。从整体上看,超超临界压力下锅炉中工质的吸热主要经历预热、过热两个阶段。其中,预热在省煤器、水冷壁管中完成,当达到饱和温度后,水在瞬间完成汽化。超超临界压力锅炉的水冷壁管中,当工质达到饱和温度后,工质的汽化在一瞬间完成。之后,饱和蒸汽吸热热量变成具有一定过热度的过热蒸汽。因此,在超超临界压力下工作的锅炉,水冷壁管出口的工质是具有一定过热度的过热蒸汽,而不是汽水共存的混合物。

超超临界压力锅炉在启动及变负荷运行过程中,水冷壁管中工质的工作过程与亚临界压力锅炉也有很大的差别。锅炉冷态启动时,工质的压力由 0 开始逐渐增加,有较长一段时间,锅炉处于临界压力以下工作,此时,水冷壁管中的工质有预热、汽化过程,水冷壁管出口的工质为汽水两相混合物。为了防止蒸汽进入过热器受热面,需要对水冷壁出口的汽水混合物进行汽水分离,为此,直流锅炉汽水流程中设计了启动用汽水分离器。当压力达到临界压力以上时,水冷壁管出口变成具有一定过热度的过热蒸汽。实际运行时,超超临界压力机组并不一定是带满负荷运行,有些机组需要变负荷运行调峰,以适应外界负荷的变化要求。此时,有些超超临界压力锅炉可能一部分时间处于亚临界压力下运行,并且这一亚临界压力的大小也不是固定不变的。在这种情况下,水冷壁管中汽水两相及水的分界面是在不断变化的。

综上所述,超超临界压力锅炉的炉内过程与亚临界压力及以下的锅炉没有明显区别,但锅内过程差别较大。在超超临界压力工况下运行时,水冷壁管中只有水的预热与蒸汽的过热两个阶段,而在亚临界压力以下变压运行时,水冷壁管中有预热与汽化两个阶段,并且汽水两相与水的分界面会随负荷的变化而变化。

一、超临界机组的优点

1. 热效率高

机组的蒸汽参数是决定机组经济性的重要因素。一般压力为 16.6~31.0 MPa、温度在 535~600 ℃ 的范围内,压力每提高 1 MPa,机组的热效率上升 0.18%~0.29%;新蒸汽温度或再热蒸汽温度每提高 10 ℃,机组的热效率就提高 0.25%~0.3%。

超超临界压力参数火力发电是有效利用能源的一项新技术,其工质的压力、温度均超过以往任何参数的机组,可大幅度提高机组热效率,从而降低发电煤耗和发电耗水量。根据实际运行燃煤机组的经验,亚临界机组(17 MPa,538 ℃/538 ℃)的净效率约为 37%~38%,超临界机组(24 MPa,538 ℃/538 ℃)的净效率约为 40%~41%,超超临界机组(28 MPa,600 ℃/600 ℃)的净效率约为 44%~45%。

2. 符合环保要求

由于提高了机组热效率,减少了单位发电量的燃料消耗,超超临界机组其 CO_2 排放量可以比亚临界机组降低近 20%。此外,由于采取了脱硫脱硝等减排措施,超超临界机组在降低 SO_2 和 NO_x 排放等方面也具有比较明显的优势。

3. 单机容量大

超超临界机组蒸汽压力高、比体积小,汽轮机高压缸叶片短,且级间压差大,为保证内效率,适宜采用大容量设计。超超临界机组的单机容量可达到百万千瓦级的水平。单机容量大,这使得超超临界发电技术与当前的其他洁净煤技术(包括循环流化床燃烧发电技术和整体煤气化联合循环发电技术等)相比,可以很大程度上降低机组的单位造价。

二、超临界直流锅炉的炉型介绍

现代直流锅炉的一个突出特点就是锅炉的容量与蒸汽参数已得到了很大的提高。目前,超临界直流锅炉的蒸汽压力已提高到 25～31 MPa,温度控制在 540～600 ℃之间。随着锅炉技术的发展,现代直流锅炉在型式上逐渐趋于一致,主要有三种型式:一次垂直上升管屏式(UP 型),炉膛下部多次上升、炉膛上部一次上升管屏式(FW 型),螺旋围绕上升管屏式。

1. UP 型直流锅炉

美国巴布－库克(Babcook)公司首先采用了一次垂直上升管屏式直流锅炉(UP 型),此种锅炉是在本生锅炉的基础上发展而来的,锅炉压力既适用于亚临界也适用于超临界。

水冷壁有三种型式:适用于大容量的亚临界压力及超临界压力锅炉的一次上升型;适用于较小容量的超临界锅炉的上升—上升型;适用于较小容量的亚临界压力锅炉的双回路上升型。UP 型直流锅炉水冷壁型式如图 5 - 10 所示。

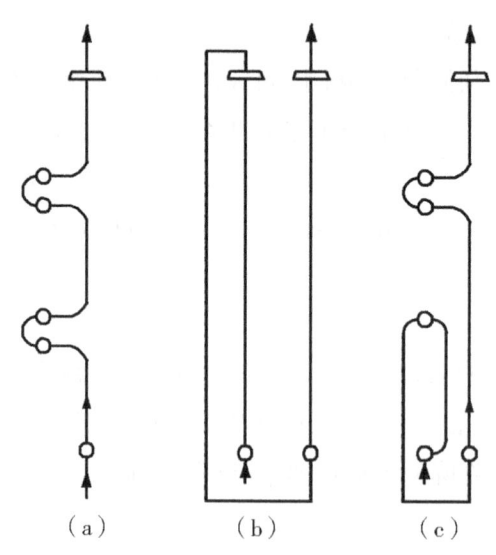

图 5 - 10 UP 型直流锅炉水冷壁型式

(a)一次上升型　(b)上升—上升型　(c)双回路上升型

UP 型锅炉因采用一次上升管屏,各管间壁温差较小,适合采用膜式水冷壁。一次上升垂直管屏有一次或多次中间混合,每个管带入口设有调节阀,质量流速在 2000～3400 kg/(m^2·s),可有效减小热偏差。此外,一次上升型垂直管屏还具有管系简单、流程短、汽水阻力小、可采用全悬吊结构、安装方便的优点。但由于一次上升型垂直管屏具有中间联箱,不适合滑压运行,特别适用于 300 MW 及以上和带基本负荷的大容量锅炉。

日本三菱公司在亚临界控制循环锅炉设计制造经验的基础上开发出了一次上升垂直管圈水冷壁变压运行超临界锅炉,其特点是采用内螺纹管来防止变压运行至亚临界区域时,水冷壁系统中发生膜态沸腾,在水冷壁管入口处设置节流圈,使其管内流量与它的吸热相适应。

2. FW 型直流锅炉

FW 型锅炉是由美国福斯特－惠勒公司(Foster Wheeler)以本生型锅炉为基础发展起来的一种炉膛下部多次上升、上部一次上升管屏式直流锅炉。此类锅炉的蒸发受热面采用较大的管径。由于炉膛下部热负荷较高,通常下部采用 2~3 次垂直上升管屏,使每个流程的焓增量减少,且各流程出口的充分混合可减少管子间的热偏差;而炉膛上部热负荷较低,且工质比容大,故采用一次上升管屏。炉膛上、下部间由于采用了中间混合,故不适合滑压运行。图 5－11 为一台 FW 型直流锅炉的结构简图。

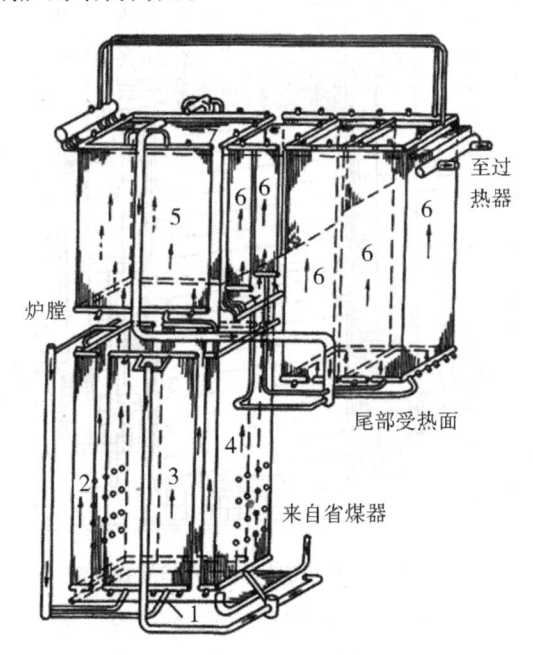

图 5－11 FW 型直流锅炉炉膛受热面布置示意图

3. 螺旋管式水冷壁直流锅炉

螺旋管式水冷壁直流锅炉是由前西德及瑞士等国为适应变压运行的需要

而发展起来的一种直流炉型。该炉型的水冷壁采用螺旋围绕管圈,由于管间吸热较均匀,因此,锅炉滑压运行时不存在汽水混合物分配不均匀问题。图 5-12 给出了一台苏尔寿螺旋式水冷壁直流锅炉的结构简图。

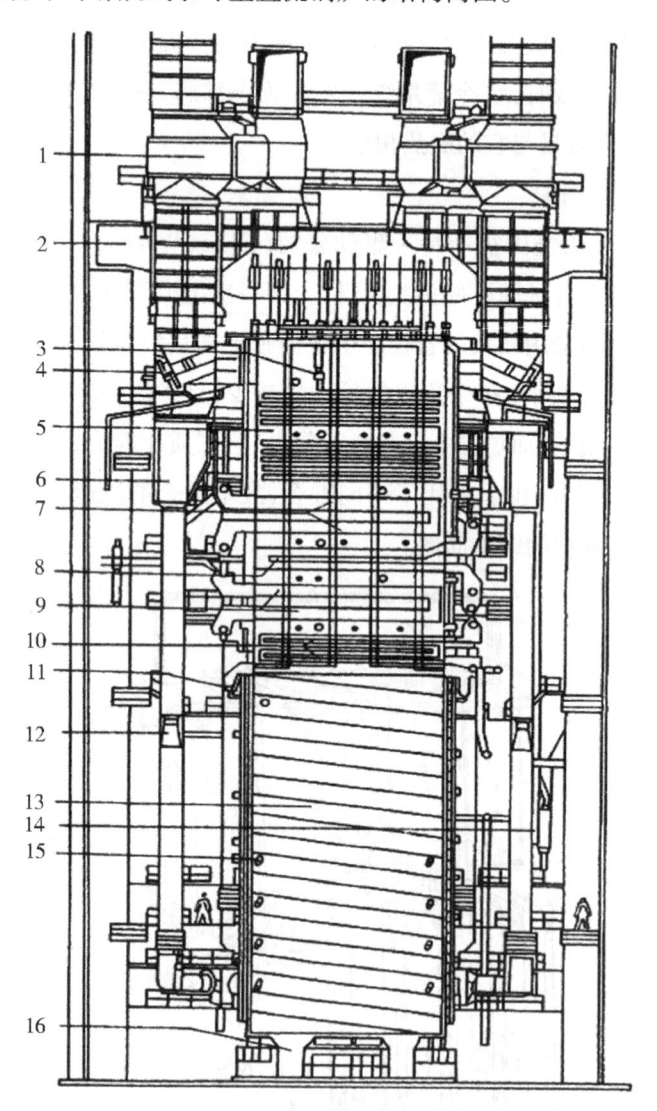

图 5-12 265 MW 机组的苏尔寿螺旋式直流锅炉

1——空气预热器;2——大梁;3——省煤器进口联箱;4——空气及烟气挡板;5——省煤器;
6——环形风道;7——第一级再热器;8——末级过热器;9——第二级再热器;
10——屏式过热器;11——中间混合联箱;12——流量孔板;13——螺旋式水冷壁;
14——启动热交换器;15——燃烧器;16——烟气再循环风机

螺旋管式水冷壁锅炉在垂直方向承受载荷的能力较差,因此,有时在炉膛的上部采用垂直上升管屏。图 5-13 为螺旋管圈加垂直上升管屏水冷壁的结构示意图,图 5-14 为一台 600 MW 机组螺旋管圈上升管屏直流锅炉结构简图,其水冷壁可视为由上、下两部分组成,下部采用螺旋围绕管圈,上部采用一次垂直上升管屏。炉水从冷灰斗底部水冷壁入口联箱进入,通过数百根并列管做一定倾角的螺旋型盘绕上升至炉膛中部,进入中间联箱,然后再次进入炉膛上部垂直管-0 组,上升到炉顶出口集箱为止。这种结构的直流锅炉将上升管屏与螺旋管圈水冷壁的优点有机地结合起来,更有利于锅炉的安全运行,同时也在一定程度上克服了全螺旋管圈水冷壁的支吊困难。

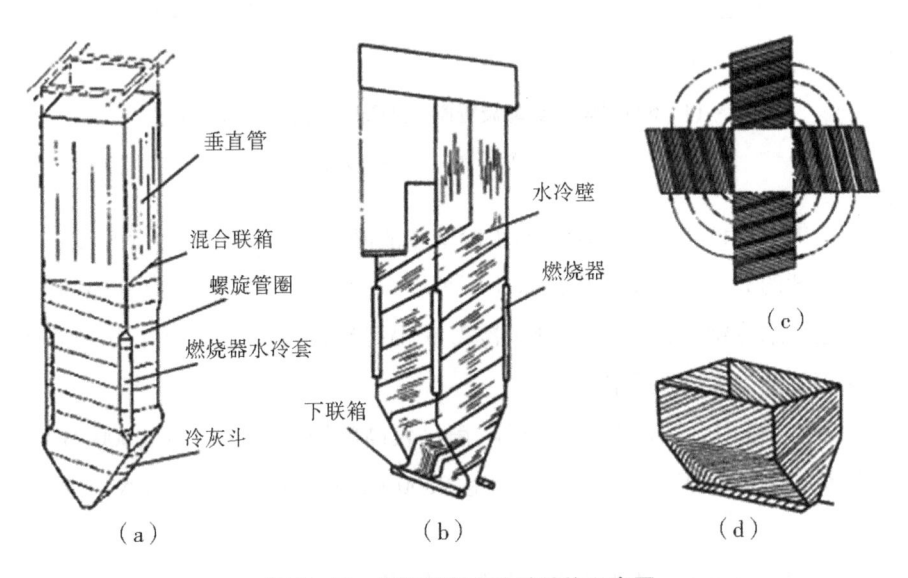

图 5-13 螺旋管圈水冷壁结构示意图

(a)切圆燃烧螺旋管圈炉膛结构;(b)切圆燃烧炉膛螺旋管圈水冷壁;
(c)螺旋管圈水冷壁展开平面图;(d)螺旋管圈冷灰斗

下部螺旋管圈加上部垂直上升管屏结构的直流锅炉在我国已有 300 MW、500 MW、600 MW、900 MW 机组配套锅炉投入运行。这种锅炉的压力随负荷变动,600 MW 机组直流锅炉的典型压力变化范围为:在 0%~34% 负荷时,锅炉压力约为 10.2 MPa;在 34%~89% 时,锅炉压力为 10.2~25.1 MPa;在 89%~100% 负荷时,锅炉压力为 25.1~25.4 MPa。

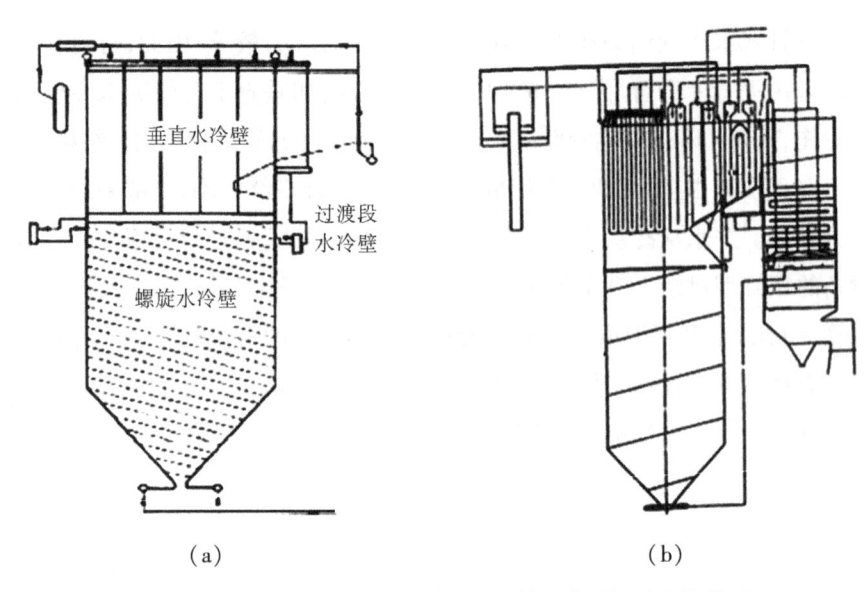

图 5-14　600 MW 机组螺旋管圈上升管屏直流锅炉结构简图

(a)水冷壁总体布置图;(b)锅炉总体布置示意图

传统的观念认为只有螺旋管圈水冷壁才能满足全炉膛变压运行的要求,但是目前欧洲的火电机组锅炉仍然采用下炉膛螺旋管圈、上炉膛垂直管屏的传统设计。这种水冷壁系统对于光管水冷壁获得足够的冷却能力是十分必要的。采用螺旋管圈主要有三个优点:

(1)可以采用合适的管径和壁厚,满足较高的质量流速(例如,600 MW 超临界锅炉在 BMCR 工况下质量流速高达 2800 kg/m^2·s),从而确保水冷壁的安全冷却。

(2)对炉膛燃烧或局部结渣引起的热负荷偏差不太敏感,可以有效地补偿沿炉膛断面上的热偏差,从而使水冷壁出口温差大大减小(相对于一次垂直上升管圈而言)。

(3)不需要根据热负荷分布进行平行管系中复杂的流量分配,可以容易地满足变压运行要求,并且在压力较低时水动力比较稳定,传热也相当可靠。螺旋管圈水冷壁的缺点是结构复杂、流动阻力大和现场安装工作量大。

三、典型的超超临界再热直流锅炉介绍

九江电厂 660 MW 锅炉为超超临界参数变压直流炉,单炉膛、一次再热、四角切圆燃烧方式、摆动式燃烧器、平衡通风、露天布置、固态排渣、全钢构架、全

悬吊Ⅱ型。锅炉型号为SG1963/28-Ⅱ。燃烧器采用24只直吹式水平浓淡分离燃烧器,分6层布置于炉膛下部四角,煤粉和空气从四角送入,在炉膛中呈切圆方式燃烧。燃烧器的上部设有SOFA风,以降低炉内NO_x的生成量。锅炉烟气从炉膛出口通过尾部受热面,在省煤器出口烟气分两路进入SCR脱硝装置,而后进入容克式三分仓空气预热器,再经1台脉冲布袋除尘器净化。灰渣采用分除方式,飞灰采用气力除灰,除渣方式为湿式除渣。烟气脱硫采用石灰石—石膏湿法脱硫工艺。

锅炉燃烧系统采用中速磨煤机冷一次风机正压直吹式制粉系统。每台炉配6台长春发电设备总厂生产的MPS190HP-ⅡA中速磨煤机和6台上海发电设备成套设计研究院生产的CS2024HP型电子称重式皮带给煤机。燃烧设计煤种时,5台运行,1台备用。每台磨煤机带一层燃烧器,每层燃烧器的数量为4只。24只直流式燃烧器分6层布置于炉膛下部四角,煤粉和空气从四角送入,在炉膛中呈切圆方式燃烧。锅炉燃油点火方式为高能电火花点燃轻油,然后点燃煤粉。油枪采用机械雾化方式。A层燃烧器装设等离子点火装置,用以节约燃油消耗。燃烧器的二次风喷嘴呈间隔排列,顶部设有5层SOFA二次风(燃尽风)和2层CCOFA二次风(紧凑型燃尽风)。主风箱设有6层(EI)低氮煤粉燃烧器喷嘴(即一次风喷嘴),二次风加上煤粉喷嘴的燃料风(周界风),每组燃烧器各有二次风挡板25组,均由电动执行器单独操作。为了满足锅炉再热汽温调节的需要,四个角主燃烧器喷嘴(除A层等离子外)设计了摆动机构,每个角的摆动机构由外部垂直连杆连成一个摆动系统,由一台角行程电动执行器统一操纵做同步摆动。

锅炉设内置式启动系统,包括启动分离器、贮水箱、水位控制阀、流量测量喷嘴、截止阀、管道及附件等。启动分离器为圆形筒体结构,直立式布置。

锅炉设置了国电烟台龙源电力技术有限公司生产的等离子体点火系统。等离子体点火系统由电源系统、冷却水系统、载体空气系统、冷炉制粉系统、监测控制系统、图像火焰检测系统、燃烧器吹扫风系统等构成。等离子燃烧器安装在锅炉燃烧器最下层(A层——对应磨煤机为A磨)。

炉膛由膜式壁组成。从炉膛冷灰斗水冷壁进口集箱(标高8500 mm)到标高51444 mm处炉膛四周采用螺旋管圈,管子规格为$\varPhi$38 mm,节距为54 mm。在此上方为垂直管圈,管子规格为$\varPhi$35 mm,节距为56 mm。本锅炉采用的是一根螺旋管对应3根垂直管,在折焰角下方1 m处通过中间混合集箱实现由下方螺旋管圈到上部垂直管圈的过渡。

炉膛上部布置有分隔屏过热器和后屏过热器,炉膛折焰角上方布置高温过热器,水平烟道布置高温再热器,尾部烟道为并联双烟道,后烟井前烟道布置有低温再热器、后烟道布置有低温过热器,在低温再热器和低温过热器管组下方布置有省煤器(在2017年超低改造时将低再侧的省煤器割除了40%,将割除的省煤器布置在脱硝装置出口烟道内安装了分级省煤器)。过热器汽温通过煤水比调节和三级喷水来控制。再热器汽温采用尾部烟道挡板调温为主,结合喷嘴摆动调节,再热器微量喷水减温为辅,微量喷水设置在低温再热器和高温再热器之间的连接管道上。

锅炉采用平衡通风方式,引风机、送风机、一次风机为成都凯凯凯电站风机有限公司生产的动叶可调轴流式风机。为防止空预器低温腐蚀,在送风机进口处设置热风再循环。尾部烟道下方设置两台转子直径14250 mm三分仓受热面旋转容克式空气预热器。两台炉合用一座双管烟囱,烟囱出口直径6.5 m,高度240 m。

炉底排渣系统采用水浸式刮板捞渣机机械出渣方式。除尘器采用的是国电南京龙源公司生产的脉冲袋式除尘器。采用选择性催化还原法(SCR)脱硝装置。

炉膛、水平烟道、后烟竖井区域、脱硝出口布置的分级省煤器等受热面均配有蒸汽吹灰器,因前竖井低再侧悬吊管和低再管排烟气涡流吹损严重,为降低蒸汽吹灰器吹灰频率,在前竖井加装28台声波吹灰器。

采用侧煤仓布置方式,即将两台炉的原煤仓布置在两台炉的中间,这种布置方式一方面节省了厂房空间,节约了投资;另一方面拉近了汽机房和锅炉房之间的距离,缩短了主蒸汽、再热蒸汽及给水管等热力管道的长度,减少成本,降低了热力系统的压力损失,提高了热循环的效率。

锅炉构架采用全钢结构,主要构件的接头采用扭剪型高强度螺栓连接,比较次要的构件的接头采用高强度螺栓或焊接连接。主要承力构件材料为抗腐蚀性能良好的高强度低合金钢Q345,其他的构件材料为Q235。除回转式空气预热器支撑在构架上以外,锅炉其余部分全悬吊于构架上。钢结构顶部设有大屋顶。考虑风道布置和设备运输的需要,锅炉K1柱与除氧间C列柱之间留有

6 m 的跨距。锅炉钢架尺寸为 48×70.9×81.9 m,两炉中心线距离 91 m,锅炉 0.00 m 布置有捞渣机、密封风机、锅炉 MCC 室等。锅炉外侧靠近炉后布置锅炉疏水扩容器。每台锅炉设置一台载重量 2.0 t 的客货两用电梯,停靠在锅炉各主要工作面层。

锅炉在宽度方向以锅炉对称中心线作为膨胀中心,在深度方向设置了两个膨胀中心,炉膛部分以炉膛后墙中心线往前 900 毫米的位置作为膨胀中心,后烟井部分以炉膛后墙中心线往后 900 毫米的位置作为膨胀中心。

炉后区域依次布置一次风机、送风机、布袋除尘器、引风机、脱硫系统及烟囱。两台炉合用一座 $\phi 6.5 \times 240$ m 的双管烟囱。

锅炉炉膛宽度为 18816 mm,炉膛深度为 17640 mm,水冷壁下集箱标高为 7500 mm,炉顶管中心标高为 74950 mm,大板梁底标高为 84220 mm。

第三节　锅炉受热面清扫和检查

一、锅炉受热面的清扫和炉膛清焦

锅炉停炉后,当炉膛内温度降至 50 ℃ 以下时,首先应进行燃烧室的除焦,清扫受热面管子外壁的积灰和硬灰壳,给后续的炉内检修施工创造便利条件。对炉膛进行除焦和清扫时,炉膛内的温度不能降得太低,否则灰焦会黏附在管子上不易清除。

在对受热面进行清灰和除焦的同时,应对受热面的管子外壁和管子的支吊架等设备进行外观检查。

锅炉受热面的清扫工作主要有两种:机械清扫和压力清扫。

机械清扫就是人工使用各种除渣、除灰工具,对锅炉受热面表面上的焦渣及积灰进行清除,常见的清扫工具有钢丝刷、锉刀、扫帚以及自制的除渣、除灰工具等,采用机械清扫的锅炉受热面有水冷壁、过热器和再热器。

压力清扫就是利用压力工质将锅炉受热面表面上的焦渣及积灰清除,常见的压力工质有水和空气,压力水清扫又分为低压水清扫和高压水清扫。

低压水清扫即用低压水进行冲洗,就是利用低压水的压力对受热面表面上的焦渣及积灰进行冲洗。低压水冲洗压力较低,一般在 1.0 MPa 以下。低压水冲洗主要适用于清扫省煤器、过热器、再热器或空气预热器等锅炉受热面。

高压水清扫即用高压水进行冲洗,就是利用压力泵将水提高到一定压力,用高压水枪对锅炉受热面表面上的焦渣及积灰进行冲洗。高压水冲洗的压力都比较高,一般在 10~30 MPa 之间。高压水冲洗主要适用于清扫水冷壁过热器及再热器等受热面上较硬的焦渣,另外也利用高压水冲洗回转式空气预热器的传热元件。

压力空气清扫即压缩空气吹扫,是利用生产现场的压缩空气对受热面表面上的积灰进行吹扫。利用压缩空气吹扫的受热面有省煤器、过热器和再热器,也可以利用压缩空气吹扫火焰监视器、炉膛压力取样管等热工设备。用压缩空气吹扫受热面的表面,主要是为了检查受热面的磨损情况,尤其适用于检查鳍片管式及螺旋肋片管式省煤器的磨损情况。

1. 炉膛内清除浮灰的工作要点

受热面的清扫,一般是用压缩空气吹掉浮灰和脆性的灰壳,对附着在管子上难以清除的垢,应用刮刀或钢丝刷子等工具清除。

受热面清扫应达到的要求是:个别处的浮灰积垢厚度不超过 0.3 mm,通常用手锤敲打管子不落灰即可;面对不便清扫的个别管子外壁,硬灰垢的面积不应超过总面积的 1/5。具体清扫方法如下。

①受热面清扫时,应从水冷壁开始,顺烟气流动方向清扫,一直到除尘器。此时,引风机应打开,以便将灰吸走。

②先清扫浮灰,后清除硬灰垢。

③在清扫过程中,发现砖头、铁块等杂物应拣出来,以免这些杂物影响烟气流动,使烟气产生涡流而磨损管子。

④在清扫过程中如发现有发亮或磨损的管子,应做记录,以便修理或改进。

2. 燃烧室清焦工作要点

①炉膛清焦时,先在炉墙上的各人孔处用铁棍将有落下来危险的焦块捅掉,然后才可进入燃烧室清焦。清焦工作由上向下进行。

②在清除高空的焦渣时,可用梯子,也可采用吊篮。吊篮用角钢制成。使用时吊篮零件经由炉墙人孔门或冷灰斗运进燃烧室中,再由安装在燃烧室顶部的卷扬机,通过预先埋置在燃烧室顶部的小管子坠入钢丝绳,把吊篮固定在钢丝绳上,用卷扬机将其提升到需要的高度。若燃烧室的检修工作量较大,应搭

设脚手架。这种脚手架是搭在钢丝绳上的悬挂式脚手架。

通过燃烧室墙上的一些看火孔和人孔，放入数根跨越燃烧室整个长度的钢丝绳，钢丝绳两端用拉紧螺栓将其拉直。这样可以在拉直的钢丝绳上铺放木板。

③清扫焦渣时，对管缝中的小块焦渣也应清扫干净，否则在运行中，焦渣很容易结焦而加大焦渣的块度，从而造成更严重的结焦。

④在清除焦渣的过程中，应同时检查水冷壁管子和挂钩有无缺陷或断裂，对发现的缺陷和损伤，应在现场做上记号，以便进行处理。

3. 受热面清扫和燃烧室清焦的安全注意事项

①在燃烧室及烟道内部进行清扫和检修时，需把该炉的烟、风道、重油系统、蒸汽系统、吹灰系统等与运行中的锅炉可靠地隔断，并与有关人员联系，将给粉机、排粉机、送风机等电源切断，并挂上"禁止启动"的警告牌。

②工作人员需穿工作服，戴安全帽和安全防护眼镜。

③炉膛及烟道内的温度在60 ℃以上时，不得入内工作。

④炉膛及烟道内的照明灯电压应在36 V以下，行灯变压器不得带入。若根据需要，必须使用220 V灯照明时，必须把灯挂在距操作标高2.5 m以上的高空。

⑤清扫工作开始前，应使每个工作人员明确工作任务和安全措施，必须严格遵守安全工作规程。

⑥进入燃烧室清灰工作前，应先通过人孔、看火孔等处向热灰和焦渣喷水，同时检查大块焦渣有无塌落的危险，遇有可能塌落时，应妥善处理后方可进入。

⑦清扫燃烧室之前，应将底部的灰坑出清。

⑧清除炉墙或水冷壁的焦渣时，一般应从上部开始，逐渐向下进行。

⑨燃烧室清焦时，脚手架必须牢固。脚手架的搭设位置应便于工作人员出入。

⑩除完焦后，检查冷灰斗部分的水冷壁管是否有的被砸坏，如有应及时处理。

⑪燃烧室上部有人工作时，下部不许有人同时工作。

⑫清扫烟道时，应先检查烟道内的死角处是否堆积有未完全燃烧的煤粉，如果有，应小心地完全清除。

⑬清扫烟道内部时，应有一人在烟道外部监护，以备发生异常情况时，及时

保持联系,并及时进行处理。

⑭进入燃烧室和烟道之前,必须打开所有的人孔门,以保证足够的通风。

⑮清扫完毕,应仔细清点人员和工具,确认烟道内已无工作人员和物件时,方可关人孔门。

二、锅炉受热面的检查

1. 检查方法

锅炉受热面的检查方法有许多种,主要有观察法、手摸法、测量法(包括用定距卡规或游标卡尺测量管子外径,用测厚仪测量管子壁厚等)、照射法(聚光灯法)、敲击法、拉线法、着色法、超声波法、内窥镜法、放大镜法、反射镜法等。

(1)观察法。观察法是在光线较强的环境下,用肉眼对锅炉受热面进行目测。主要是检查受热面管子及其支持装置的结渣、积灰情况;检查受热面管子、防磨装置以及受热面支持装置的变形情况;检查各受热面管子中间是否有阻碍烟气流动的杂物;检查受热面附近的炉墙、人孔门等的密封情况等。

(2)手摸法。手摸法是由检查人员用手去摸锅炉受热面的管子,用来判断管子缺陷的方法。手摸法主要是检查锅炉各受热面管子的磨损及腐蚀情况,尤其适用于用观察法不易检查的卧式受热面管子的磨损检查,有时也用于采用游标卡尺无法测量的管子的检查。

(3)测量法。测量法是利用测量工具或测量仪器,对受热面管子进行测量。测量的内容有两项:管子外径的测量和管子壁厚的测量。

①定距卡规测量法。定距卡规是根据受热面各种管子的不同规格,加工制造出的一批尺寸固定的卡规。每一种尺寸的管子,根据其材质的不同制作出两种或三种尺寸的卡规。最大值卡规是根据碳钢管最大胀粗不超过 3.5% 或合金钢管最大胀粗不超过 2.5% 的规定而制作的。用最大值卡规根据管子的材质进行管子外径测量,可以判断管子胀粗是否超过规定。最小值卡规是根据管子的最大减薄量不超过管子壁厚 1/3 的规定而制作的。用最小值卡规进行管子外径测量,可以判断管子减薄量是否超过规定。采用定距卡规测量受热面管子是否超过规定,具有效率高、检查速度快、减轻检查人员劳动强度等优点。

最大值卡规是用来检查过热器或再热器管子胀粗是否超过规定的测量工具,而最小值卡规是用来检查过热器、再热器或省煤器磨损或腐蚀是否超过规定的测量工具。

②游标卡尺测量法。用游标卡尺对受热面的各种管子易于烧胀或磨损的部位进行测量,在实际操作中,一般对过热器或再热器管子壁温最高区域进行测量,用以验证管子是否胀粗、磨损或腐蚀。用游标卡尺对受热面管子易于烧胀部位进行测量的意义还在于:将受热面管子测量部位及其测量结果记录在案,以便与下次检修时在同一部位测量得出的数值进行比较,来判断受热面管子易于烧胀部位的烧胀趋势,作为以后检修的依据。

③测厚法。测厚法是利用测厚仪对受热面磨损或腐蚀管子减薄的区域测量其壁厚,用以判断管子减薄的程度。测厚法适用于各种受热面的检查,尤其适用于检查受热面管子内部的腐蚀情况。

(4)照射法。检查大面积的膜式水冷壁或过热器管子时常采用此方法,利用聚光灯的高亮度,将灯头放在管间的凹处,使光线沿着管子照射,保持光线与管子平行。检查人员顺着光线查看管子的表面,如果管子的表面有凹坑,很容易检查出来,这种检查方法称为照射法。此方法尤其适用于检查灰斗上的斜坡膜式水冷壁,锅炉在正常的运行及检修中,不可避免地会有渣块或其他东西落下,砸在斜坡膜式水冷壁上,导致管子表面出现凹坑,因此斜坡膜式水冷壁最适合用照射法进行检查。

(5)敲击法。敲击法是利用小锤敲击锅炉受热面的管子或管子的支吊装置,根据敲击发出的声音来判断管子内部是否有杂物或管子的支吊装置是否存在烧损、开裂现象。敲击法适用于检查立式过热器、再热器的管子或其支吊装置。

(6)拉线法。判断受热面管子的变形情况常采用拉线法,即两人用一根线拉直放在变形的受热面管子上,从而测量工况,又可以测量整个管排的变形情况。

(7)着色法。着色法是利用金属着色剂来检验锅炉受热面管子的焊口以及联箱内外表面是否存在微型裂纹等缺陷。着色法主要是检验锅炉受热面的大口径管子或大尺寸承压设备,如汽包、水包、扩容器、联箱等设备的坡口。

(8)超声波法。超声波法是利用超声波检测仪器对受热面管子的坡口或弯头等部位进行检查,以判断其是否存在缺陷的方法。超声波法主要适用于检查水冷壁、过热器、再热器、省煤器及锅炉压力容器的所有坡口,也适用于检查锅炉受热面所有管件的弯头背弧或管件其他部位的缺陷。

(9)内窥镜法。内窥镜法是利用内窥镜深入到锅炉受热面的联箱或大直径管子内部等肉眼看不到的设备内部进行检查,用以确认设备内部是否存在缺陷。使用内窥镜主要是检查减温器联箱内部的减温水喷头、文丘里管及套筒等部件,也适用于检查其他联箱或大口径管道的内部情况。

(10)放大镜法。放大镜法是利用放大镜用肉眼检查受热面表面是否存在裂纹、重皮、坡口、夹渣等缺陷,这种方法适用于任何受热面的表面检查。

(11)反射镜法。对于检查位置困难,不能正面或全面检查到的受热面管子,可以采用反射镜法进行检查,利用反射镜将受热面管子的背面反射过来,以便于检查。利用反射镜检查立式受热面边侧的管子很方便,尤其适用于检查卧式受热面管子的下部情况或其他不易正面检查到的管子背面。

2. 水冷壁的检查方法

(1)检查项目

水冷壁的检查项目主要有管子磨损检查、胀粗鼓包检查、结垢及腐蚀检查、损伤检查、弯曲检查、鳍片密封检查、悬吊管检查、管子弯头及坡口检查、膨胀检查、保温检查等。

(2)检查过程

水冷壁面积最大、管子暴露最广,因此对水冷壁的检查按先重点、后一般的原则。

(3)检查重点

①利用观察法和手摸法,检查燃烧器、冷灰斗、吹灰孔、人孔门、打渣孔、折焰角处的管子是否有磨损、腐蚀、鼓包、过热、胀粗等缺陷。

②利用观察法和照射法,检查冷灰斗上斜坡水冷壁管子是否有损伤等缺陷。

③利用观察法检查水冷壁悬吊管,检查其下部是否存在磨损及漏风现象,密封情况是否良好,防磨装置是否完整。

④利用着色法和放大镜法,检查水冷壁上联箱和下联箱管子角焊缝是否有裂纹存在。

⑤利用观察法、放大镜法和超声波法,检查水冷壁上升管和下降管弯头及坡口是否存在缺陷。

⑥割管,送交化学部门,检验水冷壁管内的结垢和腐蚀情况。

(4)一般检查

①利用观察法检查水冷壁管子的结渣情况。

②利用观察法和照射法,检查水冷壁管子是否有损伤等缺陷。

③利用拉线法检查水冷壁管子的弯曲程度。

④利用观察法检查水冷壁的排污装置和加热装置是否完整、是否存在缺陷。

⑤利用观察法检查水冷壁的膨胀情况及膨胀指示装置,看其膨胀是否自由无阻碍,指示装置是否完整无缺陷。

⑥利用观察法检查水冷壁的保温情况,看其保温层是否完整。

3. 过热器和再热器的检查方法

过热器与再热器的结构、布置方式基本相同,它们的检查项目、检查过程也基本相同。

(1) 检查项目

过热器与再热器的检查项目主要有管子结渣与积灰检查、磨损检查、胀粗及鼓包检查、结垢及腐蚀检查、损伤检查、弯曲检查、管子支持装置检查、管排定位管检查、管子弯头及坡口检查、管子膨胀检查、管道和联箱坡口及支吊装置检查、减温器检查、排空气管及疏水管检查、管子鳍片密封检查、炉墙密封检查、保温检查等。

(2) 检查过程

①利用观察法检查过热器与再热器的结渣及积灰情况。

②利用观察法和测量法,检查过热器与再热器管壁温度最高区域的管子是否有过热胀粗或鼓包现象。

③利用观察法、手摸法和测量法,检查过热器与再热器管子易于磨损处(包括过热器与再热器的管排定位管)的磨损情况。

④割管,送交化学部门,检查过热器与再热器管内的结垢及腐蚀情况。

⑤利用观察法和照射法,检查过热器与再热器管子的损伤情况。

⑥利用拉线法检查过热器与再热器管子的弯曲程度。

⑦利用观察法和敲击法,检查过热器与再热器管子的防磨装置是否有烧损、变形、偏移等缺陷。

⑧利用观察法和敲击法,检查过热器与再热器管子及管排的支持装置是否有开裂、烧损、变形等缺陷。

⑨利用观察法检查过热器与再热器管子的膨胀情况,查看管子膨胀是否受阻,膨胀是否自由。

⑩利用观察法、放大镜法、着色法或超声波法,检查过热器与再热器联箱各

处坡口是否有裂纹等缺陷。

⑪利用观察法和敲击法,检查过热器与再热器联箱上的吊杆等支吊装置是否有缺损、变形等缺陷。

⑫利用观察法、内窥镜法、着色法或超声波法,检查减温器各处坡口是否有裂纹等缺陷。检查减温器内部雾化喷嘴、文丘里管、套筒及其支持装置是否有裂纹、变形、移位等缺陷。

⑬利用观察法、放大镜法和着色法,检查过热器与再热器的排空气管和疏水管是否有堵塞、变形、移位现象,坡口是否有裂纹等缺陷。

⑭利用观察法检查墙式过热器的密封情况,检查过热器与再热器处炉墙的密封情况。

⑮利用观察法检查过热器与再热器各处的保温情况。

4. 省煤器的检查方法

(1) 检查项目

省煤器的检查项目主要有管子积灰检查、磨损检查、结垢及腐蚀检查、损伤检查、管子和管排变形检查、管子弯头及坡口检查、管子防磨装置检查、管子膨胀检查、管道和联箱坡口及支吊装置检查、炉墙密封检查、保温检查等。

(2) 检查过程

①利用观察法检查省煤器的积灰情况。

②利用观察法、手摸法和测量法,检查省煤器管子易于磨损部位的磨损情况。

③割管,送交化学部门,检验省煤器管内的结垢及腐蚀情况。

④利用观察法检查省煤器管子的损伤情况。

⑤利用观察法和拉线法检查省煤器管子及管排的变形情况。

⑥利用观察法、放大镜法、着色法或超声波法,检查省煤器管子弯头及坡口是否存在裂纹等缺陷。

⑦利用观察法和敲击法,检查省煤器管子的防磨装置是否完整。

⑧利用观察法检查省煤器管子及联箱的膨胀情况,检查联箱膨胀指示装置的情况。

⑨利用观察法、放大镜法、着色法或超声波法,检查省煤器联箱和与联箱相连的各种管子坡口是否有裂纹等缺陷,检查省煤器联箱的支吊装置是否完整、牢固。

⑩利用观察法检查省煤器处炉墙的密封情况。

⑪利用观察法检查省煤器联箱及管道的保温情况。

第四节 锅炉受热面和燃烧器的检修

一、水冷壁的检修

1. 水冷壁的检修内容

运行中的水冷壁常见缺陷有结焦、磨损、焊口缺陷、光管水冷壁拉钩损坏、变形、过热、胀粗、泄漏、爆管等。水冷壁的检修内容如下。

①清理管子外壁焦渣和积灰。

②进行防磨、防爆检查，检查管子外壁磨损、胀粗、变形和损伤。割管检查管内壁结垢情况和壁厚，根据需要更换部分管子。

③检查管子支吊架、拉钩及联箱支座；检查膨胀间隙和膨胀指示器。

④打开联箱手孔或割下封头，检查清理腐蚀结垢物。

2. 磨损检修

由于灰粒、煤粉气流、漏风或吹灰器工作不正常时发生的冲刷及直流燃烧器切圆偏斜，均会导致水冷壁磨损。管子的磨损经常发生在燃烧口、三次风口、观察孔、炉膛出口的管子及冷灰斗斜坡水冷壁管等处，因此，对于这些地方的水冷壁管，应采取适当的防磨措施。常用的方法是，在管子上易磨损部位贴焊短钢筋。

由于短钢筋和水冷壁接触良好，且得到了较好的冷却，所以不易烧坏，可使用一年，防磨效果较好。

在检修中，应仔细检查上述部位的磨损情况；检查防磨钢筋是否有损坏，如有损坏要及时修好；检查发现水冷壁管磨损严重，要找出真正原因，加以清除。当磨损超过管壁厚度的 1/3 时，应更换新管。

3. 胀粗、变形检修

运行中的超负荷、局部热负荷过高或水冷壁管内严重结垢，造成水循环不良，局部过热，会使水冷壁管胀粗、变形或产生鼓包。检查时，可先用肉眼宏观检查，对有异常的管子，可用测量工具如卡尺、样板来测量，对胀粗超标的管子及产生鼓包的管子都应更换新管，同时还要找出胀粗的原因，并从根本上予以消除。

如水冷壁发生弯曲变形,则有可能是正常的膨胀受阻,管子拉钩和挂钩烧坏、管子过热等原因所致。修复方法可分为炉内校直和炉外校直。如弯曲值不大,数量也少,则可用局部加热校直,在炉内就地进行。对弯曲值较大,且处于冷灰斗斜坡处的管子,也可在炉内校直,其方法是,一边将弯曲部分加热,一边用吊链在垂直于管子的轴线方向上施力,将管子拉直。

如果弯曲的管子数量多,并且弯曲值又较大,则把它们先割下来在炉外校直,加工好坡口,再装回原位焊好。对所割的管段应编号,回装时应对号焊接。校直过程中,检查出严重胀粗的管子应予以更换。

4. 水冷壁吊挂、拉钩、拉固装置检修

在检修时,应仔细检查悬吊结构的水冷壁挂钩有无拉断和焊口开裂;螺帽有无脱扣缺陷;拉固装置的波形板有无开焊变形,拉钩有无损坏,膨胀间隙内有无杂物,膨胀是否受阻。每次停炉前后都应做好膨胀记录,如发现异常,应及时查找原因。

5. 膜式水冷壁换管

当膜式水冷壁蠕胀、磨损、腐蚀、外部损伤产生重大缺陷或运行中发生泄漏时,均需要更换水冷壁管,一般更换步骤如下。

①确定管子发生泄漏的位置,并检查周围的管子有无因泄漏而造成的损伤。

②根据泄漏的位置,拆除炉外换管部位的外护板、保温层,根据情况搭脚手架或检修吊篮。

③用气割的方法把需换管段两边鳍片焊缝割开,再把所要更换的管段鳍片切开口,上下鳍片各约 100 mm。注意,在割鳍片时不要割伤管子本身。

④用割管机割管。先割管子下部,割完后用薄金属片将下口堵住,再割管子上部,将管子割下,标上记号移出炉外。

⑤用坡口机或角向磨光机加工上、下管口坡口。加工时将下管口用易溶纸堵住,加工好后取出易溶纸,用软木塞堵好。

⑥选择合适的管子进行配制,管子两端的坡口可分别留 2 mm 的间隙。

⑦去除软木塞,将配制好的管子放入割管处,用管卡子把两端焊口卡好后即可焊接。先把两头焊口点焊上,拆除管卡后再焊接。焊低合金钢管时宜采用氩弧焊打底,手工电弧焊盖面。

⑧管子焊完后,鳍片要用相同的材料焊补全。接头部位应严格要求,不留

孔洞或锯齿,以免影响传热和使用寿命。

⑨全部更换工作结束,可用射线透视检查焊口质量,合格后进行水压试验。

⑩恢复炉外拆除的保温层、外护板等,拆除炉内的脚手架或检修吊篮。

在水冷壁检修过程中,必须十分注意,防止锈渣或工具掉入管子中。一旦掉下去,应及时采取措施取出。

6. 检修工艺

下面以九江电厂660 MW机组锅炉水冷壁检修为例说明该检修工艺。锅炉水冷壁受热面,主要吸收燃料燃烧所产生的部分热量,将它传递给受热工质,以产生和加热蒸汽,使炉膛出口处的烟温下降到后续受热面可以接受的水平,防止产生严重积焦、积渣情况。水冷壁是对敷设在炉内四壁上、以辐射换热方式为主体的受热面的泛称,管内受热工质为水或者汽水混合物。本炉水冷壁主要由汽水分离器及储水箱、前墙水冷壁、左右侧墙水冷壁、后墙水冷壁及四周切角水冷壁组成。

超超临界直流锅炉的启动系统是超超临界机组的一个重要组成部分。由于超超临界锅炉没有固定的汽水分离点,在锅炉启动过程中和低负荷运行时,给水量会小于炉膛保护及维持流动稳定所需的最小流量,因此必须在炉膛内维持一定的工质流量以保护水冷壁不致过热超温。设置启动系统的主要目的就是在锅炉启动、低负荷运行及停炉过程中,通过启动系统维持炉膛内的最小流量,以保持水冷壁水动力稳定和传热不发生恶化,特别是防止发生亚临界压力下的偏离核态沸腾和超临界压力下的类膜态沸腾现象,保护炉膛水冷壁,同时满足机组启动及低负荷运行的要求。

(1)水冷壁管

锅炉水冷壁采用全焊接的膜式水冷壁,并由前、后、左、右及四周切角水冷壁管屏组成锅炉炉膛。炉膛分上、下两个部分,上部为垂直管屏,下部则为螺旋管圈。水冷四壁各层设计围绕布置有刚性梁稳定桁架体系。

水冷壁管434根在炉膛四周以18.7493°角度螺旋上升构成炉膛冷灰斗(水冷壁进口集箱标高7500 mm)和锅炉下部炉膛,管子规格为Φ38 mm,节距为54 mm,圈数1.31。水冷壁管上升至炉膛折焰角以下,在标高51.444 m处通过过渡集箱,与炉膛上部1302根垂直管组相连接,管子规格为Φ35 mm,节距为56 mm。螺旋管与垂直管比为1∶3,水冷壁管类型全部为光管,材质为15CrMoG、

12Cr1MoVG。

(2)启动系统

采用容量为30% BMCR 内置式简单疏水扩容启动系统,不带再循环泵,设大气式疏水扩容器,留有今后加装再循环泵的启动系统的接口和场地。系统由启动分离器、大气式扩容器、集水箱、水位控制阀、截止阀、管道及附件等组成。

锅炉炉前沿宽度方向垂直布置 2 只 $\phi813/96$ mm 的启动分离器,总长度为 21 m,材质为 P91。其进出口分别与水冷壁和炉顶过热器相连接。每个启动分离器筒身上方切向布置了 4 根不同内径的进口管接头,顶部布置有 2 根内径为 $\phi234$ mm 至炉顶的过热器管接头,下部布置有一个内径为 $\phi234$ mm 的疏水管接头。当机组启动,锅炉负荷低于最低直流负荷 30% BMCR 时,蒸发受热面出口的介质流经启动分离器进行汽水分离,蒸汽通过启动分离器上部管接头进入炉顶过热器,而水则通过两根外径为 $\phi324$ mm 的疏水管道引至一个连接球体,连接球体下方设有管道通至大气式扩容器,在大气式扩容器的管道上设有调节阀,可根据不同状况控制启动分离器水位。在大气式扩容器中,蒸汽通过管道从炉顶上方排向大气,水进入集水箱。

在启动系统管道上设有 2 只液动调节阀,高水位调节阀(HWL)布置在大气式扩容器的进口管道上,当分离器中的水质不合格或分离器水位过高时,通过该阀将分离器中大量的疏水排入大气式扩容器。

为保持启动系统处于热备用状态,启动系统设有暖管管路,暖管水源取自省煤器出口,经启动系统管道、阀门后进入过热器 I 级减温水管道,再随喷水进入过热器 I 级减温器。

(3)系统主要技术规范

表 5-1 水冷系统设备主要规范

名称	规格	型式	材料	节距
前墙垂直段	$\phi35 \times 7.2$	光管	15CrMoG	56
侧墙垂直段	$\phi35 \times 8$	光管	15CrMoG	56
后墙折焰角	$\phi35 \times 6.2$	光管	12Cr1MoVG	56
后墙垂帘管	$\phi35 \times 6$	光管	15CrMoG	336
螺旋段	$\phi38. \times 7$	光管	15CrMoG	54
燃烧器区水冷壁	$\phi38. \times 7$	光管	15CrMoG	

表 5-2　启动系统主要技术数据

名称	数量	规格	材料
启动分离器	2	$\phi 813 \times 96$	SA-335 P91
下降管	2	$\phi 324 \times 45$	12Cr1MoVG
连接球体	1	$\phi 813 \times 96$	SA-387 12 CL2
下降管	1	$\phi 406 \times 55$	SA-106C
至扩容器的连接管道	1	$\phi 406 \times 55$	SA-106C
至 HWL 阀的连接管道	1	$\phi 356 \times 50$	SA-106C

(4) 设备 A 级检修周期及标准检修项目

A 级检修周期:5 年或超过 3.5 万小时。

表 5-3　标准 A 级检修项目清单

序号	标准检修项目	备注
1	管子外壁焦渣和积灰清理	
2	检查管子磨损、变形、胀粗、腐蚀情况,测量壁厚及蠕胀,并更换不合格的管子	
3	受热面支吊架及防磨装置检修	
4	联箱支吊架检查、调整	
5	割管取样	
6	分离器及联箱焊缝腐蚀、结垢检查清理	
7	管子焊缝及鳍片检查修理	
8	水压试验	

(5) 设备 C 级检修周期及标准检修项目

C 级检修周期:1.5~2 年。

表 5-4　标准 C 级检修项目清单

序号	标准检修项目	备注
1	管子外壁焦渣和积灰清理	
2	检查管子磨损、变形、胀粗、腐蚀、变形情况,测量壁厚及蠕胀,并更换不合格的管子	
3	受热面支吊架及防磨装置检修	
4	联箱支吊架检查、调整	
5	水压试验	

(6) 修前准备

设备的状态评估已完成。运行、检修已全部落实,锅炉冲灰、炉膛脚手架搭设完成。文件包、技术方案已编制完成。专用工器具如对口钳、磨光机、坡口机、电焊机、手拉葫芦、行灯等准备就绪。备品材料如炉管、焊条等已准备就绪。包括起重、焊工、金属试验等特殊工种人员,必须持证上岗。检修人员已经落实,并经安全、技术交底,明确检修的目的、任务和要消除的缺陷。

(7) 检修工艺及质量标准

表 5-5 检修工艺及质量标准

序号	检修项目	工艺要点及注意事项	质量标准
1	水冷壁清灰和检修准备	(1)管子表面的结焦清理。清焦时不得损伤管子外表,对渣斗上方的斜坡和弯头应加以保护,以防砸伤。 (2)管子表面的积灰应用高压水冲洗。 (3)炉膛内应搭置和安装专用的脚手架和检修升降平台。 (4)炉膛内应有充足的照明,所有进入炉膛的电源线应架空,电压符合安全要求。	(1)管子表面无结焦和积灰。 (2)冲灰时做好中毒窒息、防烫伤、防高空坠落等安全措施。 (3)管子无损伤。 (4)符合《电业安全工作规程》(热力和机械部分)的脚手架安装和使用要求,以及检修升降平台制造厂制定的安装和使用要求。 (5)进入炉膛的电气设备绝缘良好,触电和漏电保护可靠。
2	水冷壁外观检查	(1)检查磨损。 a. 检查吹灰器吹扫孔、打焦孔、看火孔等门孔四周水冷壁管或测量壁厚。 b. 检查燃烧器两侧水冷壁管和测量壁厚。 c. 检查凝渣管和测量壁厚。 d. 检查双面水冷壁靠冷灰斗处的水冷壁管子,测量壁厚。	(1)管子表面光洁,无异常或严重的磨损痕迹。 (2)磨损管子其减薄量不得超过管子壁厚的30%。 (3)管子石墨化应不大于4级。
		(2)检查蠕变胀粗及裂纹。 a. 检查高热负荷区域水冷壁管,必要时抽查金相。 b. 检查直流炉相变区域水冷壁管,必要时抽查金相。	(1)管子外表无鼓包和蠕变裂纹。 (2)碳钢管子胀粗值应小于管子外径的3.5%,合金钢管子胀粗值应小于管子外径的2.5%。

续表 5-5

序号	检修项目	工艺要点及注意事项	质量标准
2	水冷壁外观检查	(3)检查焊缝裂纹。 a.检查水冷壁与燃烧器大滑板相连处的焊缝。 b.检查炉底水封梳形板与水冷壁的焊缝。 c.检查直流炉中间集箱的进出口管的管座焊缝,或抽查表面探伤。 d.检查双面水冷壁的前后夹持管上的撑板焊缝和滑动圆钢的焊缝。 e.检查水冷壁鳍片拼缝,鳍片裂纹补焊须采用同钢种焊条。	(1)水冷壁与结构件的焊缝无裂纹。 (2)水冷壁鳍片无开裂,补焊焊缝应平整密封,无气孔,无咬边。
		(4)检查炉底冷灰斗斜坡水冷壁管的凹痕。	(1)管子表面平整,无严重凹痕。 (2)凹痕深度超过管子壁厚30%,以及管子变形严重的应予以更换。
		(5)检查腐蚀。 a.检查燃烧器周围及高热负荷区域管子的高温腐蚀。 b.检查炉底冷灰斗处及水封附近管子的点腐蚀。	(1)腐蚀点凹坑深度应小于管子壁厚30%。 (2)管子表面无裂纹。
3	监视管检查	(1)监视管的设置应由金属监督部门和化学监督部门指定。 (2)监视管的切割点应避开钢梁。如是第二次割管,则必须包括新旧管段(新管是指上次大修所更换的监视管)。 (3)监视管切割时,不宜用割炬切割。 (4)监视管割下以后应标明监视管的部位、高度、向火侧和管内介质的流向。 (5)测量向火侧壁厚,检查内外壁点腐蚀情况。	(1)管子切割部位正确。 (2)监视管切割时管子内外壁应保持原样,无损伤。

续表 5-5

序号	检修项目	工艺要点及注意事项	质量标准
4	管子更换	(1)割管。 a. 管子割开后应将管子割口两侧鳍片多割去 20 mm。 b. 管子割开后应立即在开口处封堵并贴上封条。 c. 相邻两根或两根以上的非鳍片管子更换,切割部位应上下交错。 d. 管子切割应采用机械切割,特殊部位需采用割炬切割的,则在开口处消除热影响区。 e. 更换大面积水冷壁,应在更换后对下联箱进行清理。	(1)管子切割点位置应符合 DL 612—1996 中 5.29 的要求。 (2)采用割炬切割时,在管子割开以后应无熔渣掉入水冷壁管内。 (3)切割点开口应平整,且与管子轴线保持垂直。 (4)确保下联箱内无杂物。
		(2)检查新管。 a. 检查外观。 检查管子表面裂纹。 检查管子表面压扁、凹坑、撞伤和分层。 检查管子表面腐蚀。 外表缺陷的深度超过管子壁厚的 10%时,应采取必要的措施。 检查弯管表面拉伤和波浪度。 检查弯管弯曲部分不圆度,并通球试验,试验球的直径应为管子内径的 85%。 b. 检查管径及壁厚。 c. 测量合金钢管子的硬度和检测合金元素。 d. 检查内螺纹管的螺纹。 e. 检查鳍片与管壁间的焊缝。 f. 新管使用前宜进行化学清洗,对口前还需用压缩空气进行吹扫。	(1)管子表面无裂纹、撞伤、压扁、沙眼和分层等缺陷。 (2)管子表面光洁,无腐蚀。 (3)管子壁厚负公差应小于壁厚的 10%。 (4)弯管表面无拉伤,其波浪度应符合 DL5031—1994 中表 4.2.6 的要求。 (5)弯管弯曲部分实测壁厚应大于直管的理论计算壁厚。 (6)弯管的不圆度应小于 6%,通球试验合格。 (7)合金钢管子硬度无超标,合金元素正确。 (8)内螺纹管的内螺纹方向正确。 (9)鳍片焊缝无咬边。 (10)新管内无铁锈等杂质。
		(3)新管焊接。 a. 管子对口应按 DL5031—1994 的 5.1 和 5.2 进行。 b. 管子焊接工艺按照 DL 5007—1992 的 5.0 进行。 c. 鳍片拼缝所使用材质应与鳍片管的膨胀系数一致。 d. 新管施工焊口须 100%探伤。	(1)管子焊接须符合 DL 5007—1992 的质量标准。 (2)鳍片拼缝、焊缝应保持平整和密封,无超标缺陷。 (3)内螺纹管焊接时螺纹衔接良好。 (4)新管施工焊口合格率为 100%。

续表 5-5

序号	检修项目	工艺要点及注意事项	质量标准
5	联箱检查	(1)焊缝检查。 a.联箱管座角焊缝去缝、去污检查。对运行 10 万小时以上的出口联箱的管座角焊缝应进行抽样检查或无损探伤。 b.对联箱封头焊缝去锈、检查,必要时进行无损探伤检查。 c.焊缝裂纹补焊前应对裂纹进行打磨,在确认无裂纹痕迹后方可进行焊接,并采取必要的焊前预热和焊后热处理的措施。	(1)焊缝表面及边缘无裂纹。 (2)联箱封头焊缝无裂纹。 (3)补焊焊缝合格。
		(2)外观检查。 a.检查联箱外壁的腐蚀点,对于布置在炉内的联箱还应检查磨损,必要时测量壁厚。 b.宏观检查出口联箱,运行 10 万小时后,首先应进行宏观检查,应特别注意检查联箱表面和管座孔周围的裂纹。然后,对联箱进行金相检查,对金相检查超标的联箱应进行寿命评估,并采取相应的措施。 c.联箱三通去锈后,检查其弯曲部分,运行 10 万小时后应进行超声波探伤。	(1)联箱腐蚀或磨损后的壁厚应大于设计允许壁厚。 (2)联箱的表面、管座孔周围和联箱三通弯曲部分无表面裂纹。 (3)联箱金相组织的球化应小于5级。
		(3)联箱内部检查和清理。 a.检查和清理联箱内部积垢。 b.检查联箱内壁及管座拐角处的腐蚀和裂纹。 c.对于有内隔板的联箱,在运行10 万小时后应用内窥镜对内隔板的位置及焊缝进行全面检查。	(1)联箱内部无结垢。 (2)联箱内壁无腐蚀和裂纹。 (3)隔板固定良好,无倾斜和位移,焊缝无裂纹。
		(4)吊杆、吊耳及支座检查。 a.检查吊杆的腐蚀和变形。 b.检查吊杆与吊耳连接的销轴变形。 c.对吊耳与联箱焊接的角焊缝去锈去污后进行检查,或打磨后着色检查。 d.检查弹簧支吊架的弹簧弹力。 e.检查联箱支座膨胀间隙。	(1)吊杆表面无腐蚀痕迹。 (2)吊杆受力均匀。 (3)销轴无变形。 (4)吊耳与联箱的角焊缝无裂纹。 (5)吊杆受力垫块无变形。 (6)弹簧支吊架弹簧受力后位移正常。 (7)联箱支座接触良好,膨胀不受阻。

续表 5-5

序号	检修项目	工艺要点及注意事项	质量标准
6	门、孔检修	(1)门、孔检查。 a. 检查门、孔外观,门、孔烧损严重时应更换,门盖耐火混凝土内衬脱落或开裂严重时应修补。 b. 检查门、孔密封,并更换密封填料。 c. 检查门、孔灵活性,铰链去锈、去污、润滑。	(1)门、孔固定良好,无松动。 (2)门、孔完整,无烧损变形,门盖耐火混凝土内衬无开裂和缺陷。 (3)门、孔的门盖与门框密封良好,无泄漏。 (4)门、孔的门盖开关灵活,无卡涩。
		(2)门、孔更换。 a. 门、孔更换前应检查新门孔的外观和密封。 b. 门、孔安装后应对门孔的门盖进行开启和关闭的操作,并更换密封填料。	(1)新门、孔应完整和平整,门框和门盖无裂纹。 (2)门、孔安装后固定良好,密封良好,开关灵活。
7	膨胀指示器检查	(1)检查膨胀指示牌。 (2)检查膨胀指示器安装位置及外观。	(1)膨胀指示齐全,刻度清晰,指示牌和指针固定良好,指示牌刻度模糊时应更换。 (2)膨胀指示器指针位置冷态应处于刻度板的零位。 (3)指针移动方向无阻挡物。
8	水压试验	(1)试验前准备。 a. 制定水压试验的组织措施和安全措施。 b. 进行水压试验的系统和设备予以确定。 c. 上水前后检查、校对并记录膨胀指示器及指示数值。 d. 试验前对试验范围内的系统和设备进行检查,同时对于不参加水压试验的设备和系统须做好隔离措施。 e. 水压试验就地压力表应校验合格。	(1)组织措施严密。 (2)水压试验设备和范围明确。 (3)膨胀指示器齐全。 (4)水压试验压力表应校验合格,且精度应大于 1.5 级。
		(2)试验检查。 a. 检查各受热面管道的残余变形。 b. 检查各受热面管道焊缝。 c. 检查各受热面管道膨胀变形。 d. 检查和记录膨胀指示器的数值。	(1)试验设备管道无残余变形。 (2)试验设备管道焊缝无渗漏,管子表面无渗漏。 (3)各膨胀测量点的膨胀量记录齐全。

(8) 常见故障及处理方法

表 5-6　设备常见故障及处理方法

序号	故障现象	原因分析	处理方法
1	异物堵塞爆管	检修或运行中,有异物堵塞水冷壁管,使水冷壁得不到有效冷却	清除异物
2	磨损减薄爆管	飞灰、水流、气流和汽流冲刷	改变冲刷方向,注入防磨措施
3	膨胀受阻爆管	存在膨胀死点,导致水冷壁受热膨胀不均匀,拉裂管子	消除膨胀死点
4	超温缺水	启动分离器水位过低,导致水冷壁管受热蠕变胀粗,降低强度	改进运行操作或者停机,更换胀粗管子
5	错用管材	降低管子使用寿命	按规定检查管材
6	母材缺陷	母材存在气孔、夹渣等	加强检查,及时消缺
7	水冷壁鳍片虚焊、咬边	水冷壁在制造过程中,鳍片与管子焊接存在虚焊、咬边等缺陷	加强检查,及时消缺
8	管子机械损伤	管子在制造、安装和使用过程中,由各种机械行为造成管子外表损伤	加强检查,及时消缺,采取措施,避免损伤
9	水冷壁积垢	锅炉水质不良,或者锅炉长周期运行	改善水质,对锅炉检修酸洗
10	焊接质量	虚焊、漏焊、错用焊条,焊接时有气孔、夹渣存在;金相检查不彻底	加强焊接质量管理
11	腐蚀	内部腐蚀主要有炉水不符合要求;外部有灰斗渣水飞溅,致使管子实际壁厚减薄	提高炉水品质;防止渣水飞溅

(9) 检修质量评定

水冷壁管完好,无鼓包、磨损、腐蚀、胀粗及裂纹等超标缺陷。

水冷壁系统各附焊件完好,无拉裂现象。

锅炉水压试验后,各承压部件无渗漏现象,无残余变形。

二、过热器和再热器的检修

在电站锅炉中,随着蒸汽参数的变化及中间再热系统的采用,蒸汽过热及再热的吸热管都相应增加。过热器和再热器的受热面必须布置在更高的烟温区域,其工作条件也是最恶劣的,受热面管壁温度接近于钢材的极限允许温度。

因此，过热器和再热器的损坏形式为超温过热、蠕胀爆管及磨损。

1. 过热器、再热器的检修内容

①清扫管子外壁积灰。

②检查管子的磨损、胀粗、弯曲、变形情况。

③清扫或修理联箱支座。

④割下联箱封头，检查腐蚀及结垢情况，清理内部。

⑤测量温度在450 ℃以上蒸汽联箱的蠕胀。

⑥割管检查，更换部分管子。

⑦检查修理混合式减温器联箱、进水管和喷嘴。

⑧抽芯检查表面式减温器，更换减温管。

2. 管排的蠕胀检查与测量

过热器、再热器长期在高温烟气中运行，管内流过的蒸汽温度很高，管壁金属长期处于蠕变区域，蠕胀是这些受热面的多发缺陷。尤其是过热器、再热器管排设置在炉烟气出口走廊，若燃烧室发生火焰偏斜，或管排内部流动阻力产生热偏差，将进一步加速其蠕胀，甚至爆管。

检修时，应先对管排进行宏观检查，观察管子的颜色、胀粗、鼓包情况，对于发现异位应重点检查。对高温过热器、再热器的监视管段，由专人进行测量并记录。

过热器、再热器用游标卡尺或自制的样板测量蠕胀。合金钢管胀粗不得大于原直径的2.5%，碳钢管胀粗不得大于原有直径的3.5%，超过上述质量标准应更换。

3. 管排磨损的检查与修理

烟气中带有大量的灰粒，灰粒随烟气流过受热面管子时，因灰粒的撞击和切削作用，将对受热面管子产生磨损。在燃用发热量低而灰分高的劣质燃料时，这种磨损将变得更加严重。

磨损的速度与灰粒的特性、烟气流速及管排结构有关，烟气流速越高，磨损越严重。管子错列比顺列磨损严重，尤其屏式过热器下端和折焰角紧贴的部分、水平烟道中过热器两侧及底部、烟道转弯处的下部、水平烟道流通面积缩小后的第一排垂直管段、管子与梳形卡子接触的部位，磨损特别严重。这是由于这些地方在烟气走廊，烟气流速特别高，有时比平均流速大出3~4倍，因而磨损就要增大几十倍。

另外,过热器、再热器管的穿墙处、吹灰器通道也是磨损严重的部位。所以,在检修中,应着重检查以上部位的磨损情况。检查时,可用眼看手摸,磨损严重的部位有磨损的平面及形成的棱角,这时要测量管子剩下的壁厚。若局部磨损面积大于 2 cm^2,磨损厚度超过管壁厚度的 1/3 时,应更换新管。

为了减轻磨损,在易磨损的部位通常采取防磨措施,如加防磨罩或防磨板。检修时,应注意检查各处的防磨罩(板)是否完好,是否被飞灰磨损,吹灰器吹坏或脱落的防磨罩(板)应更换。个别局部磨损严重,但尚不需要更换的管段,应加装防磨罩。为了使防磨罩冷却,应使防磨罩与管子外壁的间隙越小越好。

4. 割管检查

检修时,应由化学监督人员、金属监督人员、锅炉检修人员共同确定高温、低温过热器、再热器的割管位置,并各割取 1~2 个蛇形管弯头,检查管子内壁的腐蚀情况。割管长度可从弯头算起,取 400~500 mm。割管后先用眼睛检查内部,如没有发现结垢和腐蚀情况,可把这段管子焊上;如发现较严重的腐蚀,就应把这段管子全部割开进行详细检查,并检查合金钢管的金相组织变化情况。对于所割管段,应标明它的地点和部位,并做好记录。在管子割掉后,若不能立即焊接,管子应加堵头,以防止杂物掉入其中。

在管子温度最高的部位设置监督管段,检修时对其割管检查金相组织。割管时,检修人员和金属监督人员应共同参加。割管时应用手锯,不得用火焰切割。

割下的管子由金相人员检验,并将检验结果登记备案,以便比较、鉴别分析。

5. 支吊架、管卡及管排变形的检查与修理

运行中,由于管卡被烧坏,蛇形管对流过热器会出现管排散乱,个别管子甩出管排或弯曲等,容易引起管排产生过热爆管、加剧磨损等故障。因此,在检修中应认真检查管子支吊架、梳形卡子、夹板等零件。

在检查时,可用小锤敲打,根据声音来判断这些部件的完好情况。一般声音响亮的是没有问题的,声音沙哑或声音明显不正的,往往已经烧伤。已烧坏或有损伤的部件要更换。换上新部件以后,调整位置和间隙,并保证管子自由膨胀。同时,要对散乱的管子进行修复、校正归位。若管子发生蠕胀变形或磨

损已超标,则应更换新管。

6. 更换受热面管子

在电站锅炉上,过热器、再热器管子大多数是合金钢管。根据工作温度的不同,各级过热器采用不同的合金钢,同级过热器也选用多种钢材。如穿墙管选用13CrMo44,低温部分选用10CrMo910,高温部分选用X20CrMoV121。所以,在更换管子时,必须根据不同钢材的焊接特性及热处理特点,采取相应的正确的焊接与热处理工艺。

领取新管后,应用光谱检查,以防止错用钢材。更换管段前,应截取合适管段并用直角尺检验端面是否与中心垂直,偏斜度不大于管外径的1%,且不超过2 mm。管子里的毛刺需用锉刀锉去。焊接管子时,应用专用管夹对准两个要焊接的管头,管子对口偏折度可用直尺检查,在距焊口200 mm处应小于1 mm。管头应用锉刀或专用坡口机加工出30°±2°的坡口,钝边为1 mm±0.5 mm,对口间隙为1 mm±0.5 mm。将距管口10~15 mm内的管子外表面氧化皮除去,露出金属光泽。焊接工作应注意避免穿堂风,防止焊口冷却过快,发生空气淬火脆性或产生裂纹。

7. 检修工艺

九江电厂660 MW机组锅炉过热器按照吸热及结构特点分为5级,第一级是后烟道包墙、中隔墙和顶棚、炉膛顶棚过热器,第二级是低温过热器,第三级是分隔屏过热器,第四级是后屏过热器,第五级是高温过热器。其中主要受热面为低温过热器、分隔屏过热器、后屏过热器、高温过热器。后烟道包墙、中隔墙和顶棚过热器部分由前后左右侧墙、中隔墙和后顶棚组成,形成一个垂直下行烟道。后烟道延伸包墙形成了一部分水平烟道,炉膛顶棚管形成了炉膛和水平烟道部分的顶棚。低温过热器包括立式低温过热器和水平低温过热器,均位于尾部竖井后烟道内后部,省煤器上方,立式过热器在上,水平过热器在下。分隔屏过热器和后屏过热器位于炉膛上方,前墙水冷壁和高温过热器之间。高温过热器位于折焰角上方,炉膛后墙水冷壁悬吊管之前,受热面呈顺流布置。

过热器采用三级喷水减温,第一级设置在低温过热器至分隔屏的管道上,第二级设置在分隔屏至后屏的管道上,第三级设置在后屏过热器出口管道上,减温水取自省煤器进口,三级减温水量总量为各负荷下主蒸汽流量的6%。

各级过热器之间均采用大直径管道及三通连接,这使介质能充分混合,并可简化布置。低温过热器至分隔屏过热器、后屏过热器至末级过热器连接管道左右交叉设置喷水减温器。

炉膛上部布置有6片分隔屏过热器和20片后屏过热器。蒸汽冷却定位管(共6根)由分隔屏过热器进口集箱引出,再引入分隔屏过热器出口集箱,由深度方向将分隔屏过热器和后屏过热器定位夹持,防止屏偏斜。流体冷却定位管(共4根)由后烟井延伸墙下集箱引出,经末级再热器和末级过热器,再引入后屏出口集箱,沿炉膛宽度方向固定后屏过热器、高温过热器和高温再热器。

低温再热器进口集箱悬吊管(共30根)由后烟井隔墙上集箱引出,沿后烟井前烟道左右侧墙内下降,在低温再热器进口集箱处形成支吊结构,再引入低温过热器进口集箱。

(1)设备规范

表5-7 过热器受热面结构及设计参数

名称	节距 mm 横向 St	节距 mm 纵向 SL	管径 mm	排数	每排管子根数	材质
低温过热器	140/280	90/110	51	134/67	6/12	T91,12Cr1MoVG, 15CrMoG
分隔屏过热器	2688	55	44.5	6×6	12	12Cr1MoVG,T91, Super304H
后屏过热器	896	54	48	20	22	T91,Super304H
末级过热器	560	51	41.3	33	22	T92,Super304H,HR3C
前炉顶过热器(前段)	112		51×8		168	15CrMoG
前炉顶过热器(后段)	112		63.5×9		168	15CrMoG
后烟井延伸侧墙及底部	118		51×8		55×2侧	15CrMoG
后烟井前墙过热器	140		63.5×9		168	15CrMoG
后烟井后墙过热器	140		63.5×9		168	15CrMoG
后烟井侧墙过热器	113		51×8		252	15CrMoG

表 5-8 再热器结构特性

名称	节距 mm 横向 St	节距 mm 纵向 SL	管径 mm	排数	每排管子根数	材质
低温再热器（水平段）	140	100/125	63.5	134	7	12Cr1MoVG,15CrMoG,SA210-C
低温再热器（垂直段）	280	110	63.5	134	7	12Cr1MoVG,T91
末级再热器	224	114.3	57	82	10	T91,Super304H,HR3C

(2) 设备 A 级检修周期及标准检修项目

A 级检修周期:5 年或超过 3.5 万小时。

表 5-9 A 级检修标准项目

序号	标准检修项目	备注
1	管子外壁冲灰	
2	检查管子磨损、变形、胀粗、腐蚀、变形情况，测量壁厚及蠕胀，并更换不合格的管子	
3	受热面支吊架、管卡及防磨装置检修	
4	减温器检查	
5	联箱支吊架检查、调整	
6	割管取样	配合金相专业
7	管排检查、校正	
8	联箱焊缝、腐蚀、结垢检查清理	
9	水压试验	

(3) 设备 C 级检修周期及标准检修项目

C 级检修周期:1.5~2 年。

表 5-10　C 级检修标准项目

序号	标准检修项目	备注
1	管子外壁冲灰	
2	检查管子磨损、变形、胀粗、腐蚀、变形情况,测量壁厚及蠕胀,并更换不合格的管子	
3	受热面支吊架、管卡及防磨装置检修	
4	联箱支吊架检查、调整	
5	管排检查、校正	
6	水压试验	

(4)修前准备

设备的状态评估已完成。运行、检修已全部落实,锅炉冲灰、炉膛脚手架搭设完成。文件包、技术方案已编制完成。专用工器具如对口钳、磨光机、坡口机、电焊机、手拉葫芦、行灯等准备就绪。备品材料如炉管、焊条等已准备就绪。包括起重、焊工、金属试验等特殊工种人员,必须持证上岗。检修人员已经落实,并经安全、技术交底,明确检修的目的、任务和要消除的缺陷。

(5)检修工艺及质量标准

表 5-11　检修工艺及质量标准

序号	检修项目	工艺要点及注意事项	质量标准
1	过热器和再热器清灰和检修准备	管子表面和管排间的积灰用高压水冲洗。 包覆过热器/再热器的管子表面以及鳍片积灰用高压清水冲洗。 进入过热器/再热器检修现场的电源线应架空,电气设备使用前应检查绝缘和触电、漏电保护装置。	管子表面和管排间的烟气通道内无积灰、结渣和杂物。 包覆过热器/再热器管子表面和鳍片无积灰。 电气设备绝缘良好,触电和漏电保护可靠。

续表 5-11

序号	检修项目	工艺要点及注意事项	质量标准
2	管子外观检查	(1) 检查管子磨损。 检查吹灰器吹扫区域内管子或测量壁厚。 检查包覆过热器/再热器吹扫孔四周管子或测量壁厚。 检查蛇形管弯头或测量壁厚。 检查包覆过热器/再热器开孔四周管子。 检查屏式过热器和高温过热器的外圈向火侧或测量壁厚。 检查从管排或管屏出列的管子或测量壁厚。 检查屏式过热器活动连接件、管夹。 检查屏式过热器与水平定位管的接触部位。 检查穿墙管和穿顶管。 检查水平布置蛇形管管夹和悬吊管附近管子。	管子表面光洁,无异常或严重的磨损痕迹。 管子磨损及腐蚀的减薄量允许值应符合能源电〔1992〕1069号要求,不大于设计壁厚的1/3。
		(2) 检查管子蠕胀。 检查蠕胀须使用专用的各类管径胀粗极限卡规或游标卡尺。 测量屏式过热器和高温过热器的外圈管管径。 测量低温段过热器的引出管及其他可能发生蠕胀的蛇形管管径。 检查屏式过热器和高温过热器的管子外表,特别是向火侧管段表面氧化情况。 检查高温再热器的外圈管段的胀粗。 检查高温再热器的管子表面,特别是外圈向火侧表面的高温腐蚀。	合金钢管子胀粗值应小于2.5%D。 管子外表无明显的颜色变化和鼓包。合金钢管表面球化大于4级时,宜取样进行机械性能试验,并做出相应的措施。 管子外表的氧化皮厚度须小于0.6mm,氧化皮脱落后管子表面无裂纹。 管子表面腐蚀凹坑深度须小于管子壁厚的30%。
		(3) 检查包覆管和穿顶管的密封。 对包覆管的鳍片拼缝去灰、去污、检查。 对穿顶密封套管焊缝去锈、去污后,进行检查或无损探伤抽查。	包覆管的鳍片拼缝无裂纹。 穿顶管的顶棚密封焊缝无裂纹,密封良好。

续表 5-11

序号	检修项目	工艺要点及注意事项	质量标准
3	管排外观检查	检查管排横向间距,消除横向间距偏差和变形的原因,并整形。 检查管排平整度,宜割除出列管段,消除变形点后再焊复。 检查管排的管夹和管排间的活动连接板及梳形板。 检查屏式过热器管排与水平定位冷却管的连接与定位。 检查顶棚过热器有无下垂。	管排排列整齐、平整,无出列管,管排横向间距一致,管排间无杂物。 管夹、梳形板和活动连接板完好无损,无变形、无脱焊,与管排固定良好,并保证管子能自由膨胀。 水平对流定位冷却管与屏式过热器管固定良好,管卡与管子焊缝无裂纹。 顶棚管无下垂变形。
4	割管检查	金属监视管段的位置应由金属监督部门确定。 化学监视段的位置应由化学监督部门确定。 监视管割下以后应标明管子的材质、部位、向火侧面和蒸汽流向。 封堵管子割开后现场的上下管口。 管子切割后监视管应保持原样和完整。 严禁使用割炬切割监视管。	割管的切割点应符合 DL612 的规定和要求。 监视管内外壁无损伤。
5	管子焊缝检查	对联箱管座与管排对接焊缝去锈、去污、抽查。 全面检查运行 10 万小时后的高温过热器出口联箱管座与管排的对接焊缝,并由金属监督部门对焊缝进行探伤抽查。 全面检查运行 10 万小时后的异种钢焊缝,并由金属监督部门进行无损探伤抽查。 打磨管座焊缝裂纹,彻底消除后进行补焊。焊接时应采取必要的焊前预热和焊后热处理的措施。	焊缝及焊缝边缘母材上无裂纹。 补焊焊缝无超标缺陷。焊缝应符合 DL438 的要求。

续表 5-11

序号	检修项目	工艺要点及注意事项	质量标准
6	防磨装置检查	检查防磨装置,防磨装置磨损和烧损变形严重时应予以更换。 检查防磨装置的固定位置。	防磨板和烟气导流板须完整,无变形、烧损、磨损和脱焊。 防磨罩与管能自由膨胀。
7	管子更换	(1)管子切割。 参照水冷壁鳍片管的割管要求进行包覆过热器鳍片管割管。 管子切割后现场管排开口处应予以封堵。 割点附近和管夹应在切割前与管子或所在管排脱离。 管子切割时不应损伤相邻的管子。 管子切割应采用机械切割,对于特殊部位需用割炬切割时,须消除切割部位的热影响区。	切割点位置须符合 DL 612—1996 中 5.29 的要求。 切割点管子开口应与管子保持垂直,开口平整。 对于采用割炬切割的管子,在管子割开后应无熔渣掉进管内。
		(2)新管检查。 新管外观检查。 检查管子表面裂纹。 检查管子表面压扁、凹坑、撞伤和分层。 检查管子表面腐蚀。 管子内外表缺陷的深度超过管子壁厚的 10% 时,应采取必要的措施。 检查弯管表面拉伤和波浪度。 检查管径及壁厚。 检查合金钢管硬度。 合金元素检测和金相检查。 新管使用前宜进行化学清洗,对口前用压缩空气进行吹扫。	管子外表无压扁、凹坑、撞伤、分层和裂纹。 管子表面无腐蚀。 弯管表面无拉伤,其波浪应符合 DL5031—1994 中表 4.2.6 的要求。 弯管实测壁厚应大于直管理论计算壁厚。 弯管的不圆度应小于 6%,通球试验合格。 管子管径与壁厚的正负公差应小于 10%。 合金钢管子硬度无超标,合金成分正确。 新管子无铁锈等杂质。
		(3)新管焊接。 管子的焊接工艺应符合 DL5007—1992 中 5.0 的要求。 新管施工焊口须 100% 探伤。	管子焊接应符合 DL5007—1992 的质量标准。 管道对口和焊接应符合 DL5031—1994 中 5.1 和 5.2 的要求。 施工焊缝应 100% 合格。

续表 5-11

序号	检修项目	工艺要点及注意事项	质量标准
8	联箱检查	(1) 焊缝检查。 联箱管座角焊缝去缝、去污检查。 对运行 10 万小时以上的过热器和再热器出口联箱的管座角焊缝应进行全面普查或无损探伤。 对联箱封头焊缝去锈检查，必要时进行无损探伤检查。运行 10 万小时后应进行超声波探伤。 焊缝裂纹补焊前应对裂纹进行打磨，在确认无裂纹痕迹后方可进行焊接，并采取必要的焊前预热和焊后热处理的措施。	焊缝表面及边缘无裂纹。 联箱封头焊缝无裂纹。 补焊焊缝超声波探伤检验合格。
		(2) 外观检查。 检查联箱外壁的腐蚀点，对于布置在炉内的联箱还应检查磨损，必要时测量壁厚。 宏观检查高温过热器和高温再热器的出口联箱，运行 10 万小时后，首先应进行宏观检查，应特别注意检查联箱表面和管座孔周围的裂纹。然后，对联箱进行金相检查，对金相检查超标的联箱应进行寿命评估，并采取相应的措施。 联箱三通去锈后，检查其弯曲部分，运行 10 万小时后应进行超声波探伤。	联箱腐蚀或磨损后的壁厚应大于设计允许壁厚。 联箱的表面、管座孔周围和联箱三通弯曲部分无表面裂纹。 联箱金相组织的球化应小于 5 级。
		(3) 联箱内部检查和清理。 检查和清理联箱内部积垢。 检查联箱内壁及管座拐角处腐蚀和裂纹。 对于有内隔板的联箱，在运行 10 万小时后应用内窥镜对内隔板的位置及焊缝进行全面检查。	联箱内部无结垢。 联箱内壁无腐蚀和裂纹。 隔板固定良好，无倾斜和位移，焊缝无裂纹。
		(4) 吊杆、吊耳及支座检查。 检查吊杆的腐蚀和变形。 检查吊杆与吊耳连接的销轴变形。 对吊耳与联箱焊接的角焊缝去锈去污后进行检查，或打磨后着色检查。 检查弹簧支吊架的弹簧弹力。 检查联箱支座膨胀间隙。	吊杆表面无腐蚀痕迹。 吊杆受力均匀。 销轴无变形。 吊耳与联箱的角焊缝无裂纹。 吊杆受力垫块无变形。 弹簧支吊架弹簧受力后位移正常。 联箱支座接触良好，膨胀不受阻。

续表 5-11

序号	检修项目	工艺要点及注意事项	质量标准
9	水压试验	(1)试验前准备。 制定水压试验的组织措施和安全措施。 进行水压试验的系统和设备予以确定。 试验前对试验范围内的系统和设备进行检查,同时对于不参加水压试验的设备和系统须做好隔离措施。 水压试验就地压力表应校验合格。	组织措施严密。 水压试验设备和范围明确。 水压试验压力表应校验合格,且精度应大于1.5级。
		(2)试验检查。 检查各受热面管道的残余变形。 检查各受热面管道焊缝。 检查各受热面管道膨胀变形。	试验设备管道无残余变形。 试验设备管道焊缝无渗漏,管子表面无渗漏。

(6)常见故障及处理方法

表 5-12 设备常见故障及处理方法

序号	故障现象	原因分析	处理方法
1	异物堵塞爆管	检修或运行中,有异物堵塞蒸汽流道,使过热器得不到有效冷却	清除异物
2	磨损减薄爆管	飞灰、水流、气流和汽流冲刷	改变冲刷方向,注入防磨措施
3	膨胀受阻爆管	存在膨胀死点,导致过热器受热膨胀不均匀,拉裂管子	消除膨胀死点
4	超温	烟气或蒸汽介质流量分配不匀,导致过热器管受热蠕变胀粗,降低强度	改进运行操作或重新计算设计,更换胀粗管子
5	热处理爆管	管子检修后热处理升温速率和温度控制超标,降低管子的实际使用强度	按管材要求,按规定技术要求进行热处理
6	错用管材	降低管子使用寿命	按规定检查管材
7	母材缺陷	母材存在气孔、夹渣等	加强检查,及时消缺
8	过热器卡块虚焊、咬边	过热器在制造和安装过程中,卡块与管子焊接存在虚焊、咬边等缺陷	加强检查,及时消缺

续表 5-12

序号	故障现象	原因分析	处理方法
9	管子机械损伤	管子在制造、安装和使用过程中,由各种机械行为造成管子外表损伤	加强检查,及时消缺,采取措施,避免损伤
10	过热器管积垢	启动分离器蒸汽带水,导致大量盐分进入过热器管子沉淀积垢,造成管子传热恶化	优化运行方式,降低启动分离器运行水位,改进运行水质,对积垢管子进行更换
11	焊接质量	虚焊、漏焊、错用焊条,焊接时有气孔、夹渣存在;集箱检查不彻底	加强焊接质量管理

(7) 检修质量评定

换热管完好,无鼓包、磨损、腐蚀、胀粗及裂纹等超标缺陷。

各管系膨胀自由,管排整齐;各附焊件完好,无拉裂现象。

锅炉水压试验后,各承压部件无渗漏现象,无残余变形。

三、省煤器的检修

1. 省煤器检修内容

①清扫管子外壁结灰,检查管子磨损、变形、腐蚀。必要时,需割管检查。

②检修支吊架、管卡及防磨装置。

③检查、清扫、修理联箱支座,调整膨胀间隙。

④检查焊口泄漏情况。

2. 省煤器的磨损原因分析及防磨措施

省煤器的磨损有均匀磨损和局部磨损两种。均匀磨损对设备的危害较轻,局部磨损危害较大,严重时,省煤器会在数周内因磨损而泄漏。

影响省煤器磨损的因素很多,如飞灰的粒度和硬度、飞灰浓度、烟气流速、受热面的布置与结构形式等。

①位于两侧墙附近的蛇形管弯头和穿墙管磨损严重。这是由于烟气通过管束的阻力大,而通过一边是管子一边是炉墙的间隙处阻力小,在管子与墙壁处形成烟气走廊,使此处烟气流速加大,加速了对管壁的局部磨损。

锅炉运行不正常,如受热面堵灰、结焦而使部分烟气通道阻塞,未堵部位通道烟速增加,也会造成严重的局部磨损。

②在∏形布置的锅炉中,烟气从水平烟道流入竖井烟道时,发生 90°的转

向,产生很大的离心力,烟气中的灰粒在离心力作用下向烟道后墙一侧集中,使那里产生局部最大飞灰浓度,从而使蛇形管发生剧烈的局部磨损。

为了减轻磨损,在锅炉的设计安装中,采取了许多防磨措施。实践表明,顺列布置比错列布置、纵向冲刷比横向冲刷磨损轻一些。但在锅炉结构中,要想避免磨损是不可能的。只有在容易发生严重磨损的部位,采取一定防磨措施,才能减轻磨损。

①加装防磨罩。用圆弧形铁板扣在省煤器管子和弯头处,一端点焊在管子上,另一端用抱卡,能自由膨胀。装防磨罩时应注意,防磨罩不得超过管子圆周180°,一般以120°~160°为宜;两罩之间不允许有间隙,应将两个罩搭接在一起。省煤器管水平部分,迎烟气方向前三层管上装防磨罩,所有的弯头处均应加防磨罩。

②加设防护板或均流板。在烟气走廊的入口和中部,装一层或多层长条防护板以增加走廊对烟气的阻力,防止局部烟速过高。防护板的宽度以150~200mm为宜。

③加设护帘。在烟气走廊处将整排直管或整排弯头保护起来,这样可防止烟气转向时磨损弯头。在采用护帘时,蛇形管排弯头必须平齐,否则会在护帘后面形成新的烟气走廊。

用耐火材料把省煤器弯头全部浇灌起来或用水玻璃加石英粉涂在易磨管子表面;还可在管子磨损严重处焊上防磨圆钢。这种方法用料少,传热影响小,对防磨很有效。

3. 省煤器的检修方法

检修时,应重点检查管排的磨损情况,主要检查支架、管子弯头和靠炉墙的部位,出、入口联箱的穿墙管,每个管圈的第1~3层等容易发生磨损的部位。磨损严重的管子,从外观上迎烟气面的正中间有一道脊棱,两侧被磨成平面或凹沟。如果发现有磨损现象,则可以加装防磨装置。如果磨损超过管壁厚度1/3或局部磨损面积大于2 cm^2,则更换新管。同时,还应检查支吊架有无断裂、不正或影响管子膨胀的地方;如果支吊架发生位移或歪斜,则会使管排散乱、变形、间隙不均匀,从而形成烟气走廊,检修时应进行调整校正;还应重点检查防磨装置,应无脱落损坏。

当进行管子更换工作时,应根据现场位置、支吊架情况确定更换位置,焊口位置应利于切割打坡口、对焊口和焊接等操作。为节省检修费用,充分利用管排钢材,可以采用一种"省煤器翻身"的做法,即将省煤器蛇形管整排拆出,经详细检查,再翻身装回去,使已磨薄的半个圆周处于烟气流的背面。而未经严重磨损、基本完整的半圆周处于烟气流的正面承受磨损。

在电站锅炉中,为了减少省煤器蛇形管穿过炉墙而产生的漏风,省煤器的进、出口联箱多放在烟道内,外包绝热材料与烟气隔绝。固定悬吊受热面的支吊梁也位于烟道内,受烟气冲刷,为防止过热,支吊梁的外面也用绝热材料包裹。因此,检修时,还应注意检查支吊梁和联箱的绝热层有无损坏、脱落,如有损坏应予以修复。

省煤器检修时的注意事项如下:

①焊接防磨铁时应小心,不要损坏管子。

②装好支吊架或焊好防磨铁后,应检查不能有影响管子自由膨胀的地方。

③在处理省煤器漏水事故时,有时焊口处的水虽已放掉,但管子中的水没放干净,还在继续放水,此时管内处于负压,空气从焊口处向管内流动。若此时进行焊接很容易把铁水也吸入管内,将严重影响焊接质量。这样的焊缝运行不了几天就又发生漏水事故。因此,在处理省煤器漏水事故时,一定要等省煤器中的水放干净,并关闭放水阀后,方可进行焊接。

④割管时,应准确,避免割错管子,割开后应立即堵住管口并贴封条,以防杂物掉入。焊接时,再用压缩空气吹一次,否则就会因管子里有东西而发生堵塞。

4. 省煤器的检修工艺

九江电厂 660 MW 机组锅炉原省煤器布置在尾部竖井前、后烟道的下部,后进行超低排放改造,锅炉进行了低氮燃烧器及宽负荷脱硝改造并同步进行了煤种改变(贫改烟),拆除竖井前烟道低再侧最下组省煤器(约40%),增加两组 H 型鳍片省煤器安装在脱硝装置出口烟道内(脱硝钢架标高39以下)。现省煤器包括竖井段和脱硫脱硝段两部分。给水通过逆止门和电动隔离门后进入 H 型鳍片省煤器进口集箱,流经尾部脱硝装置出口烟道内省煤器管组、出口集箱、分级省连接管道、尾部烟井前后烟道的省煤器进口集箱、管组、中间集箱和悬吊管,而后汇合在省煤器出口集箱,再由 2 根 $\Phi 356 \times 46$ 连接管道分别引入水冷壁左右侧墙下集箱。水冷壁下集箱为四周相连通的环形集箱,也称为炉底下集箱。

分级省煤器由吊杆和管夹支吊分别承载于两只分级省煤器进口集箱下,分四列悬吊;竖井省煤器由吊杆和管夹支吊分别承载于四只省煤器中间集箱下,分四列悬吊,每列再通过省煤器中间集箱上的悬吊管悬吊承载,悬吊管内的介质来自省煤器。

(1) 设备规范

表 5-13 省煤器布置结构特性

名称	节距 mm 横向 St	节距 mm 纵向 SL	管径 mm	排数	每排管子根数	材质
省煤器(低再侧)	112	101.6	48×8	167	2	SA210-C
省煤器(低过侧)	112	101.6	48×8	167	2	SA210-C
省煤器(脱硝侧)	112	100	44.5×7.5	2×105	3	SA210-C
省煤器悬吊管	336		60×12	67	4组	SA210-C

(2) 设备 A 级检修周期及标准检修项目

A 级检修周期:5 年或超过 3.5 万小时。

表 5-14 A 级检修标准项目

序号	标准检修项目	备注
1	管子外壁冲灰	
2	检查管子磨损、变形、胀粗、腐蚀、变形情况,测量壁厚及蠕胀,并更换不合格的管子	结合规范性检查进行
3	受热面支吊架、管卡及防磨装置检修	结合规范性检查进行
4	联箱支吊架检查、调整	结合规范性检查进行
5	割管取样	配合金相专业
6	管排检查、校正	结合规范性检查进行
7	联箱焊缝、腐蚀、结垢检查清理	结合规范性检查进行
8	水压试验	

(3) 设备 C 级检修周期及标准检修项目

C 级检修周期:1.5~2 年。

表 5-15　C 级检修标准项目

序号	标准检修项目	备注
1	管子外壁冲灰	
2	检查管子磨损、变形、胀粗、腐蚀、变形情况,测量壁厚及蠕胀,并更换不合格的管子	结合规范性检查进行
3	受热面支吊架、管卡及防磨装置检修	结合规范性检查进行
4	联箱支吊架检查、调整	结合规范性检查进行
5	管排检查、校正	结合规范性检查进行
6	水压试验	

(4) 修前准备

设备的状态评估已完成。运行、检修已全部落实,锅炉冲灰、炉膛脚手架搭设完成。文件包、技术方案已编制完成。专用工器具如对口钳、磨光机、坡口机、电焊机、手拉葫芦、行灯等准备就绪。备品材料如炉管、焊条等已准备就绪。包括起重、焊工、金属试验等特殊工种人员,必须持证上岗。检修人员已经落实,并经安全、技术交底,明确检修的目的、任务和要消除的缺陷。

(5) 检修工艺及质量标准

表 5-16　检修工艺及质量标准

序号	检修项目	工艺要点及注意事项	质量标准
1	省煤器清灰	(1)管子表面和管排间的积灰用高压水冲洗或用压缩空气清灰。(2)进入省煤器检修现场的所有电源线须架空,电气设备使用前应检查绝缘、触电和漏电保护装置。	(1)管子表面和管排间的烟气通道无积灰。(2)电气设备绝缘良好,触电和漏电保护可靠。

续表 5-16

序号	检修项目	工艺要点及注意事项	质量标准
2	省煤器外观检查	(1)检查管子磨损。 a. 检查烟气入口的前三排管子。 b. 检查穿墙管或测量壁厚。 c. 吹灰器吹扫区域内的管子检查或壁厚测量。 d. 检查蛇形管管夹两侧直管段及弯头。 e. 检查横向节距不均匀的管排及出列的管子，或测量壁厚。 f. 检查悬吊管或测量壁厚。	(1)管子表面光洁，无异常或严重的磨损痕迹。 (2)管子磨损量大于管子壁厚30%的，应予以更换。
		(2)管排横向节距检查和管排整形。 a. 检查和清理滞留在管排间的异物。 b. 更换变形严重的管子或管夹。 c. 恢复管排横向节距。	(1)管排横向节距一致。 (2)管排平整，无出列管和变形管。 (3)管夹焊接良好，无脱落。 (4)管排内无杂物。
3	监视管切割和检查	(1)监视段须由化学监督部门予以指定。 (2)监视段须避开管排的管夹，如是第二次割管，则必须包括新旧管。（新管是指上次大修所更换的管子。） (3)监视段切割时不宜用割炬切割。 (4)监视段切割下来后应标明管子部位、水流方向和烟气侧方向。 (5)测量监视段厚度及检查管子内外壁的腐蚀。	(1)管子切割部位正确。 (2)监视管切割时管子内外壁应保持原样，无损伤。
4	管子更换	(1)割管。 a. 确定位置，将管子割开。 b. 管子割开后应立即在开口处进行封堵并贴上封条。 c. 相邻两根或两根以上管子更换，切割部位应上下交错。 d. 悬吊管局部更换时，必须先将切割点承重一侧的管子加以固定，稳妥以后方可割管、换管，焊接结束后方可撤去固定装置。 e. 管子切割应采用机械切割，特殊部位需采用割炬切割的，则应在开口处消除热影响区。	(1)管子的切割点位置应符合 DL612—1996 中 5.29 的要求。 (2)切割点开口应平整，且与管子轴线垂直。 (3)悬吊管承重侧管子不发生下坠。 (4)悬吊管更换后保持垂直。 (5)对于采用割炬切割的管子，在管子割开后应无熔渣掉进管内。

续表 5-16

序号	检修项目	工艺要点及注意事项	质量标准
4	管子更换	(2)检查新管。 a.检查外观。 b.检查管子表面裂纹。 c.检查管子表面压扁、凹坑、撞伤和分层。 d.检查管子表面腐蚀。 e.外表缺陷的深度超过管子壁厚的10%时，应采取必要的措施。 f.检查弯管表面拉伤和波浪度。 g.检查弯管弯曲部分不圆度，并通球试验，试验球的直径应为管子内径的85%。 h.检查管径及壁厚。 i.检测合金元素光谱。 j.新管使用前宜进行化学清洗，对口前还需用压缩空气进行吹扫。	(1)管子表面无裂纹、撞伤、压扁、沙眼和分层等缺陷。 (2)管子表面光洁，无腐蚀。 (3)管子壁厚负公差应小于壁厚的10%。 (4)弯管表面无拉伤，其波浪度应符合 DL5031—1994 中表 4.2.6 的要求。 (5)弯管弯曲部分实测壁厚应大于直管的理论计算壁厚。 (6)弯管的不圆度应小于6%，通球试验合格。 (7)合金元素正确。 (8)新管内无铁锈等杂质。
		(3)新管焊接。 a.管子对口应按照 DL5031—1994 的5.1和5.2进行。 b.管子焊接工艺按照 DL5007—1992 的5.0进行。 c.新管施工焊口须100%探伤。	(1)管子焊接须符合 DL5007—1992 的质量标准。 (2)新管施工焊口合格率为100%。
5	防磨装置检查和整理	(1)防磨罩磨损检查。 (2)防磨罩位置检查。 (3)防磨罩安装或更换应严格按照设计要求进行，不得与管子直接焊接。	(1)防磨罩应完整。 (2)防磨罩无严重磨损，磨损量超过壁厚50%的应更换。 (3)防磨罩无移位、无脱焊和变形。 (4)防磨罩能与管子做相对自由膨胀。

续表 5-16

序号	检修项目	工艺要点及注意事项	质量标准
6	联箱检查	(1)焊缝检查。 a. 联箱管座角焊缝去缝、去污检查。对运行 10 万小时以上的出口联箱的管座角焊缝应进行抽样检查或无损探伤。 b. 对联箱封头焊缝去锈检查，必要时进行无损探伤检查。 c. 焊缝裂纹补焊前应对裂纹进行打磨，在确认无裂纹痕迹后方可进行焊接，并采取必要的焊前预热和焊后热处理的措施。	(1)焊缝表面及边缘无裂纹。 (2)联箱封头焊缝无裂纹。 (3)补焊焊缝合格。
		(2)外观检查。 a. 检查联箱外壁的腐蚀点，对于布置在炉内的联箱还应检查磨损，必要时测量壁厚。 b. 宏观检查出口联箱，运行 10 万小时后，首先应进行宏观检查，应特别注意检查联箱表面和管座孔周围的裂纹。然后，对联箱进行金相检查，对金相检查超标的联箱应进行寿命评估，并采取相应的措施。 c. 联箱三通去锈后，检查其弯曲部分，运行 10 万小时后应进行超声波探伤。	(1)联箱腐蚀或磨损后的壁厚应大于设计允许壁厚。 (2)联箱的表面、管座孔周围和联箱三通弯曲部分无表面裂纹。 (3)联箱金相组织的球化应小于 5 级。
		(3)联箱内部检查和清理。 a. 检查和清理联箱内部积垢。 b. 检查联箱内壁及管座拐角处的腐蚀和裂纹。 c. 对于有内隔板的联箱，在运行 10 万小时后应用内窥镜对内隔板的位置及焊缝进行全面检查。	(1)联箱内部无结垢。 (2)联箱内壁无腐蚀和裂纹。 (3)隔板固定良好，无倾斜和位移，焊缝无裂纹。
		(4)吊杆、吊耳及支座检查。 a. 检查吊杆的腐蚀和变形。 b. 检查吊杆与吊耳连接的销轴变形。 c. 对吊耳与联箱焊接的角焊缝去锈去污后进行检查，或打磨后着色检查。 d. 检查弹簧支吊架的弹簧弹力。 e. 检查联箱支座膨胀间隙。	(1)吊杆表面无腐蚀痕迹。 (2)吊杆受力均匀。 (3)销轴无变形。 (4)吊耳与联箱的角焊缝无裂纹。 (5)吊杆受力垫块无变形。 (6)弹簧支吊架弹簧受力后位移正常。 (7)联箱支座接触良好，膨胀不受阻。

续表 5-16

序号	检修项目	工艺要点及注意事项	质量标准
7	水压试验	(1)试验前准备。 a.制定水压试验的组织措施和安全措施。 b.对水压试验的系统和设备予以确定。 c.试验前对试验范围内的系统和设备进行检查,同时对于不参加水压试验的设备和系统须做好隔离措施。 d.水压试验就地压力表应校验合格。	(1)组织措施严密。 (2)水压试验设备和范围明确。 (3)水压试验压力表应校验合格,且精度应大于1.5级。
		(2)试验检查。 a.检查各受热面管道的残余变形。 b.检查各受热面管道焊缝。 c.检查各受热面管道膨胀变形。	(1)试验设备管道无残余变形。 (2)试验设备管道焊缝无渗漏,管子表面无渗漏。

(6)常见故障及处理方法

表 5-17 设备常见故障及处理方法

序号	故障现象	原因分析	处理方法
1	异物堵塞爆管	检修或运行中,有异物堵塞省煤器管,使省煤器得不到有效冷却	清除异物
2	磨损减薄爆管	飞灰、气流冲刷	改变冲刷方向,注入防磨措施
3	膨胀受阻爆管	存在膨胀死点,导致受热膨胀不均匀,拉裂管子	消除膨胀死点
4	超温	机组开机阶段,省煤器再循环阀门未开启,使省煤器得不到有效冷却	开启省煤器再循环阀门
5	错用管材	降低管子使用寿命	按规定检查管材
6	母材缺陷	母材存在气孔、夹渣等	加强检查,及时消缺
7	管子机械损伤	管子在制造、安装和使用过程中,由各种机械行为造成管子外表损伤	加强检查,及时消缺,采取措施,避免损伤
8	积垢	锅炉水质不良,或者锅炉长周期运行	改善水质,对省煤器检修酸洗
9	焊接质量	虚焊、漏焊、错用焊条,焊接时有气孔、夹渣存在;金相检查不彻底	加强焊接质量管理

(7)检修质量评定

省煤器管完好,无鼓包、磨损、腐蚀、胀粗及裂纹等超标缺陷。

各管系膨胀自由,管排整齐;各附焊件完好,无拉裂现象。

锅炉水压试验后,各承压部件无渗漏现象,无残余变形。

四、燃烧器和油枪的检修

燃烧器常见的缺陷有设备损坏、风管磨损、喷嘴堵塞、挡板卡涩等。检修中,要对燃烧器进行认真检查,以保证良好的空气动力场。

燃烧设备的检修内容如下:

①清理燃烧器周围结焦,修补卫燃带。

②修燃烧器,更换喷嘴,检查、焊补风箱。

③检查、更换燃烧器调整机构。

④检查、调整风量调节挡板。

⑤燃烧器同步摆动试验。

⑥燃烧器切圆测量,动力场试验。

⑦检查点火设备和三次风嘴。

⑧检查或更换浓淡分离器。

⑨检修或少量更换一次风管道、弯头、风门。

当炉膛内已清焦完毕,脚手架已搭好,或炉膛检修平台已经安装好时,检修人员要对燃烧设备进行仔细检查,并有针对性地进行修理。

1. 直流燃烧器检修

(1)常见故障

直流燃烧器常见的故障有一次风喷嘴磨损、烧坏。当采用启停火嘴调整负荷时,停止运行的一次风喷嘴形成高温区域而结焦,严重时,会使一次风喷嘴堵死,煤粉气流喷不出去。直流燃烧器的调整挡板也存在卡涩现象。

处理烧坏的一次风喷嘴时,应根据设备的结构情况采用适宜的方式。有的一次风圆形喷嘴是用一段管子制成的,方形的一、二次风喷嘴是用不锈钢板组焊而成的,或采用螺栓连接。如采用焊接连接,可将烧坏的喷口切除,重新焊一段即可;如果采用螺栓连接,则要拆开各连接螺栓与固定件,取下烧坏的喷嘴,将新的喷嘴焊上。

同时,还应对各二次风、三次风喷嘴、风管、伸缩节、调整挡板进行检修,清除结焦、堵塞。对有船体的多功能燃烧器,还应检查船体的磨损、烧损变形情况,并做相应处理。

(2)检修的质量标准

本体检查质量标准:

①摆动式燃烧器。

- 燃烧器本体须完整,无严重的烧损和变形。
- 燃烧器本体结构件焊缝无裂纹。
- 燃烧器本体修补后的焊缝不得高于平面。
- 燃烧器一次风喷口扩流锥体和煤粉管隔板无严重磨损,无松动和倾斜,固定良好。
- 燃烧器喷口更换后其摆动应灵活,无卡涩。所有喷口的摆动角度需保持一致且能达到设计值。在运行时不影响水冷壁的膨胀且水冷壁不受煤粉的冲刷。
- 更换时喷口偏转角度符合设计要求。

②固定式燃烧器。

- 一次风和二次风间的隔板无磨损和变形。燃烧器箱体焊缝无脱焊。
- 更新后喷口的高度和宽度的允许偏差为 ±6 mm;对角线允许偏差须小于 6 mm,下倾角和左右偏转角符合设计要求。

摆动机构检修质量标准:

①检查和校正连杆。

- 曲臂和连杆运动时无卡涩。
- 连杆传动幅度与燃烧器本体摆角一致。
- 曲臂的固定支点和燃烧器本体的转动支点无裂纹。

②减速器解体。

- 蜗轮蜗杆接触面无裂纹,无磨损。
- 蜗轮蜗杆装配后无松动。
- 减速器密封良好。
- 减速器装配后须转动灵活,无冲动、断续或卡涩现象。

③摆角校验。

- 喷口摆动保持同步。

- 喷口摆角的最大倾角和最大仰角符合设计要求。
- 喷口水平误差小于±0.5°。
- 喷口实际摆角与就地指示的误差应小于±0.5°。
- 摆角就地指示与集控室表计指示一致。

二次风挡板检查和开度校验质量标准：

①挡板外形完整，挡板轴无变形。

②挡板与轴固定良好，无松动。

③挡板开关灵活，无卡涩。

④挡板最大开度和最小开度能达到设计要求。

⑤挡板就地开度指示与集控室表计指示一致。

2. 旋流燃烧器检修

（1）二次风风碹检修

二次风风碹一般用特制的耐火砖砌成，运行中处于高温区域，很容易被烧坏，个别烧坏的耐火砖从风碹上掉下来，会使风碹产生缺口而加剧损坏。

二次风风碹也是容易结焦的区域，运行中除焦或停炉后的清焦很容易把耐火砖和上面的焦块一起打下来，使风碹遭到破坏。

如检查发现风碹有烧坏、脱落现象，则应由瓦工重新砌耐火砖风碹。风碹的下半圈要依着一个样板砌砖，上半圈则要先装一个特制的模型，在模型上砌砖，待灰缝结实后，再将模型拆除。风碹直径须保持原设计尺寸，误差不得大于20 mm。

（2）一次风检修

一次风管或蜗壳由于煤粉气流的磨损，管壁蜗壳壁会被磨得很薄，甚至磨透，造成煤粉泄漏。由于一次风喷嘴及内套管口处于高温区域，在运行中也极容易被烧坏，产生变形。

当双蜗壳燃烧器的一次风蜗壳的防磨内套筒被磨损时，可补焊或更新防磨内套筒，严重时必须更换。更换蜗壳时，抽出内套，拆下蜗壳和一次风连接的法兰螺栓、蜗壳和二次风连接的法兰螺栓，将旧蜗壳拆下，更换新蜗壳。若可调叶片式旋流燃烧器的一次风管磨损，应根据情况补焊或更换。

当一次风喷口和内套管口被烧坏时，可在炉膛内将烧坏的喷嘴切下，更换新的耐高温合金管，或用螺栓连接耐热铸铁短管。更换时应保证与二次风风碹的同心度,与二次风风碴端面的尺寸应符合图纸要求,一般不允许伸出二次风风碴端面,以免烧坏。

(3)挡板卡涩

双蜗壳形燃烧器的二次风量、风速挡板,轴向可调叶片旋流燃烧器的一次风舌形挡板及二次风调整拉杆在运行中常被卡死,不能开关和调整。挡板卡涩时,挡板转轴在轴套内不能转动,这时要查明原因。若有脏物,应将轴套内的脏物、铁锈清理干净,并用汽油清洗,使之转动灵活。若是由于热态膨胀后间隙过小而卡死,则须拆出挡板,将其四周用锉刀锉去 3~5 mm,以增大冷态时的活动间隙。

(4)旋流燃烧器检修质量标准

本体检修质量标准:

①喷口外形完整,无开裂,无严重变形和严重磨损。喷口位置符合设计要求。

②无脱落,无严重缺损,无裂纹。

③防磨衬里完整,无松脱、变形、裂纹等,磨损量不大于原厚度的2/3。

④膨胀间隙符合设计要求。

调风门检修质量标准:

①叶片无缺损,无严重变形,无松脱等。

②各部件位置正确,无严重变形和磨损,动作灵活,无卡涩,能全开全关。

支架组件质量标准:

①外形无严重变形、无裂纹,填料密封无老化。

②焊缝完好,无裂纹;支架无变形、无缺损、无裂纹。

3.油枪检修

油枪解体前检查是否有漏油现象。将油枪从油枪套中拉出,拆下连接器,放掉积油,存入规定地方。用扳手将喷嘴接头取下,取出旋流叶片及喷嘴,将顶针和弹簧从枪管中取出。将拆下的所有零件用煤油洗干净后,检查各零件的损坏情况。喷嘴有无磨损、烧坏、变形,各零件的丝扣有无滑扣、拉毛,各接合面上有无油污、沟槽、划伤、麻点等缺陷。如有轻微缺陷,不影响使用,可进行打磨修理;如缺陷严重,可更换部件。检修后保证喷油孔畅通,不渗漏,各接合面光洁,密封良好。回装油枪与配风器保持同心,喷嘴与旋流扩散器的距离和旋流方向符合图纸规定。油枪的连接处,特别是带有回油装置的接合面应密封良好,没有泄漏。油枪伸缩执行机构操作灵活,油枪进退自如,无卡涩。配风器的焊缝和接合面严密不漏。

检查金属软管应无泄漏,焊接点无脱焊,不锈钢编织皮或编织丝无破损或断裂。必要时对软管进行设计压力的水压试验,软管有破裂趋势的应更换。更换软管前对新软管进行检查,并进行 1.25 倍设计压力的水压试验。

对油枪配风器应进行内外观检查、叶片焊缝检查,对叶片焊缝裂纹进行相应的修补,烧损变形严重的叶片应更换。检修后,配风器出口无积灰和结焦,截面保持畅通。配风器及叶片完整无损,无烧损和变形,叶片焊缝无裂纹。

4. 检修工艺

九江电厂 660 MW 机组 7 号锅炉原来的设计煤种为郑煤集团贫煤,后在超低排改造中同步将设计煤种改为烟煤,制粉系统采用中速磨煤机正压直吹系统,采用四角切圆燃烧方式,燃烧器采用摆动式直流燃烧技术。锅炉共配置六台 MPS – HP – ⅡA 型中速磨煤机,每台磨煤机的出口由四根煤粉管接至炉膛四角的同一层四角布置煤粉喷嘴。煤粉管道直径 $\Phi 580 \times 10$ mm,燃烧器入口弯头采用 V 型联管器连接,吸收轴向膨胀和微量倾斜,在入口弯头和燃烧之间布置有煤闸门(检修过程中已取消),在检修时可以起到隔断的作用。锅炉投入五台磨煤机可带额定负荷,一台备用。

燃烧器的二次风喷嘴呈间隔排列,顶部设有 5 层 SOFA 二次风(燃尽风)和 2 层 CCOFA 二次风(紧凑型燃尽风)。主风箱设有 6 层低氮燃烧器煤粉喷嘴(即一次风喷嘴),二次风加上煤粉喷嘴的燃料风(周界风),每组燃烧器各有二次风挡板 25 组,均由电动执行器单独操作。为满足锅炉再热汽温调节的需要,主燃烧器喷嘴由四组内外传动机构传动,每组分别带动一到二组煤粉喷嘴及其邻近的二次风喷嘴。这四组传动机构又由外部垂直连杆连成一个摆动系统,由一台角行程电动执行器统一操纵做同步摆动,在热态运行中一、二次风喷口均可上下摆动,一次风喷嘴最大摆角为 ±20°,二次风喷嘴最大摆角为 ±30°;同时采用可水平摆动调节的 SOFA 喷嘴设计控制,最大摆角为 ±15°。主燃区所有的一、二次风喷嘴(88 个)全部设有热电偶;等离子喷嘴每个角有 3 个温度测点,合计 12 个。喷口的摆动由能反馈电信号的执行机构来实现,四角同步,燃烧器上设有摆动角度指示标志。5 层 SOFA 层喷嘴的摆动角度与其他二次风喷口的摆动角度可以成比例。燃烧器摆动执行机构采用原装进口气动执行机构,烟气关断挡板和风门驱动装置采用原装进口电动执行机构。在燃烧器二次风室中配置了三层(AB、CD、EF)共 12 支油枪,采用机械雾化方式,锅炉油燃烧器的总输入热量按 20% B-MCR 计算。

燃烧设备采用引进的低 NO_x 同轴燃烧系统(LNCFSTM),LNCFSTM 的主要组件为:

a. 紧凑燃尽风(CCOFA)。

b. 可水平摆动的分离燃尽风(SOFA)。

c. 预置水平偏角的辅助风喷嘴(CFS)。

d. 低氮燃烧器煤粉喷嘴。

进行低氮燃烧器改造时,更换了原分离燃尽风喷口,增大其通流面积。改造后分离燃尽风率在 35% 左右。

燃烧装置采用南京宇光特种电器厂提供的组合式推进油燃烧装置,由油枪、点火枪、组合气动推进装置、油燃烧器(包括稳焰叶轮、护套管)等组成。锅炉配置 12 根挠性机械雾化油枪,相应 12 套油燃烧装置采用挠性可摆动式。

(1)设备规范

表 5-18　燃烧器设备规范

名称	单位	技术数据
1.燃烧器		上海锅炉厂
型式		四角布置切向燃烧摆动式
数量	只	24(一次风喷嘴)
2.点火油枪		
数量	支	12
燃料		轻油(#0 柴油)
出力	t/h	0.8(第二层)、1.6(第一、三层)

(2)设备 A 级检修周期及标准检修项目

A 级检修周期:5 年或超过 3.5 万小时。

表 5-19　A 级检修标准项目

序号	标准检修项目	备注
1	燃烧器解体	
2	煤粉弯头磨损检查	
3	水平分隔板、钝体检查	
4	燃烧器风箱清灰	
5	点火油枪解体检修	
6	燃烧器本体外观检查消缺	
7	内外二次风挡板连杆检修	
8	二次风挡板开度测量和调整	
9	燃烧器摆动机构检查与调整	

(3) 设备 C 级检修周期及标准检修项目

C 级检修周期：1.5~2 年。

表 5-20　C 级检修标准项目

序号	标准检修项目	备注
1	燃烧器抽样解体	
2	煤粉弯头磨损检查	
3	水平分隔板、钝体检查	
4	燃烧器风箱清灰	
5	点火油枪解体检修	
6	燃烧器本体外观检查消缺	
7	内外二次风挡板连杆检修	
8	二次风挡板开度测量和调整	
9	燃烧器摆动机构检查与调整	

(4) 修前准备

设备的状态评估已完成。运行、检修已全部落实,炉内已搭好架子。文件包、技术方案已编制完成。专用工器具如葫芦、扳手、手电、测量工具等准备就绪。备品材料如煤粉喷嘴、油枪、密封垫、密封圈、铜包垫、螺栓等已准备就绪。包括焊工、起重等特殊工种应持证上岗。检修人员已经落实,并经安全、技术交底,明确检修的目的、任务和要消除的缺陷。

(5)检修工艺及质量标准

表 5-21 检修工艺及质量标准

序号	检修项目	工艺要点及注意事项	质量标准
1	检修准备	检查二次风道,发现燃烧器区域积水、积油应及时记录。 清扫二次风道内的所有积油和积灰。 拆除燃烧器箱壳表面保温层。 通知仪控人员拆除燃烧器区域的电缆电线。 二次风道内应有充足的照明,所有进入风道的电源线应架空,电压符合安全要求。 进入炉内检查,应注意加强自我保护。	风箱内无积灰和积油。 记录异常情况并转交阀门检修人员。 碎保温材料全部倒入指定区域。 进入炉膛的电气设备绝缘良好,触电和漏电保护可靠。 炉内工作做好防高空落物、防高空坠入措施。
2	煤粉喷嘴解体	拆除燃烧器油枪。 拆除燃烧器前部管道。 拆除燃烧器密封盖板、摆动连杆连接销和煤粉管连接法兰。 拖出燃烧器壳体中心筒。	记录油枪原始位置。 燃烧器平台电缆、管道设置较多,拆除中注意防止零件损坏。
3	煤粉喷嘴的检查更换	检查燃烧器水平分隔板、钝体的磨损和烧损情况,必要时更换。 检查一次风管防磨导向器的磨损情况,必要时更换。 更换喷嘴时应测量、调整喷嘴位置。 更换时与水冷壁保持膨胀间隙。 拆除二次风道与燃烧器喷嘴的固定螺栓。 将煤粉喷嘴拖出进行更换。	记录燃烧器损坏情况。 喷嘴、中心筒外形完整,无开裂,无严重变形和严重磨损。 导向器完整,无松脱、变形、裂纹等,磨损量不大于原厚度的2/3。 喷口位置合乎设计要求。

续表 5-21

序号	检修项目	工艺要点及注意事项	质量标准
4	内外二次风调节挡板的检修	检查二次风调节挡板的叶片、轴及其他部件的磨损和变形情况。 检查调节挡板的传动灵活性。 检查测定调节挡板的特性曲线。开启和关闭挡板,每隔10%测量开度尺寸。 检查调整内外二次风挡板的同步性。 检查二次风箱内所有的支撑件、护板的磨损、裂缝、脱焊、泄漏等,发现问题及时修复。	调节挡板无变形、裂纹。 转动灵活,无卡涩。 从全开到全关过程中在同一位置的最大滞后距离不得超过30 mm。 二次风挡板的每块角度误差不小于±3°。 支撑件、护板应无磨损、变形、脱焊、泄漏的存在。 二次风挡板应开关灵活,刻度指示明确。
5	二次风挡板检修	挡板全行程开关,检查挡板外形情况。 检查传动机构动作情况,清除各处积灰。	挡板无严重变形、无松脱、无卡涩,开关灵活,位置正确,能全开全关。
6	喷嘴角度调整	喷嘴及隔板检修完毕后,根据燃烧工况条件和要求,对各喷嘴角度进行调整。	
7	油枪清洗和检查	蒸汽冲洗油枪管道和喷道。 检查油枪喷嘴孔径。喷油孔磨损量达原孔径1/10或形成椭圆时应更换。 检查油枪雾化片与油枪雾化片座间的密封。 检查油枪金属软管,必要时应对软管进行设计压力的水压试验。新软管应进行1.5倍设计压力的水压试验。	油枪雾化片、旋流片应规格正确,平整光洁。 喷油孔和旋流槽无堵塞或严重磨损。 油枪各接合面密封良好,无渗漏,间隙<0.8 s。 金属软管无泄漏,焊接点无脱焊,不锈钢编织皮或编织丝无破损或断裂。
8	油枪执行机构检查	检查油枪进油、进气密封面。 检查油枪驱动套管内外壁及密封,清除套管外壁油垢。 检查套管,破裂或有破裂趋势的应更换。 油枪进退检验。	密封面平整,无凹坑、划痕等。 导向套管内外壁光滑,无积油,油枪进退灵活,无卡涩现象。 套管无裂缝。 油枪进退均能达到设计要求的工作位置和退出位置。

(6)常见故障及处理方法

表 5-22　设备常见故障及处理方法

序号	故障现象	原因分析	处理方法
1	油枪泄漏	密封圈失效,油枪安装不到位	更换密封圈,重新安装油枪
2	油枪点火失败	油枪雾化不好;点火枪不发火	清理油枪头子;更换点火枪
3	油枪卡涩	无压缩气,气管漏,电磁阀动作不正常;位置开关损坏;机械卡涩	检查和处理气源和电磁阀工作情况;修整位置开关;用人力推拉机构,检查和消除卡涩
4	燃烧器漏灰	面盖法兰螺栓孔漏	拆除保温层,焊补或者重新紧固
5	燃烧器煤粉管磨穿	飞灰磨损	机组运行时,加焊铁板修补;停机时更换
6	内外二次风挡板卡涩	销轴积灰、锈蚀	拍打振动,停机时检修消除卡涩

(7)检修质量评定

燃烧器风箱密封良好,无磨损现象;不漏风、漏灰。

喷嘴完好,无变形、磨损、烧损等缺陷,喷嘴角度调整后符合要求。

看火孔门、打焦孔门完整,无变形、不卡涩。

二次风小风门及一次风小风门开关灵活,不卡涩;开度符合要求。

油枪着火雾化良好,油枪连接件不渗漏油。

第五节　锅炉受热面管子常见事故

一、事故分析

锅炉受热面管子常见事故主要有长时超温爆管、短时超温爆管、材质不良爆管等。

1. 长时超温爆管

如果锅炉受热面管子在运行过程中,因某些原因使管壁温度超过设计温度,在高温长时间作用下,导致钢材组织结构变化,蠕动速度加快,持久强度下降,使用寿命达不到设计要求而提早爆破损坏,称为长时超温爆管,也叫作长期过热爆管或一段性过热损坏。长时超温爆管由于管壁温度还没达到临界点温度,爆管时虽然有介质的激冷作用,但还不会发生相变。

长时超温爆管一般发生在高温过热器出口段的外圈向火侧,根据近几年来对过热器管子爆破事故的分析,70%是由于长时超温而引起的。

长时超温爆管的破口呈粗糙脆性断口,管壁减薄不多,管子胀粗也不是很显著,爆破口附近往往有较厚的氧化铁层。长时超温爆管的显微组织虽无相变却有碳化物析出并聚集长大,甚至有些还会出现石墨化等组织变化。

2. 短时超温爆管

锅炉受热面管子在运行过程中,由于冷却条件的恶化,使管壁温度在短时间内突然上升,达到临界点以上温度。在这样高的温度下钢的抗拉强度急剧下降,在介质压力作用下温度最高的向火侧首先发生塑性变形,管径胀粗,管壁减薄,随后发生剪切断裂而爆破。爆破时,由于介质对炽热的管壁产生激冷作用,在爆破口往往有相变的组织结构,这种爆管就成为短时超温爆管,也叫作短时过热爆管或加速蠕变爆管。

短时超温爆管大多数发生在水冷壁管、凝渣管上,特别是水冷壁管热负荷最高的地方,如燃烧带附近及喷燃器附近的向火侧。

短时超温爆破口一般胀粗较为明显,管壁减薄很多,爆破口呈尖锐的喇叭形,其边缘很锋利,具有韧性断裂的特征。爆破口附近有时有氧化铁层,有时没有。爆破口的这些特征与超温爆管时产生了较大的塑性变形,使管缝减薄,因而承受不了介质的压力而引起剪切断裂。

短时超温爆管的过程类似于做高温短时拉伸试验,在应力的作用下,先引起塑性变形,后在局部地区出现收缩现象,最后形成剪切裂纹而产生韧性断裂。

爆破口附近的氧化铁层厚度,可从运行情况来分析。如果管子一直在设计温度下运行,氧化铁层就薄,甚至没有;如果曾经在超温情况下运行过一段时间后再发生短时超温爆管,则氧化铁层就较厚,而且爆破口的背部(即背火侧)还会出现碳化物球化等组织变化,组织变化后,力学性能也会发生改变。如对爆破口断面进行硬度测定,可发现爆破口周向断面上各点的硬度差异很大,爆破口的硬度明显增高。

3. 材质不良爆管

材质不良爆管是指错用钢材或使用有缺陷的钢材造成锅炉管道提早损坏。

错用钢材往往是指把性能比较低的钢材用到高参数的工况下,实际上是一种超温运行。一旦发生爆管事故,其爆破口的宏观特征和微观组织的变化基本上与长时超温管相同,属于长时超温爆管。在制造、安装和检修时,未经计算就选用了低一级的钢管,认为是错用钢材。例如蒸汽参数为 535 ℃、10 MPa 的主蒸汽管道,正常使用的钢材应为 22CrlMoV 钢,若误用了 20 钢,由于该钢用于主蒸汽管道的允许温度是 450 ℃,因此,只要运行几千小时就会发生爆破。

使用了大于壁厚负偏差的折叠、结疤、离层、发纹和大于壁厚 5% 的横向发裂以及严重夹杂、脱碳的管子称为使用有缺陷的钢材。这些缺陷的存在严重削弱了管壁强度,在高温和应力的长时间作用下,缺陷部位容易形成应力集中现象,产生裂纹使缺陷加深,腐蚀介质也可能侵入缺陷区域使腐蚀速度加快,使受热面管子承受不了介质的压力而爆破。有缺陷的管子爆破时,爆破口往往是沿缺陷豁开,裂纹较直。爆破口边缘一般有两个部分,有缺陷的部分边缘粗糙,呈脆性断面,没有缺陷的部分则呈韧性断面。

二、案例分析

某电厂 4 号锅炉水冷壁爆管事件

1. 事故经过

(1) 2005 年 2 月 22 日,总厂 4 号锅炉 E9 吹灰器吹爆水冷壁管停机抢修,共更换 4 根水冷壁管。25 日抢修完毕,在上水过程中又发现 B9 吹灰器水冷壁管漏水,更换 7 根水冷壁管后,于 26 日 12:38 并网。

(2) 水冷壁爆管检查情况如下:E9 吹灰器下半圆水冷壁有 4 根管多处被吹损,共有 8 个破口,最大孔径为 8 mm。B9 吹灰器在 E9 吹灰器的正上方 18 m 处,有 2 根管子局部鼓包爆管,爆口尺寸分别为 42 mm×8 mm、30 mm×5 mm。

事件发生后,安监部立即深入炉膛现场,抓拍到第一手照片,立即封存当月锅炉运行值班员记录、单元长记录、2004 年以来 4 号炉本体吹灰记录,并在 MIS 缺陷管理及检修值班记录本查找相关吹灰器记录,将事件对应的吹灰枪部件进行封存,等候调查。

2. 水冷壁管爆管分析

(1) E9 吹灰器水冷壁管爆管分析。停炉检查,发现 E9 吹灰枪处于正常退出位,枪杆进退活动正常,枪头没有烧坏痕迹。在锅炉值班员记录本、单元长记录本、2004 年以来 4 号炉本体吹灰记录本、MIS 缺陷管理记录及检修值班记录本上均未发现 E9 吹灰器缺陷记录。

水冷壁管规格为 44.5 mm×5.5 mm，材料为 SA—210A，吹灰器除吹损下半圆水冷壁管外，还将周围 7 根管子吹伤（壁厚为 3.5 mm），其中 3 根管子更换过、4 根管子堆焊过，这些堆焊的管子说明吹灰器以前曾将其吹损过。

对 E9 吹灰器角阀解体检查，发现阀杆上部弹簧固定卡环失灵，致使角阀无法正常关闭，蒸汽从 E9 吹灰器喷出，对周边管子造成吹损。

由于检修队伍在屏式再热器部位进行清灰，安监部人员在进入炉膛不久便被迫撤出，无法组织人员对炉内 E9 吹灰器部位进行更深一步的现场勘察。

(2) B9 吹灰器水冷壁管爆管分析。对 B9 吹灰器处水冷壁爆管进行了金相检验。通过宏观检验、硬度试验和金相分析，结果表明，B9 水冷壁爆管的原因是向火面管壁长期超温所致。这主要是其下部水冷壁管子爆漏后，汽水混合物减少，蒸汽比例增加，导致水冷壁冷却不够。

3. 采取的措施

(1) 运行人员加强锅炉爆管后的起动检查和正常巡检工作，要特别注意检查受热面有无异常现象，提前发现问题，避免紧急停炉，以减少非计划停运次数。

在停炉放水过程中与检修部锅炉分部保持联系，听从检修安排，避免未检查完毕将水放掉的现象发生。在爆管检修中，运行人员未经总厂领导批准或锅炉分部同意而进行放水，生技部将按照延误抢修工期考核。

(2) 运行人员加强对吹灰器的巡检工作，并对 1~5 号锅炉本体吹灰器进行一次全面检查，发现问题及时填入缺陷单，并通告检修。

(3) 运行部修订锅炉吹灰器检查规定，要通过制度约束运行人员认真检查并做好记录（检查规定本月内报安监部）。

(4) 检修部对锅炉短吹角阀阀杆上部的弹簧固定卡环进行全面检查，对有异常的要及时更换，有缺陷的吹灰器要及时修复，确保吹灰器正常使用，严格执行防止吹灰器吹爆水冷壁管子的各项措施。

第六章　汽轮机本体检修

　　汽轮机、锅炉、发电机统称为火力发电厂的三大主机,从锅炉生产出来的高温高压的过热蒸汽经过导汽管输送到汽轮机进行膨胀做功,并驱动叶轮旋转向发电机输出轴功。可见汽轮机是在高温、高压和高转速下工作的大型原动机,而且运行工况又是经常变化的,随着机组启、停操作及运行逐渐发生变化,设备损耗逐渐增加。长时间的积累,必然造成部件磨损、变形以至损坏,不仅使设备可靠性能下降,容易发生运行故障,而且直接影响机组运行的经济性。因此,汽轮机设备的检修就显得尤为重要。

　　汽轮机本体包括静子和转子。汽轮机的静子,也就是本体当中的静子部分,它包括汽缸、隔板套、隔板、喷嘴、汽封、轴承、滑销系统以及一些紧固零件等。汽轮机的转子是本体当中转动的部分,它包括主轴、叶轮、叶片、围带、拉金、联轴器和紧固件等。本章将对汽轮机本体结构中主要零部件的检修进行分析和讨论。

第一节　汽轮机检修管理

一、准备计划阶段

1. 运行分析

　　机组大修前 40~60 天,由运行专职工程师提出运行分析报告。报告内容包括汽轮机处理、热耗、振动、缸胀、调速系统性能及设备存在缺陷和问题等,是编制大修施工计划的依据之一。

2. 设备调查

　　机组大修前 40~60 天,由检修专职工程师组织有关班组人员进行设备调查。调查内容为机组自上次大修(或安装)投运以来发生故障、检修、缺陷的原因,设备改进的效果,存在的问题,检修前的试验、测试以及有关节能、环保、反事故措施,同类型机组的事故教训等。提供调查报告,作为编制大修施工计划的依据之一。

3. 设备普查

在进行运行分析、设备调查的同时,发动设备负责人对自己所负责的设备进行现场检查并访问运行人员,弄清设备健康情况和存在的问题,提出分析改进意见,由汽轮机专业负责人汇总,作为编制大修施工计划的依据之一。

4. 找出问题,分析原因

根据 1~3 项,找出设备存在的主要问题,分析原因,提出解决方案。

5. 明确项目和目标

根据 1~4 项,明确大修重大特殊项目,提出检修目标。

6. 编制计划

根据上述 1~5 项的分析和讨论,编制大修施工计划和准备工作计划。大修施工计划内容为设备现况及存在的问题,检修项目和目标,技术组织措施,厂内外协调配合项目,检修用工及用料计划等。准备工作计划应使备品配件、材料、技术工和辅助工、外单位协作、试验等工作,有目标、有步骤地按照所制订的计划层层落实,项项定人。

7. 制定措施,修订标准

机组大修的重大特殊项目应在年度计划内确定,一旦有变化和补充,应及早修订,以便早准备、早落实。有关班组应根据实际情况,补充修订施工措施,补充标准项目的质量标准,并经上级批准后实施。

组织平衡机组大修前应定期检查准备工作的落实情况。尤其是重大特殊项目的具体准备,每个项目都要从设备、备品配件、材料、外单位协作、主要工具、施工现场设施、劳动力和技术力量配备、安全设施、劳动保护等方面反复平衡,组织力量,加强薄弱环节,做到备品配件、材料、规格、数量齐全,质量可靠,劳动力和技术工种配全并落实等。

8. 层层发动,落实到人

机组大修前 5~10 天,应组织有关检修人员学习大修施工计划、安全工作规程及质量标准。召开大修动员大会,向全体检修人员讲解大修任务、目标、安全、质量、进度等要求,使主体人员明确自己所做的检修项目、技术标准、质量要求、工艺顺序、工料定额、计划进度及安全措施等。

9. 停机前的全面检查

机组大修开工前 2~3 天,应对大修准备工作做全面仔细的检查。检查主要内容为大修准备工作计划的实施情况,重大特殊项目的各项措施、分工等的落实情况。消除设备缺陷,并应条条落实到人,保证措施齐全。解体后大型设备堆放应绘有区域划分图,如备品图的绘制应按照计划,落实到有关班组和个人。总之,事无大小,均应条目分明,计划周详,落实到人。只有在准备工作基本落实的情况下,才能申请停机开工。

二、开工解体阶段

1. 停机前后的测量试验

为了进一步掌握大功率汽轮机在各种工况下的运行情况,停机减负荷时,有关检修人员应到现场观察、测量并记录汽缸的胀缩、温差、轴承振动、调节系统的稳定性等,必要时做某些专门试验。依据停机时的观察及试验结果,对大修施工计划做进一步修改和完善。

2. 开工、拆卸、解体检查

设备检修开工必须办理开工手续,查对所修设备的隔绝范围和安全措施,凡不符合规程规定的不得开工。

拆卸设备前,应仔细检查设备的各部部件,熟悉设备结构,做到工序、工艺及使用的工具、仪器、材料正确。各零件的位置记录应清楚,无标记的零件应补做标记或做好记录。达到不漏拆设备零部件,不漏测技术数据,不使异物落入难以清理的腔室或管道内,不将零部件乱丢乱放等。同时,按照 ISO9000 质量保证体系预先确认的见证(W)点,应提前 24 h 书面通知有关验收人员于某时到某地进行现场验收。若验收人员不能按时到达现场验收,则认为验收人员放弃该见证(W)点,工作人员可以继续进行下一步工作,但事后必须由接到通知的验收人员补办签证手续。

现代化生产作业对施工现场的要求是科学安排、合理使用,并与周围环境保持协调的关系。机组检修现场管理目标是规范场容、合理定置、文明检修、安全有序。所以,无论机组大修、中修、小修还是临时性检修,对检修现场部件的定置摆放都提出了非常严格的要求。

由于各电厂检修场地及汽轮机平台承重情况各不相同,因此机组大修过程中各部件的摆放方法也不尽相同,但摆放原则是一样的。

（1）汽缸的体积比较庞大，也很重，因此要摆放在零米检修场地上或汽轮机平台能承重的开阔地上。在摆放过程中，尽可能避开地沟及非承重梁。

（2）低压转子比较重，要尽量摆放在零米检修场地，零米检修场地实在摆不下的情况下才可以在汽轮机平台上找一处有承重梁的地方摆放，而且以顺着承重梁摆放为最好。

（3）高、中压转子轻些，检修场地比较小的电厂可以摆放在汽轮机平台有承重能力的地方。

（4）摆放大部件要尽量合理布局，既方便检修，又要尽可能多摆放部件。

3. 修正检修项目

根据停机观察、测试和解体检查结果，提出检修项目的修正意见，包括修正项目的外单位协作、进度、材料、加工、劳动力等的调整，及时办理审批手续等。

三、修理装复阶段

1. 协调平衡，抓住主要矛盾

修理装复阶段已是机组大修的中期，这时往往容易麻痹松懈，要处理的技术问题、备品配件、材料、各部门相互配合等问题也较多。时间紧迫、推迟进度、影响检修质量等问题，大多发生在这一阶段。所以，负责生产的副厂长和总工程师，应及时召集有关人员研究协调平衡各项问题，找出检修中的主要矛盾及主要项目的安全、质量、进度等问题的关键所在。

2. 按照质量标准组织检修

修理组装阶段是把好质量关的重要环节，必须严格执行质量标准，一切按标准办事，树立标准的严肃性。一旦发生超过标准而又难以更换的部件，应组织有关人员讨论研究，定出解决方案。对于设备在运行中存在的问题和缺陷，应按照大修施工计划——查对并落实情况。对未落实或无把握解决的问题，应补充措施。同时，技术记录、各种标志、信号应正确、齐全。

3. 保障人身和设备安全

由于大机组检修面广、量大，现场上下交叉作业，脚手架、空洞沟多，起重吊运、高空作业频繁，电线电源、高速转动机具等安全薄弱环节较多，加上设备结构复杂、技术性要求高等特点，所以要求整个检修过程始终坚持安全生产、文明生产，加强对检修人员的安全教育，提高检修人员遵章守纪的自觉性和检修过程中的自我保护意识，严格防止人身和设备事故。

4. 做好技术记录

机组大修对开工解体、检查测试、修理装复等每个环节都应做好技术记录,对于技术复杂的重要部件还应在工作日记中做好补充记录。所有技术记录要做到及时、正确、齐全。

四、验收试转评价阶段

1. 验收

验收是对检修工作的检验和评价。只有在所有检修项目都经过分级、分段和总验收后,机组才能起动投运。

所谓分级验收,就是根据大修施工计划和验收制度,按项目的大小和重要性,确定某些项目由班组验收,如零部件的清理等;某些项目由车间验收,如轴承扣盖等;某些项目由厂部验收,如汽缸扣大盖、重大特殊检修项目等。同时,按照ISO9000质量保证体系预先定的停工待检(H)点,必须提前24 h以书面形式通知有关验收人员,于某日某时到某地进行现场验收。

所谓分阶段验收,就是某一系统或某一单元工作结束后进行验收。一般由车间主任支持,施工班组先汇报并交齐技术记录,然后到现场观看,提出验收意见和检修质量评价。

所谓总验收,就是在分段验收合格的基础上,对整个机组检修工作的验收。检查对照大修施工计划项目是否全面完成,发现漏修项目或缺陷未彻底处理时,应立即补做。

验收应贯彻谁修谁负责的原则并实行三级验收制度,以检修人员自检为主,同专职人员的检修结合起来,把好质量关。

2. 试转

机组大修后进行试转是保证检修安全、检验检修质量的重要环节,对汽轮机而言,试转包括油系统充压、调速系统调试整定、防火安全检查等内容。

3. 起动投运

机组大修经过车间验收、分部试转、总验收合格,并经全面检查,确定已具备起动条件后,由厂部制订起动计划。对于重大特殊项目的测试工作应列入起动计划。若机组起动正常,投入运行,则大修工作结束。

4. 初步评价检修质量

机组投运后三天,在班组、车间自查的基础上,由生产副厂长、总工程师主持进行现场检查,并重点检查机组运行技术经济指标及漏气、漏水、漏油等泄漏情况,提出检修质量初步评价。

5. 试验鉴定,进行复评

机组大修投运后一个月内,经各项试验(包括热效率试验)和测量分析,对检修效果的初步评价进行复评。

五、总结提高阶段

1. 总结

机组大修结束,应组织检修人员认真总结经验和教训,肯定成功方面的经验,找出失败的原因。同时由专职人员写出书面总结、技术总结和重大特殊项目的专题总结。

2. 修订大修项目、质量标准、工艺规程

在总结大修工作的基础上,组织检修人员讨论修订大修项目、质量标准、工艺规程,以便在同类型机组或下次大修时改进。

3. 检修后存在的问题和应采取的措施

机组大修后在运行中暴露的缺陷和问题,应制定切实措施,根据繁、简、难、易和轻重缓急,组织力量消除缺陷或解决问题。对于本次大修未彻底解决的问题,组织力量专题研究,争取在下次大修中解决。

以上简单介绍了检修管理的 5 个阶段、25 步,实际上是 P(计划)—D(实施)—C(检查)—A(处理)全面质量管理循环在大机组检修过程中的应用。根据大功率汽轮机检修特点,应用 PDCA 管理,有利于提高工作效率。

六、注意事项

1. 凡参加检修的人员必须坚持"安全第一"的方针,认真执行"安全规程"及有关安全规定和本次检修所制定的各项措施。

2. 各单位要严格执行"两票"制度,杜绝习惯性违章,强令冒险作业,对检修的重点部位、危险部位要挂醒目的警示牌,必要时设专人监护。

3. 对检修危险点执行控制措施。

4. 做好检修设备和运行设备的隔离措施,设立明显标志,非运行人员不得无故进入运行现场,对检修现场的临时孔洞围栏,要求软围栏距孔洞边缘不少于 1 m,硬围栏不少于 0.5 m。

5. 凡有交叉作业的场地,各工作负责人要做好联系工作,搞好配合并采取必要的安全措施,防止高空落物伤人,否则不得交叉作业。

6. 作业时保证照明充足,正确使用行灯,避免误碰、误触、跌倒、撞伤、坠落等不安全现象的发生。

第二节　汽轮机设备结构及检修项目

一、设备概述

下面以某电厂机组的汽轮机为例,介绍汽轮机设备结构和检修工艺。该机组采用的汽轮机是东方汽轮机厂引进日本日立公司技术设计制造的超超临界、冲动式、一次中间再热、三缸四排汽、单轴、双背压、凝汽式汽轮机,型号为 N700 - 25/600/600。

机组为三缸四排汽型式,高、中压部分采用合缸结构,因而进汽参数较高。为减小汽缸热应力,增加机组启停及变负荷的灵活性,高压部分设计为双层缸。低压缸为对称分流式,也采用双层缸结构,为简化汽缸结构和减小热应力,高压和中压阀门与汽缸之间都是通过管道连接。高压阀悬挂在汽机前运行层下面,中压阀布置于高、中压缸两侧。

为了平衡转子的轴向力,高压通流部分设计为反向流动,高压和中压进汽口都布置在高、中压缸中部,是整个机组工作温度最高的部位。

来自锅炉过热器的新蒸汽通过主蒸汽管进入高压主汽阀,再经高压主汽调节阀和装在高、中压外缸中部的高压进汽管分别从上、下方向进入高压内缸中的喷嘴室,然后进入高压通流部分。蒸汽经过1个单列调节级和压力级做功后,由高压缸前端下部的高压排汽口排出,经冷段再热汽管到锅炉再热器。再热后的蒸汽进入机组两侧的再热主汽调节联合阀,由中压主汽阀分两路流出,经过中压导汽管进入中压缸,经过压力级后,从中压缸上部排汽口排出,经中、低压连通管,分别进入#A、#B 低压缸中部。

低压部分为对称分流双层结构,蒸汽从通流部分的中部流入,经过正反向压力级后,流向每端的排汽口,蒸汽向下流入安装在每一个低压缸下部的凝汽器。

二、主要结构特点

1. 高中压部分

高中压部分采用双缸结构,目的是减小内缸、外缸的应力和温度梯度。高压蒸汽通过独立安装的主汽阀和调节汽阀进入汽轮机,上半缸和下半缸上各有两个进汽口,均匀地加热汽缸,减少变形。合金材料的高压外缸支承在前轴承箱和中间轴承箱上。采用猫爪水平中分面支撑,在汽缸与轴承箱之间的垂直中心线上设有立键,这种布置使汽轮机在变工况下汽缸膨胀和收缩时,静子和转子的中心不变。

高压内缸支撑在外缸内部的四个垫片上,为了确保内缸中心相对于外缸在垂直方向不变,外缸凸台上使用的垫片有坚硬的表面以防止内缸在膨胀和收缩时产生磨损,内、外缸通过凸肩轴向定位。内缸上半和下半的垂直中心线上设置横向定位键。这种布置可保持在所有运行工况下内、外缸的中心相位不变。

在机组具有中压缸启动功能时,为了防止机组过热,在高压缸排汽口设有通风阀(VV 阀)与凝汽器相连,使高压缸处于真空状态以减少鼓风发热。

2. 低压部分

该机组设置两个低压部分 A-LP 和 B-LP。每一个低压部分都有一个独立的内缸,支承在外缸内四个凸台上,用键连接以防止轴向和横向位移。在内、外缸之间蒸汽进口处设有波纹管膨胀节,此处允许内、外缸之间有相对位移,并防止空气渗入凝汽器。B-LP 排汽缸靠发电机端是盘车装置。

两低压缸前后轴承座与下汽缸焊接为一体,直接支承在底板上。内下缸通过汽缸猫爪支承在外下缸内调整垫片上,并且内下缸用间隙调整螺栓紧固在外下缸上。低压内缸支承在外缸四个垫片上,确保汽缸上下中心正确。轴向位置由低压内下缸两侧中部与外下缸的夹条键确定。横向位置由汽缸轴向中心线上的定位键确定正确位置,通过这种布置使内缸在各种工况下保证精确对中。每只低压缸为反流布置的双流双排汽、双层缸结构。低压缸采用双层缸结构有利于提高低压缸的刚性,其外缸为钢板焊接式,内缸为低合金铸钢,内缸主要承受汽压、汽温变化,外缸为排汽部分,处于真空状态,其下部与凝汽器连接。每只低压缸有一个进汽口,通过一根连通管,汽流进入低压缸中部后,经导流环流向两侧各级膨胀做功。

外上汽缸顶部装有凝结水喷雾装置,以保证空载低负荷运行时的冷却作用。外上汽缸顶部装有隔膜式安全门,以免突发时过高的蒸汽压力损坏汽缸。外汽缸前端装有真空破坏装置。

低压缸与凝汽器的连接采用不锈钢弹性膨胀节方式,凝汽器与基础采用刚性支撑,即在凝汽器中心点为绝对死点,在凝汽器底部四周采用聚四氟乙烯支撑台板,使凝汽器壳体能向四周顺利膨胀,并考虑了凝汽器抽真空对低压缸的影响。

3. 汽轮机转子

汽轮机有三根转子,每根转子支承在各自的两个轴承上,HP 转子与 A-LP 转子、A-LP 转子与 B-LP 转子之间均由刚性联轴器连接。

转子由推力轴承定位,推力轴承位于中间轴承箱内,#2 轴承旁边。

每根转子都由合金钢锻造,加工成由主轴、叶轮、轴颈和联轴器法兰组成的转子。在加工前要对锻件进行各种测试,以保证每个锻件符合所要求的物理和金相性能。

4. 动叶

动叶由铬合金钢加工而成,对蒸汽的水蚀有较强的抵抗能力。动叶装在轮缘槽里,叶顶由围带将叶片连接成组,露出的铆钉头经手工铆接,将围带固定。

末级叶片,其叶顶部分速度很高,叶片顶部有硬质合金,进一步防止由于湿蒸汽产生的水蚀。

5. 喷嘴及隔板

蒸汽通过隔板以适当的角度和速度到达动叶,喷嘴的面积和出口角是由许多变量决定的,如蒸汽容积流量、隔板的压降和动叶的速度。

高压喷嘴组整件铬不锈钢加工而成,与喷嘴室焊为一体。高压隔板的导叶嵌装在有冲孔的钢围带上,将导叶与围带焊接成一体,形成叶栅,然后再将它与隔板体和隔板外环焊为一体。低压部分的隔板是焊接结构,经加工而成。

6. 轴承

本机组共有六个轴承,其中#1、#2 是可倾轴瓦,#3、#4、#5、#6 是椭圆轴瓦,这六个轴承都是球面式、自动对中、压力油润滑轴承。推力轴承为倾斜平面式双推力盘结构(在中间轴承箱内),轴承体由铸钢制成,轴瓦表面浇铸一层优质锡基巴氏合金。挡油环用于防止轴承箱中的油及烟气沿转子流向箱外。

转子的轴向定位由推力轴承确定,本机组的推力轴承构造简单,体积小,且具有较高的负载能力。

7. 汽封

在汽轮机的转子、静子之间必然会产生蒸汽泄漏或空气泄漏,汽封结构能将漏汽(气)降到最低限度。

本机组的所有汽封均为金属迷宫式汽封。每个汽封分成几个弧度,固定于汽封体或隔板的汽封槽中,汽封圈加工成高低齿(考虑到胀差较大,B-LP 汽封为平齿)结构,以最小间隙与汽轮机转子上相应的凹槽及凸台配合。汽封圈高低齿相间的结构及最小间隙配合能有效将蒸汽泄漏降到最小。在端汽封体上有中间抽汽口、靠近大气侧的抽口和汽封送汽口。密封蒸汽通过汽封送汽口被送入汽封的密封腔室。

安装在隔板上的隔板汽封可有效地防止隔板处沿着汽轮机转子的蒸汽泄漏。汽封圈分为几个弧段,每个弧段都由一个弹簧片或三个圆柱型弹簧支撑在汽封槽内,弹簧片或圆柱型弹簧将汽封弧段固定在规定位置,并能保证汽封圈与转子间的间隙最小。

如果转子在某些变工况状态下发生弯曲,带弹簧片或圆柱型弹簧的汽封弧段还能退让,以防止汽封圈的严重损坏或转子的严重磨损,同时也降低了由于摩擦造成局部过热引起转子损坏的可能性。

8. 盘车装置

在汽轮机启动前,通过盘车装置使转子以约 1.5 r/min 的转速转动,以保证转子均匀受热,降低转子弯曲的可能性。盘车装置由一个电动机和一组齿轮构成。齿轮箱中的摆轮能与 B-LP 转子靠发电机端的联轴器上的齿轮盘啮合。

在盘车装置投入工作后,汽轮机开始冲转,当达到一定转速时,盘车装置的摆轮通过摆动齿轮立即、永久、平稳地脱离齿轮盘。从一个信号显示器可以观察盘车装置是否处于工作状态。

机组的盘车装置有一个压力开关,在汽轮机——发电机润滑油压降至一特定值时,会切断电源,停止盘车装置工作。

三、主要技术规范

型号:N700 - 25/600/600 型

型式:超超临界、冲动式、一次中间再热、三缸四排汽、单轴、双背压、凝汽式汽轮机。

额定功率:700 MW

最大连续功率(T-MCR):706.911 MW

额定转速:3000 r/min

旋转方向:从汽轮机向发电机看为顺时针方向

新蒸汽:(高压主汽阀前)25 MPa/600 ℃

再热蒸汽:(中压联合汽阀前)4.423 MPa/600 ℃

背压:0.00554 MPa(设计冷却水温为23 ℃)

额定新汽流量:1969.8 t/h

最大新汽流量:2060 t/h

配汽方式:全电调(阀门管理)

轴系临界转速(计算值)如下表:

表6-1 轴系临界转速表

转子类别	单位	一阶		二阶	
		轴系	轴段	轴系	轴段
高中压转子	r/min	1809	1714	>4000	>4000
低压转子A	r/min	1730	1680	3900	>4000
低压转子B	r/min	1750	1684	>4000	>4000
发电机转子	r/min	990	930	2646	2665

通流级数:总共42级,其中:

高压缸:1个单列调节级+7个压力级

中压缸:6个压力级

低压缸:2×2×7个压力级

抽汽级数:8级

末级叶片:1016 mm

汽轮机本体主要部件重量:

高中压转子:24757 kg

低压转子A:66400 kg

低压转子B:65600 kg

高中压外缸上半:45600 kg

高压内缸上半:18600 kg

低压内缸上半：27800 kg

低压外缸上半：55739 kg

四、设备检修周期

设备的检修间隔主要由设备技术状况决定。汽轮发电机组的检修间隔参见表 6-2 的规定。

表 6-2 汽轮发电机组的检修间隔表

A 级检修	B 级检修	C 级检修	D 级检修
检修间隔时间 6 年	A 级检修的间隔年	无 A、B 级检修年	视其情况可以按每年排一次

在执行表 6-2 的检修间隔时，应根据不同情况区别对待。

(1) 对技术状态较好的设备，为了充分发挥设备潜力，降低检修费用，应积极采取措施逐步延长检修间隔，但必须经过技术鉴定，并报主管单位批准，方可超过表 6-2 的规定。

(2) 为防止设备失修，确保设备健康，凡是设备技术状况不好的，但需经过鉴定并报主管单位批准，其检修间隔可低于表 6-2 的规定。具体见表 6-3。

表 6-3 允许大修间隔超过或低于表 6-2 规定的参考条件

技术状况满足下列全部条件，可超过表 6-2 的规定	技术状况有下列之一，允许低于表 6-2 的规定
1. 能经常达到铭牌（或批准的）出力和较高效率，主要运行参数在规定范围之内，机组振动（轴或轴承）不超标，油质良好。	1. 主要运行参数经常超过极限值，可能导致设备损坏，通汽部分有严重结垢，必须通过大修处理，机组热效率显著降低，机组振动不合格。
2. 主轴承和推力轴承工作正常，轴瓦钨金无脱胎等缺陷。	2. 轴瓦有较严重裂纹或脱胎，小修不能处理。
3. 汽缸接合面严密，滑销系统滑动正常，无卡涩。	3. 轴封漏汽严重，透平油质劣化，小修中不能处理。
4. 汽轮机转子叶轮、推力盘、轴封套、叶片、拉筋、复环等无严重的冲刷、变形、磨损、腐蚀、裂纹等缺陷；叶片频率合格或虽然不合格，但运行证明不影响安全。	4. 台板松动，滑销系统工作不正常，影响机组正常膨胀或威胁机组安全运行。

续表 6-3

技术状况满足下列全部条件，可超过表 6-2 的规定	技术状况有下列之一，允许低于表 6-2 的规定
5. 汽缸、喷嘴、隔板套等无裂纹、无严重冲蚀等缺陷或有轻微缺陷，但长期运行证明，不影响安全。	5. 汽缸内部经过重大改进，更换过重要部件或处理过重大缺陷，需要在大修中检查和鉴定。
6. 调速、保安系统及执行机构动作可靠，动态性能符合要求。	6. 汽缸有严重裂纹，接合面漏汽，隔板严重变形。
7. 汽轮机的主变速装置无显著磨损。	7. 凝汽器钢管腐蚀泄漏严重，需大修处理。
8. 附属设备没有影响汽轮机安全运行的严重缺陷，一般缺陷能在小修维护中处理。	8. 汽轮机转子有严重的缺陷，如大轴夹渣、叶轮键槽裂纹、叶片频率不合格等，需要进行监视与鉴定处理。
9. 重要部件(如各种高温高压紧固件)的使用寿命能满足所延长检修间隔期间的要求或能在小修中更换。	9. 汽轮机组达不到铭牌(或批准)出力，但经过大修处理可以恢复。
10. 主要热工测量，保护装置能正常投入使用，或虽有缺陷，但能在小修中处理。	10. 调速及保安系统动作不可靠，小修中无法消除。
	11. 主要热工测量装置、自动监测、保护装置不能保证机组正常运行,小修不能排除。

新投产的汽轮发电机组第一次大修时间一般应为正式投产后一年左右。在事故抢修中，若已处理了设备和系统的其他缺陷，经鉴定确认能继续安全运行较长时间，允许将其后的计划检修日期顺延，但需报主管单位批准后，方可执行。

五、设备检修项目

下面是 A 级和 C 级检修的项目，B 级检修是根据机组设备评价及系统特点和运行状况，有针对性地实施 A 级检修项目和定期滚动检修项目；C 级检修内容是消除设备和系统的缺陷。

表6-4 汽轮机检修项目

部件名称	A修(供参考) 常修项目	A修(供参考) 不常修项目	C修常修项目(供参考)
(一) 罩壳、保温层	1. 拆装罩壳 2. 拆装保温层	机组全面喷漆	必要时修补保温层
(二) 汽缸及汽缸件	1. 焊缝及合金钢螺栓、螺母做金属检查(包括硬度试验和无损探伤)	1. 检查汽缸表面裂纹,根据情况进行处理	1. 低压缸大气释放阀更换垫片
	2. 压力表管、支吊架检查,必要时处理,一次门检修及换盘根	2. 滑销系统全面检查,调整测量汽缸水平	2. 导管疏水门、逆止门检修,支吊架检查
	3. 检查清理汽缸接合面及汽封、隔板套洼窝	3. 汽缸接合面漏汽消除及研磨	3. 压力表一次门检查加盘根
	4. 检查汽缸内壁及喷嘴有无裂纹、冲刷损伤、汽缸位移、变形及接合面漏汽等缺陷,必要时进行处理	4. 更换喷嘴	
	5. 清理检查汽缸螺栓、疏水孔、压力表孔等	5. 金属监督特殊要求项目	
	6. 清理检查主汽导管、短管、密封件,必要时更换	6. 汽缸及轴承座、台板间隙地脚螺栓紧固情况检查	
	7. 更换导汽管密封垫,清理检查密封面,必要时研磨		
	8. 汽缸接合面间隙及流通部分间隙测量		
	9. 测量调整隔板、隔板套、洼窝中心		
	10. 低压缸大气释放门更换垫子		
	11. 喷水装置检查		
	12. 滑销系统清理且测量调整间隙		
	13. 检查清理膨胀指示器		

续表 6-4

部件名称	A 修（供参考） 常修项目	A 修（供参考） 不常修项目	C 修常修项目（供参考）
（三）隔板、隔板套、汽封、汽封套、分流环	1. 清理检查隔板、隔板套、汽封、汽封套止口、接合面及螺栓消除止口卡涩	1. 阻汽片更换	
	2. 清理汽封槽及均压小孔	2. 汽封更换 20% 以上	
	3. 检查隔板的导叶围板板体及焊口有无裂纹及磨损，做无损探伤检验	3. 隔板弯曲试验及更换	
	4. 清理检查有无冲刷裂纹。挂耳、定位销、上隔板挡销是否完整牢固	4. 检查隔板及隔板套膨胀间隙	
	5. 调整及测量汽封间隙，修刮汽封齿、弹簧片、汽封块，必要时更换		
（四）转子	1. 检查转子变径处叶轮、轴径、推力盘是否有裂纹、磨损等情况，必要时做无损探伤	1. 必要时对叶轮螺栓做无损探伤	
	2. 测量动静叶间隙、轴颈扬度、不圆柱度和椭圆度、大轴弯曲，推力盘、对轮的瓢偏，推力间隙及转子对轮找正	2. 修理研磨轴颈及推力盘	根据情况检查末级叶片及拉筋的安装冲刷情况
	3. 清扫检查叶片、拉筋、复环、铆钉、硬质合金片等有无结垢、磨损、松动、断裂、脱焊及损伤等缺陷，必要时进行处理（盐垢取样做化验分析）	3. 叶片调频、重装及更换叶片	
	4. 较长叶片做频率试验，并做无损探伤	4. 检查轴颈椭圆度	
	5. 清理对轮螺栓及螺孔，螺栓做无损探伤及硬度试验	5. 必要时进行叶片、叶根、叶轮键槽探伤	
	6. 检查叶片平衡块固定状况，必要时进行加固	6. 动平衡	
	7. 检查联轴器及其螺栓	7. 必要时进行叶片、叶根、叶轮键槽探伤	

续表 6-4

部件名称	A 修（供参考） 常修项目	A 修（供参考） 不常修项目	C 修常修项目（供参考）
（四）转子	8. 较长叶片做频率试验，并做无损探伤		
	9. 清理对轮螺栓及螺孔，螺栓做无损探伤及硬度试验		
	10. 检查叶片平衡块固定状况，必要时进行加固		
	11. 检查联轴器及其螺栓		
（五）推力轴承与主轴承（包括稳定轴承）	1. 解体、清理及检查钨金有无裂纹、脱胎及磨损情况	1. 推力瓦块厚度测量	1. 主轴承揭盖，打开上瓦检查（必要时翻出下瓦检查并测量有关间隙、紧力，调整油挡间隙）
	2. 测量瓦口、瓦顶间隙紧力、轴瓦球面及垫铁的接触情况，必要时进行修刮、调整、测量桥规间隙	2. 油挡更换	2. 推力瓦解体、检查
	3. 配合热工校对相对膨胀及轴向位移指示器	3. 瓦块、球面及垫铁的接触面进行大量修刮	3. 换新瓦后第一次小修解体，检查轴瓦磨损接触、钨金裂纹等情况
	4. 检查发电机后轴承及稳定轴承座对地绝缘，必要时进行处理	4. 更换主轴承、推力轴承或重浇钨金	4. 消除油挡漏油及清理
	5. 测量油挡间隙及调整、清扫轴承箱	5. 调整转子轴向位置	
	6. 检查稳定轴承间隙		
	7. 检查顶轴油孔油囊		
	8. 检查、修理、校正大轴弯曲指示器		

续表 6-4

部件名称	A 修（供参考） 常修项目	A 修（供参考） 不常修项目	C 修常修项目（供参考）
（六）发电机密封瓦及端盖	1. 解体检查密封瓦的钨金裂纹、脱胎及磨损情况	1. 更换密封瓦	1. 检漏,消除漏氢
	2. 测量轴瓦轴向、径向间隙	2. 研磨轴颈	2. 必要时检查更换密封瓦
	3. 检查瓦壳装配面,必要时检查其垂直度	3. 调整垂直度	
	4. 清理、检查各进、出油孔及管接,必要时更换密封件		
	5. 测量调整内外油挡间隙		
	6. 按图纸要求检查密封瓦有关尺寸		
	7. 清理油室,检查后密封瓦接地绝缘		
	8. 发电机端盖装配面清理检查,且检查密封件		
	9. 风压试验检漏		
（七）盘车装置	1. 马达对轮找正		消除其漏油
	2. 检查和测量齿轮、滑套等部件磨损啮合情况,必要时修理		
	3. 消除漏油		
	4. 轴承清理、检查,测量、调整其间隙		
	5. 清理、检查喷油嘴及润滑油门		
	6. 检查启动、脱扣机构		

第三节　汽缸检修

一、汽缸解体前的准备工作

1. 解体应具备的基本技术条件

汽轮机停止运行后,要监视汽缸温度的变化,按照调节级外缸壁金属温度来安排汽缸解体前的各项准备工作。汽轮机调节级外缸壁金属温度降到150 ℃以下时停止盘车装置运行;金属温度降到120 ℃以下时拆除汽缸及导汽管保温材料;金属温度降到80 ℃以下时可以拆除导汽管、汽封供回汽管及其他附件,拆卸汽缸接合面螺栓,进行汽缸检修。

2. 准备专用工具

(1)起重专用工具

①顶缸专用千斤顶。

②机组安装时都配备的汽吊工具。

③汽轮机罩管、端部汽封套等专用起吊工具。

④吊环、吊绳、吊卡、吊钩、手拉葫芦等工具。

⑤汽缸专用导杠。

⑥桥式吊车。

(2)检修专用工具

①拆松汽缸接合面螺栓的专用液压力矩扳手。

②用于拆卸紧固力矩较小的各种规格法兰螺栓的电动扳手和风动扳手。

③拆装特殊部位螺栓的特制扳手,如用于拆卸低压外缸加强筋部位螺栓的超薄壁专用扳手、拆装低压内法兰螺栓的特制内六角扳手等。

④用于拆装及悬挂特殊部件的专用工具。

⑤螺栓加热各种规格加热棒。

⑥准备框式水平仪和楔形塞尺,用以测量汽缸起吊时汽缸四角顶起的高度。

⑦测量汽缸螺栓长度的专用工具。

⑧上缸支撑结构的汽缸要准备好检修垫块。

⑨准备其他各类常用工器具,如各类扳手、楔形塞尺、内径千分尺、垫块、千

斤顶、大锤、手锤、螺钉旋具、锉刀、铜棒、螺栓松动剂、撬棍等。

3. 拆卸汽轮机罩壳

拆卸汽轮机罩壳工作是机组检修的最早一道工序。机组大修一般都在360 ℃左右才停止运行,投入盘车后就可以拆卸汽轮机罩壳。拆卸顺序是:从上到下、由前向后,每拆除一块罩壳部件都要详细做好标记。拆卸过程中要注意人员和设备安全。由于罩壳外形庞大,起吊过程中要注意不能倾斜,作业人员要站在部件两侧,不准站在吊部件下方。起吊作业要由一名专业起重工人统一指挥,起吊部件四周各有一名检修人员看护。

罩壳部件要放在平坦、宽敞的定置场地上,下面垫上木板或胶皮。

4. 拆除汽缸保温材料

高压缸调节级外缸壁金属温度达到150 ℃时,可以停止盘车运行,拆除汽缸保温材料;当高压缸调节级外缸壁金属温度降至120 ℃及以下时,可以拆除保温材料。

拆除保温材料时,要上下、左右对称拆除。拆除的保温材料应用专用口袋装好,放到指定位置。拆除工作结束后,要仔细清理,保持现场整洁。

5. 拆卸导汽管

①高压缸调节级外缸壁金属温度达到80 ℃以下时,才可以拆卸导汽管,否则冷空气通过法兰进入汽缸,易造成汽缸局部快速冷却,引起汽缸局部应力,应力过大时会导致汽缸产生裂纹。

②拆除保温材料后,将导汽管法兰螺栓清扫干净,在螺栓丝扣上喷洒螺栓松动剂。

③用外径千分尺或专用工具测量导汽管法兰螺栓的长度,并与上次大修后安装数据进行比较,将结果提供给金属技术监督部门。

④用铜锤或铜棒敲击螺母,并适量喷洒螺栓松动剂,直到敲击螺栓的声音为发闷声音时,再开始用扳手拆卸螺栓。强制拆卸容易损伤螺栓丝扣。

⑤拆卸螺栓的顺序是:先拆卸所在位置较狭窄、难操作的螺栓,后拆卸位置好、易操作的螺栓,尽可能做到对称拆卸,最后几个螺栓应轮流拆卸。待所有螺栓都拆卸后,将其放到指定位置。

⑥带有插管的高、中压导汽管法兰螺栓的拆卸顺序是:先拆卸弯管内弧侧法兰螺栓,后拆除外弧侧法兰螺栓。在拆卸法兰螺栓之前,要用专用工具或手

拉葫芦将插管定位。

⑦待导汽管法兰螺栓全部拆卸后,将导汽管起吊到指定位置摆放牢固。起吊过程注意调整导汽管重心保持平衡,不要倾斜,特别注意人员安全。

⑧导汽管吊走后,要及时用特制的铁盖将两侧法兰盖好,防止异物掉入汽缸内。对取出的法兰垫片进行测量,以便与备件垫片比较,组装时可作为垫片压缩量的参考数据。

⑨在螺栓拆下来之前,要对螺栓编号进行一一核对,缺少编号或编号不清的螺栓要重新编号并记录。

6. 拆除端部汽封及其他相关附件

(1) 拆除汽缸端部汽封及供、排汽管

①汽缸保温材料拆除以后,调节级处金属温度在 90 ℃ 以下可以拆卸高、中压缸端部汽封,低压汽缸端部汽封在盘车停止运行以后就可以进行拆卸。

②拆卸端部汽封供、排汽管法兰螺栓之前,要做好检查工作,确认轴封蒸汽管内没有压力蒸汽后,才能拆卸法兰螺栓,并对各部件做好标记,以便装复。

③拆除供、排汽管后,要将管道两侧法兰用特制的堵板封好,防止异物进入。

④解体高、中压端部汽封时,不要先松动接合面螺栓,用加套筒扣厚垫旋紧丝扣的方法,先拔出接合面及立面的圆柱销或锥形销。对于有定位方销的汽封套,一般情况下,由于方销配合间隙比较小,又处于运行温度较高的区域,不易拔出,可先将足够的螺栓松动剂喷洒入配合间隙中浸泡,再用铜锤敲击方销侧面,使其松动,再将其拔出。

⑤在所有定位销拆除后,按顺序拆卸接合面螺栓和立面螺栓,然后用水平和垂直顶丝配合,将端部汽封上半部顶离凹槽,再用专用工具吊出。注意不能碰伤汽封齿。有的机组解体端部汽封前,需要将附近轴承室上盖先解体吊走。

⑥吊走以后,要在接合面处加装保护立面法兰软铁垫的专用工具。端部汽封下部供、排汽口要及时封堵,防止掉入异物。

(2) 拆除热工元件

拆除汽缸上的温度、压力、胀差、转速等热工元件,有些元件需先拆除引线,设备解体后再拆除一次组件。

(3) 装入检修垫块

对于上缸支撑的汽轮机,在拆卸汽缸接合面螺栓之前,需要分别将整个汽缸前后顶起,取出工作垫块,换上同样厚度的检修垫块。换下的工作垫块要做好标记,放入箱中保管好,待组装时使用。检修垫块装入并确保拆卸接合面螺栓后下汽缸的位置不发生任何变化。

二、汽缸接合面螺栓检修

1. 汽缸接合面螺栓的拆装工艺

低压汽缸接合面螺栓,特别是低压外汽缸接合面螺栓尺寸规格一般较小,拆卸和紧固没有特殊的工艺,但需按要求的顺序操作。拆装螺栓基本按照先中间、后两侧,由内向外、左右对称的顺序进行。高、中压汽缸及低压内汽缸接合面螺栓所处位置的温度和压力较高,其尺寸规格较大,因此拆卸和紧固一般按照要求的顺序采用热拆装工艺。

(1) 电阻式螺栓加热器及加热棒

电阻加热器具有结构简单,加热均匀,使用方便,容量、长度、粗细均可按螺栓的要求任意选购,多个螺栓可同时加热等优点,普遍采用直流加热器和直流加热棒。

在拆装汽缸法兰螺栓以前,需要检查加热器与加热棒是否好用。一般情况下,通电2~3分钟内加热棒便发红,直至为暗红色即为好用。

(2) 汽缸接合面螺栓热拆装顺序

在拆卸汽缸接合面螺栓前,应检查汽缸变形情况,汽缸变形最大部位的螺栓应首先拆除。所谓汽缸变形最大部位是指空扣上汽缸,测量汽缸接合面间隙最大的部位。该处螺栓在紧固时,为消除接合面间隙所施加的紧固力较大,若先拆卸其他部位螺栓,那么这些螺栓承受的紧力除原来的预紧力外,还附加法兰变形引起的作用力,这样就会使热拆卸螺栓的伸长量增大,加热时间成倍延长,造成拆卸困难,严重时会使螺栓过载损坏。然后拆卸位置比较狭窄、作业困难部位的螺栓。接下来拆卸长度较短、直径较小的螺栓,短螺栓加热伸长总量越小,细螺栓加热时螺母热得越快,螺栓拆卸的难度越大。最后拆卸位置宽敞、长度较大、直径较大的螺栓。

如果汽缸上既装有带加热孔的螺栓,又装有无加热孔的螺栓,那么拆卸螺栓时就应先拆无加热孔的螺栓,之后再依照上面所述的拆卸顺序进行。

(3)螺栓编号及螺纹保护

螺栓拆卸之前要对螺栓及螺母进行编号。汽缸螺栓处于高温下长期承力运行的结果是螺纹会产生微小的变形。螺母与螺栓的纹变形是匹配的,如果组装时螺栓与螺母不匹配,则会因变形不一致而导致螺纹配合不好,严重时会出现螺纹乱扣或咬死现象。

消除螺纹变形影响的最好方法就是将螺母与螺栓编号组装。编号可用钢字码打在螺栓和螺母平面上。如果没有钢字码,也可用油漆写上。检修过程中,汽缸接合面螺栓要求全部清扫、修整,探伤后再重新组装。拆下的螺栓要装上专用螺纹保护套。

2. 螺栓紧固件的检修工艺

(1)螺栓、螺母清扫

螺母拆下要进行清扫工作。用螺栓松动剂或清洗剂、煤油浸泡螺纹约20分钟,然后用钢丝刷与毛刷配合清扫螺杆和螺纹部分。清扫要全面、彻底,不能留有死角。清扫干净,用热风吹扫烘干,摆放整齐,为进一步检验做准备。

(2)螺栓检查的两种形式

一是用放大镜进行宏观检查,主要检查螺纹有无碰伤、变形及螺栓明显裂纹、弯曲等;二是金属技术监督检查,主要进行着色或磁粉探伤、超声波探伤检查及金相组织检查。根据发现的缺陷情况,分析出产生缺陷的原因,找出处理的方法。如发现螺栓存在裂纹,则需要更换新螺栓。

(3)螺纹修复

变形量不大的螺纹可以在检修现场进行人工修复。涂研磨膏,用配套螺栓、螺母对研,用细锉磨削硬点直到轻松旋到底为止;对于变形量很大且是多扣变形的螺纹,需要到车床上进行修复,车刀每次进刀量不许超过 0.03 mm,用配套螺栓、螺母检验。

螺纹齿尖部碰伤、齿面异物研碾损坏等轻微损坏的修复工作,可以在现场用板牙或丝完成,修复之后可以继续使用。螺纹断齿是破坏性损伤,如果是高压缸接合面的螺栓、螺母,出现断齿后必须更换新品,如果是低压缸接合面螺栓,螺纹断齿在2扣以内,没有其他缺陷的情况下,修复后可以继续使用。

(4) 球面垫检修

大容量机组汽缸接合面大螺栓采用球面垫。球面垫的优点是可以调整螺母与汽缸法兰面的相对位置,保证螺栓紧固后不产生弯曲应力。球面垫经常出现的缺陷是裂纹或工作表面划伤。由于要求球面垫工作表面硬度高,大多采取表面氮化处理,处理工艺稍有偏差就很容易出现球面垫内部应力集中,再受运行温度变化的作用,极易产生裂纹。球面垫裂纹检查一般采用着色或磁粉探伤,如有裂纹就必须更换。由于球面垫用于调整螺母与汽缸法兰面的相对位置,在机组运行工况发生变化时,汽缸与螺栓膨胀变化不统一,会造成球面垫有相对滑动。高温下金属硬度相对降低,球面垫工作面极易研碾划伤。修复工作表面划伤的方法是研磨划伤部位。对工作面划伤严重的球面垫,应予以更换。

三、汽缸大盖的起吊工艺及注意事项

1. 汽缸大盖起吊工艺

(1) 根据汽缸质量,选择专用起吊工具,并确认各吊具完整无损。

在汽缸四角的上缸吊耳下或上缸专用凹窝内各放置一只液压千斤顶顶牢,并用临时标尺测量汽缸四角高度,在转子两轴颈处各装一块百分表,并派专人监视。

(2) 顶缸时,由一人指挥,四人同时操作千斤顶,汽缸四角同时慢慢顶起,当均匀顶高 5~10 mm 时,确认缸内有无卡涩和掉落。当无异常时,继续用千斤顶将汽缸顶至螺栓的销子部位,并随时用标尺测量汽缸四角高度,使其偏差不大于 2 mm,防止螺栓卡涩。

用行车大钩微速起吊,待钢丝绳完全吃力后,进行校平、找正,然后缓慢起吊。起吊时不允许在大盖不平的情况下强行起吊,应仔细倾听汽缸内有无金属的碰撞、摩擦声,并检查转子上百分表的变化,确认转子不随大盖同时吊起时,方可继续起吊大盖。

当汽缸吊起 100~150 mm 时,暂停起吊,仔细检查缸内情况,应在无卡死、无物件掉落和其他异常时,再缓慢起吊汽缸。

(3) 上缸吊出后,平稳地放在指定位置,接合面下垫好约 500 mm 高的枕木,以便检查。

仔细检查汽缸水平接合面有无蒸汽泄漏痕迹,若有蒸汽泄漏痕迹应详细记录,特别是穿透性痕迹,应检查涂料中有无硬质杂物,并做好记录。

(4)检查后用帆布等物品将内、外缸夹层和各进、出汽口挡好,做好安全保护措施。

(5)对于低压内、外缸和高压内缸起吊,可不用千斤顶,一般用顶丝将汽缸顶起 2~4 mm,并保持四角上升高度均匀一致。若顶丝无法使用,需用吊车直接吊缸时,应由经验丰富的司机操作。起吊时微量启动,随时检查行车和钢丝绳状况,如有异常过载,应查明原因,不可强行起吊。

2. 汽缸大盖起吊的注意事项

(1)汽缸大盖起吊前必须正确安装好专用导杆。导杆要清扫干净,不能有毛刺。导杆的粗细要适中,表面要涂上润滑剂,防止导杆与汽缸孔干摩擦而划伤。

(2)确认吊车吊钩制动器好用,要求吊钩制动迟缓距离不能超过 0.05 mm,确认吊缸用钢丝绳无异常。

(3)检查确认汽缸上、下缸之间无任何连接件。

(4)起吊过程中要随时用框式水平仪检查汽缸的水平情况,防止汽缸偏斜,造成螺栓、螺纹损坏。

(5)汽缸脱离导杆时,四角应有专人扶稳,防止汽缸旋转摆动,碰伤叶片。

(6)汽缸任一部位连续两次没跟随吊钩上升,应及时停止起吊工作,查明原因,处理后方可起吊。

3. 清缸工作

各汽缸测量工作结束后,即可清缸,吊出高、中、低压缸内的隔板、隔板套、静叶环及内缸,并及时将孔洞、喷嘴室用专用盖板、胶布等物品封好,防止杂物落入。

四、汽缸检修工艺

(一)汽缸检修流程图

汽缸检修流程图见图 6-1。

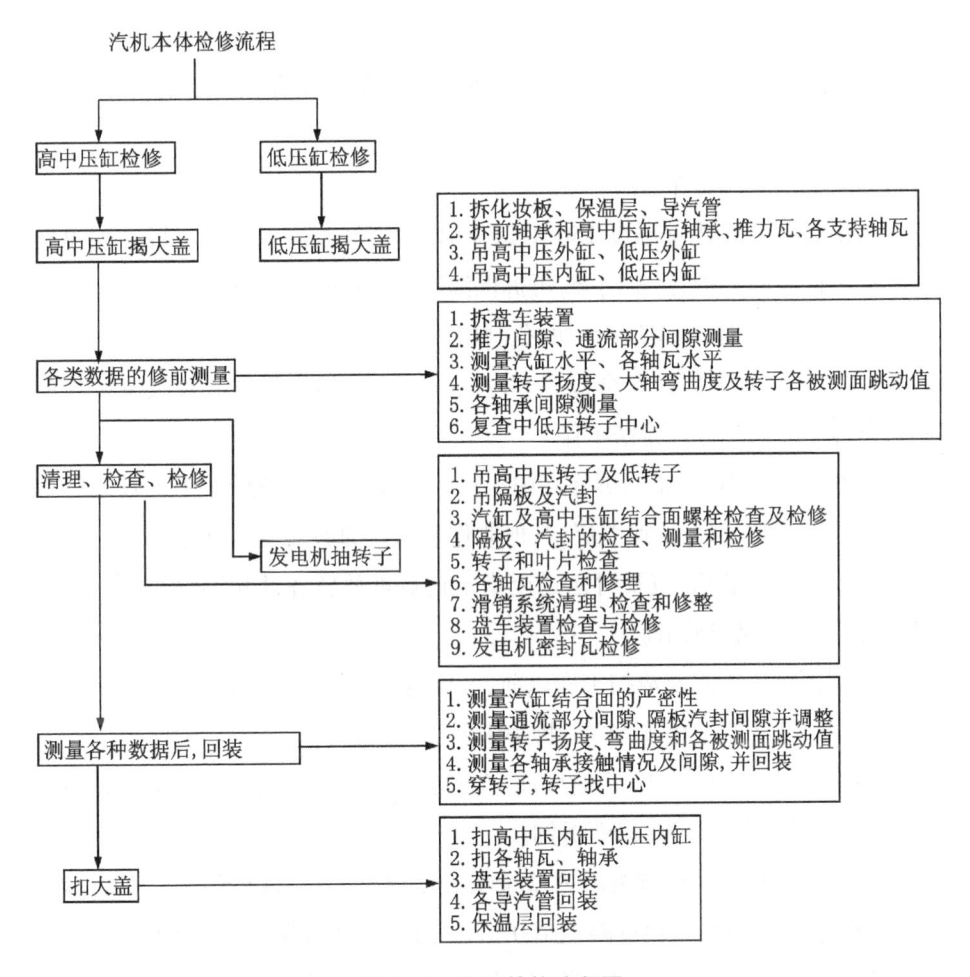

```
汽机本体检修流程
         │
    ┌────┴────┐
高中压缸检修  低压缸检修
    │         │
高中压缸揭大盖  低压缸揭大盖 ──→  1.拆化妆板、保温层、导汽管
    │                            2.拆前轴承和高中压缸后轴承、推力瓦、各支持轴瓦
    │                            3.吊高中压外缸、低压外缸
    │                            4.吊高中压内缸、低压内缸
    │
各类数据的修前测量 ──→ 1.拆盘车装置
    │                  2.推力间隙、通流部分间隙测量
    │                  3.测量汽缸水平、各轴瓦水平
    │                  4.测量转子扬度、大轴弯曲度及转子各被测面跳动值
    │                  5.各轴承间隙测量
    │                  6.复查中低压转子中心
    │
清理、检查、检修 ──→ 1.吊高中压转子及低转子
    │         │        2.吊隔板及汽封
    │  发电机抽转子    3.汽缸及高中压缸结合面螺栓检查及检修
    │                  4.隔板、汽封的检查、测量和修理
    │                  5.转子和叶片检查
    │                  6.各轴瓦检查和修理
    │                  7.滑销系统清理、检查和修整
    │                  8.盘车装置检查与检修
    │                  9.发电机密封瓦检修
    │
测量各种数据后,回装 ──→ 1.测量汽缸结合面的严密性
    │                    2.测量通流部分间隙、隔板汽封间隙并调整
    │                    3.测量转子扬度、弯曲度和各被测面跳动值
    │                    4.测量各轴承接触情况及间隙,并回装
    │                    5.穿转子,转子找中心
    │
扣大盖 ──→ 1.扣高中压内缸、低压内缸
            2.扣各轴瓦、轴承
            3.盘车装置回装
            4.各导汽管回装
            5.保温层回装
```

图6-1 汽缸检修流程图

(二)汽缸检修工艺

1.揭高中、低压外、内上缸

大修前的准备:

(1)准备必需的专用工具、量具、检修电源、照明和工具柜等,并有足够的水源和消防设备。

(2)检修场地区域划分,现场已有设备、部件摆放定置图。

(3)办理检修开工手续,确认各设备全部停运,设备电源已切断。

(4)联系热控人员拆除高中、低压外缸及各轴承座上的所有影响检修工作的热工仪表、接线及元件,其孔、洞、管口应用布包扎封闭好或加堵板封牢。

(5)为了便于拆除外缸,通过外上缸上配有的注油装置注入渗透油渗透数小时。

(6)工程技术人员进行技术交底,检修人员了解机组存在的缺陷,明确要解决的问题以及特别注意事项。

拆卸汽缸、导汽管保温层:

(1)高中压外缸内壁温度150℃以下时,可拆卸汽缸保温层。拆卸保温层时,先拆去保温的金护、保温网架,再拆保温层,尽量保持保温材料的完整。

(2)拆保温层时,应将运行层的孔洞用木板盖好,防止保温碎渣掉进下部管道及设备内。汽缸下部设安全遮栏,并挂警告牌,在拆卸保温层及汽缸螺栓的同时,下部不能同时进行检修工作。

(3)机组大修时,通常只拆除高中压缸、上部高中压导汽管及中低连通管等影响拆卸法兰螺栓部位的保温层,其他非作业部位的保温层不应拆除。

(4)保温层拆除后,应及时运送至指定地点堆放整齐,同时清扫现场、设备和汽缸法兰上的保温残渣。

(5)保温层未拆除及清扫干净以前,不能拆卸各轴承盖,防止弄脏轴承室。

拆开上部高中压导汽管法兰、拆吊中低压连通管:

(1)在拆卸法兰螺栓12小时以前,在各法兰螺栓的螺纹间及定位销孔内喷上螺栓松动剂或煤油浸泡,以便拆卸。

(2)高压内缸上半调节级后内壁金属温度降至120℃以下时,可间断拆卸导汽管及连通管螺栓,当温度降至100℃以下时,可拆卸所有法兰螺栓。

(3)拆下螺栓、螺母,应成对装好,放入指定的支架上摆放整齐。

(4)起吊连通管:有专人指挥,并用链条葫芦找正,在法兰处有专人监护起吊情况,以免损坏连通管法兰平面,防止导汽管和连通管在起吊过程中碰撞损伤。

(5)连通管起吊前,必须装好装运螺栓,并拧紧顶头螺钉,使连通管内外套成为刚性的一体,以防起吊过程中变形损坏。

(6)将中低压连通管吊至指定地点摆放整齐,下部垫上枕木。汽缸上部导汽管、连通管的法兰开口处应立即用专用盖板盖好,并贴上封条。

高中压外缸猫爪工作垫片转换为安装垫片:

(1)拆除高压内缸上半定位装置的法兰盖,拔出高压内缸上半定位装置的键槽板。

(2)略松下汽缸与轴承座之间的连杆螺母(0.5~1 mm),同时用百分表监视下缸是否跟起。

(3)将下缸放置检修垫片部位清理干净,确保无毛刺、锈垢等杂物并露出金属本色。

(4)放置百分表,用液压千斤顶或行车将汽缸提起0.20~0.30 mm。放置安装垫片。检修垫片放好并抽出工作垫片,然后放下汽缸,观察百分表,其数值应为-0.02~0.02 mm,四角垫片全部放好后应确保汽缸吃实(用小锤轻轻敲打检修垫片,检查松紧程度以此来判断)。此时,四角的百分表的读数应基本均匀,否则需做调整处理。在整个过程中百分表应始终有人监视以防止百分表被碰,垫片切换结束后百分表读数应做好记录。

高中压外缸解体:

(1)拆开高中压缸,应先装上高中压外缸下半猫爪与轴承箱之间的支撑键,并取出高中压外缸上半猫爪下的键。

(2)拆除中压转子冷却蒸汽管道法兰、吊走冷却管道。

(3)拔出上下汽缸之间的定位销。拆卸法兰螺栓螺母上的加热孔闷头螺钉,疏通汽缸螺栓加热孔,将螺栓按顺序编号。

(4)按顺序拆卸螺栓。用电加热棒加热螺栓中心孔,加热时间约5~15分钟,用专用扳手松开螺母,螺母能转动就要停止加热,取出加热棒将螺母旋出。松螺母时不得强行敲击,可用小锤或铜棒在螺母四周和顶部轻轻敲击,或用扳手反复活动螺母,直到将螺母取出。使用螺栓加热棒时注意:

a.通电前,应检查接线盒上的地线是否接好。通电观察加热棒是否发红,一般在2~3分钟便发红,直流加热棒为暗红。

b.加热棒的有效发热长度应全部在螺孔内,若长度太长,其露出的发热长度不能大于25 mm,若其长度不足,其不足部分应小于50 mm。

c.加热棒加热螺栓的时间一般为5~15分钟。当加热时间超过1小时,而螺栓仍未达到必要的伸长量时,应停止加热,待螺栓全部冷却后再用容量大一点的加热棒加热。

(5)在拆卸螺母、螺杆过程中,若发生咬死无法拆卸时,可由熟练的气焊工用氧乙炔割炬割去螺母,但必须保留螺杆丝扣完好,其方法如下:

a.螺母与丝杆咬死时,采用割螺母的方法拆卸。割开螺母两侧,切割时估计螺母径向厚度,留下余量,先割去第一层,然后逐层移向螺杆,注意不要伤到螺杆螺纹。开始露出螺纹时,用间断加热的方法,将螺母的金属熔化吹离,当螺杆上的螺纹顶部显暗红色时,移开火把,待温度降低后再次吹割,以保证螺杆的完整性。

b. 螺杆锈死无法拆卸时,只能损坏螺杆。可用割把在离法兰面约 10 mm 的部位割断螺杆,然后钻两孔,用割把通过两孔将螺杆割为两半,然后用手锤和偏铲将两半向中部敲打,使螺纹脱开便可分别取出。

(6)拆卸后的汽缸螺栓、螺母、垫圈成套配好,按编号放在指定的专用架上。

(7)揭高中压外缸及注意事项:

a. 高中压外缸内壁温度低于 80 ℃时,方可进行揭高中压外缸工作。

b. 高中压外缸法兰螺栓拆卸完毕后,用塞尺检查汽缸中分面间隙,并做好记录。

c. 施工负责人应检查确认所有与汽缸相连的部件全部拆卸,向所有工作人员进行分工并明确责任,提出具体要求和注意事项。

d. 吊汽缸大盖前应对行车刹车、钢丝绳等进行仔细检查,确认正常后方可进行起吊工作。

e. 吊汽缸大盖,必须使用专用吊具和钢丝绳,并按制造厂的规定放准吊具位置。由熟练的起重工一人指挥,其他人员应分工明确,各就各位,密切配合。

f. 在外缸四角装好清理干净的导柱,并涂上清洁的润滑油。在主水平法兰加工四个槽口,放置液压千斤顶将汽缸顶起 3~5 mm。

g. 专用起吊工具就位后,通过索具上的调整螺栓及调整孔板将汽缸吊平。也可以在行车吊钩上设置必要的链条葫芦,以便汽缸找平和及时校正四角的荷重。

h. 汽缸起吊过程中,应由专人指挥,四周有专人监视。当外缸吊起 100 mm 时,应停止起吊,进行全面检查,确认汽缸内部隔板无卡涩、转子未上抬、吊具无异常时,再缓慢起吊。起吊过程中,汽缸四角由专人用钢尺跟踪起吊高度。汽缸每升高 50 mm 左右,应全面检查汽缸的水平情况,并及时校正。

i. 汽缸起吊过程中,起重机司机随时监视起重机载荷量,超过上缸荷重时,应停止起吊,待查明原因经处理后,才允许继续起吊。任何人发现内部有碰磨、卡涩等异常现象,应立即发出停止起吊的信号,待排除故障后继续起吊。检查高中压外下缸是否上抬,如果上抬,就用紧定螺栓固定或用滑轮组固定好。

j. 当汽缸吊离导柱时,四角应有专人扶稳,以防止汽缸旋转、摆动碰伤叶片。汽缸吊出后,应放置在规定的地点,汽缸法兰下部垫上枕木,并退回顶缸的螺丝。

(8)汽缸大盖吊出后,应立即将内外缸夹层、排汽口、抽汽口等处用专用盖板盖好,防止工具或杂物落入。

(9)仔细检查汽缸接合面的密封情况,是否有漏汽痕迹,并检查隔板、叶片等,汽缸内部是否有零件、碎金属脱落的情况,做好记录。

(10)在汽缸法兰接合面上垫上3~5 mm厚的橡皮垫,以保护接合面不受损伤。此时起,所有上缸工作人员必须按《电业安全工作规程》规定着装,身上不得带有任何金属物及其他物品,使用工具时应有防止掉落的措施。

(11)拆卸高、中压部分隔板套中分面螺栓及定位销,吊出上隔板套放置在指定地点的木板上。

(12)拆卸高压前轴封体、中压后轴封体中分面螺栓及定位销,将上半轴封体吊开放置在指定地点的木板上。

高压内缸解体:

(1)联系热控人员,拆卸内缸外壁上所有热工接线及接头,各管口用布包扎好,防止杂物落入。

(2)拆卸高压内缸中分螺栓,拆卸方法同上。

(3)按"揭高中压外上缸及注意事项"起吊高压内缸。

(4)内缸吊开后,仔细检查中分面蒸汽冲刷的痕迹,做好记录。按顺序拆吊各级上隔板,放置在专用的隔板架上。

(5)上内缸、上隔板、上轴封体吊开后,在半实缸情况下,做好大修前各种通流间隙、转子轴颈扬度、转子各处晃度、瓢偏度及联轴器中心等测量工作,并做好记录。

(6)吊出高中压转子和下隔板、下轴封体等,下缸内吊空后,将没有封堵的进汽喷嘴、抽汽口和疏水孔洞加以封堵,并贴上封条。

高压内下缸一般情况下不需要吊出,因故必须吊出时应注意:

(1)拆下下部高中压外缸上第一级热电偶,然后拆下法兰。

(2)拆下下部高中压外缸第一级压力变送器法兰。

(3)拆下固定下缸的4只紧固螺栓,拆除固定事故排放阀连接的膨胀节的螺栓和锁定环,并拉出膨胀管。

(4)起吊高压内下缸:将内下缸微吊起后找平再缓慢起吊,起吊过程中应有专人监护和扶持,防止内下缸在起吊过程中摆动而碰坏、损伤底部疏水管。

揭低压外上缸与低压内上缸:

(1)拆卸轴封盒:为了防止吊缸或扣缸时损坏轴封盒(3、4、5、6号)和排汽缸之间的垂直中分面,应将上轴封盒拆开,保持排汽缸与垂直中分面1.5 mm(最大3 mm)的距离。通过人孔进入外缸内,在锥体上安装吊环,然后在吊环和排汽缸的中心肋的孔之间装上导链。取下锥体的水平中分面螺栓,用导链提起锥体并拆除轴封盒的水平螺栓和定位销。拆除上半部轴封盒和排汽缸之间的垂直面螺栓。拧松螺栓"A"和"B"半圈,然后取下螺栓"A"和"B",保持密封盒离开垂直接合面不小于3 mm。进入低压外缸内,把锥体放回,然后拿出导链。

(2)拆卸螺栓前,向螺栓丝扣结合处及销钉孔处喷上松动剂或煤油,便于拆卸。拔出汽缸法兰定位销后,同时拆卸低压外缸法兰两侧接合面螺栓。

(3)螺栓拆卸后,用塞尺测量法兰接合面各处间隙,并做好记录。

(4)按"揭高中压外上缸及注意事项"起吊低压外上缸。

(5)检查外缸接合面情况,做好记录,在低压缸中分面上盖好盖板,防止检修人员跌落。

(6)低压内缸上各人孔门做好记号,拆卸各人孔门盖板螺栓。拆卸过程中,应防止杂物、工具等掉入汽缸内。

(7)拔出低压内缸接合面定位销,拆卸低压内缸接合面螺栓后,用塞尺测量其接合面间隙,并做好记录。

(8)拆卸低压缸喷水减温管法兰螺栓,将各法兰管口用布包好,并封堵各喷嘴。

(9)按"揭高中压外上缸及注意事项"起吊低压内上缸。

(10)拆卸低压隔板、低压前后轴封体等接合面螺栓及定位销,吊开上隔板和低压缸前后上轴封体。

(11)上内缸、上隔板、上轴封体吊开后,在半实缸情况下,做好大修前通流间隙、转子轴颈扬度、转子各处晃度、瓢偏度及联轴器中心等测量工作,并做好记录。

(12)吊出低压转子、下隔板、下轴封体后,将各疏水孔、抽汽孔口用专用堵板盖好,并贴上封条。

2.汽缸的清理、检查、测量工作

用未经淬火的铲刀铲除汽缸中分面上涂料,再用电动抛光机(铜丝刷)打磨光滑。汽缸平面打磨时,应沿汽缸纵向移动,不允许横向移动。用#0砂布将汽缸内壁各隔板槽、汽封槽等清理干净。清理中遇到硬点或毛刺,可用油光锉或油石打磨光滑。清理干净后,擦上干铅粉。

外观仔细检查高中压内、外缸和低压内、外缸汽缸平面、各抽汽口、排汽口、疏水口、热工测量孔、缸壁加强筋、导流板、分流环等处是否有裂纹、吹损、脱焊、疏松等缺陷,对不等厚度的过渡部分,用放大镜进行特别检查。

仔细检查高中压进汽室及喷嘴有无裂纹、吹损、松动等现象,高压进汽室的螺母点焊处是否有裂纹,定位销是否良好。

检查、测量汽缸与轴承箱纵、横向水平。测量时,采用精度为 0.01 mm/m 的合像水平仪,在机组安装时标明的固定位置进行测量。为了消除水平仪的测量误差,应将水平仪正、反180°测量两次,取两次测量结果的代数平均值,并做好记录。汽缸水平测量数据与安装时的数据比较应无明显变化,否则应查找原因。

利用预扣空缸的机会,测量检查高中压内、外缸和低压内、外缸在扣空缸自由状态下与紧1/3螺栓时汽缸中分面的间隙,塞尺塞入的深度不应超过接合面的1/3,做好记录,并与上次大修记录进行比较。若间隙大于规定值,应向质监部门汇报,制定处理措施。

清理检查高中压导汽管、中低压连通管、低压缸大气释放阀及喷水冷却装置:

(1)检查各连接法兰平面,应无毛刺和径向沟槽。

(2)清理中低压连通管的波纹节表面,检查是否有裂纹或明显的变形,内部衬管是否有吹损、脱焊等情况。

(3)检查低压外缸上大气释放阀,将各法兰平面清理干净,检查各部件有无裂纹、锈蚀等缺陷。装复时,应更换所有的垫片。其安全保护垫采用铜板或 1 mm 厚的 XB350 石棉纸板做成。

(4)检查高中压进汽管密封环,应完好无损。

(5)汽缸各疏水孔及低压缸喷水喷头应畅通。

清理检查各汽缸螺栓和定位销：

(1)用钢丝刷将所有汽缸螺栓、导汽管螺栓、隔板螺栓及汽缸顶起螺栓清理干净,检查各螺栓螺母应无毛刺、裂纹,各螺纹完整,螺栓螺母的配合以用手将螺母自由拧入而又不过松为符合要求,发现有卡涩或拧不动时,不许用手锤敲振或加大力矩的方法,应将螺母退出,用油石和三角锉修整,合格后,用煤油清洗干净。若是螺母损坏或汽缸法兰上沉孔丝扣损坏,应用丝锥进行修理,修理后应清洗干净。

(2)汽缸水平法兰及主汽管入口法兰的高温螺栓,HB290—360可以使用。HB360以上更换,HB280—289两年以内更换,HB279以下更换或进行调质处理。螺母的硬度应低于螺栓硬度HB20~40。

(3)所有更换的螺栓、螺母及汽缸内各部件,应由专业人员检验合格并进行探伤和光谱检查,并做原始数据记录。为了防止螺栓使用紊乱,有利于观察螺栓的硬度和组织变化,使用中所有螺栓和对应的螺母要编号,设立专门的台账记录,并由专人负责。

(4)经清理检查和修理后的所有螺栓、螺母、垫圈都要擦上干铅粉,成对配好,妥善保管(放在专用的螺栓架上)。

(5)用砂布、油石打磨汽缸定位销的毛刺,擦上干铅粉。

测量低压外缸油档洼窝、低压内缸与低压转子的同轴度:可直接将低压转子吊入空缸中进行测量。若不符合质量标准,可以调整轴承来达到要求,调整时应注意轴颈扬度符合要求。

检查、测量高中压缸前轴承、中低轴承箱挡油环洼窝、高中压轴封体洼窝、高压内缸与高中压转子的同轴度。此项工作应在中—低对轮中心找好后进行。

检查测量前轴承箱与高压缸、中低压轴承箱与中压缸、中低压轴承箱与低压缸间轴向相对尺寸。

3. 汽缸修理

汽缸接合面漏汽处理:

(1)造成汽缸接合面泄漏的因素很多,如涂料质量不好、内有较硬的沙粒和铁屑;螺栓紧力不足或紧螺栓顺序不合理;由于制造过程中回火不充分而残存较大的铸造、加工的内应力等,以致机组运行一段时间后,法兰发生较大的变形而泄漏。

(2)详细测量汽缸中分面的间隙,要求不紧螺栓和紧 1/3 螺栓时,测量汽缸法兰内外侧的间隙和插入深度,做好记录。对于汽缸接合面变形和漏汽应根据产生变形的原因和变形程度等具体情况,采取不同的措施进行处理,不管采用何种方法,均应有详细的技术措施。一般最常用的处理方法如下:

①因蒸汽冲刷接合面而产生的沟痕,可用补焊、焊后修平的方法处理。

②汽缸本身变形产生的接合面间隙,若沿长度方向不大于 400 mm,且间隙又在 0.30 mm 以内,可采用喷镀或刷涂工艺进行处理。

③由于检修时间紧,临时处理时可将 80~100 目的铜丝布经热处理后剪成适当的形状,铺在漏汽处。

④汽缸变形较大但凸出部分面积不很大时,宜采用研刮方法,目前此方法是经常使用的处理方法,其工艺过程如下:

a. 将各抽汽门、汽缸、疏水孔、轴承室、喷嘴室等密封好,各缝隙用胶布贴牢,尤其是轴承室一定要严密,以防金属粉末进入油系统,造成油质恶化的严重后果。

b. 先修刮上缸:首先翻转上缸,注意汽缸翻身后底部要垫得平稳,以长平尺与大平板做基准面修刮上缸中分面。

c. 上缸的研刮质量,可按红丹印痕情况来判断。如在一平方厘米的表面上有一个到两个红丹斑点时,研刮工作即可结束。

d. 上缸修刮好后,以上缸做基准面,在下缸中分面上均匀涂上红丹,将上缸合在下缸上,不紧法兰螺栓稍微推动上缸前后移动,吊开上盖后研刮下缸中分面的亮点。

e. 当间隙较大时,可用专用平面磨床打磨或用角向砂轮机打磨,当间隙 < 0.30 mm 后,就应采取精磨,当间隙 < 0.10 mm 后,只能用铲刀修刮,修刮时应注意:

ⅰ. 不能修刮最大间隙处。

ⅱ. 铲刀只能纵向移动,不能横向移动,以免产生横向沟槽。

ⅲ. 修刮工作应由专人统一指挥,全面考虑,用红丹检查时,接合面一定要揩净,不能带有灰尘铁屑。

ⅳ. 接合面修刮达到要求后,应用"00"号砂布或油石纵向打磨光滑。

f. 汽缸接合面修刮结束后,盖上缸,放入定位销,不紧螺栓和紧 1/3 螺栓,分别检查测量汽缸接合面间隙并做好记录。

g. 局部变形大,可采用局部补焊,焊后用平板研刮,焊补交界处不能有咬边和台阶。局部补焊时,汽缸局部应加热,按焊接工艺要求进行。

汽缸裂纹的检查与处理:

(1)汽缸裂纹产生的部位:汽缸由于结构设计、制造和运行等各方面的原因,可能产生裂纹。裂纹一般发生在各种变截面处,如调节汽门座、抽汽口与汽缸连接处,隔板槽道洼窝处,汽缸壁突变处等,汽缸法兰接合面裂纹多集中在喷嘴室区段及螺孔周围以及制造厂原补焊区。

(2)产生裂纹的原因:

①铸造工艺不当,内部存在汽孔、夹渣、疏松等现象。

②补焊工艺不当,在补焊区和热影响区造成裂纹。

③汽缸时效处理不当。

④运行操作不当,在启停或负荷变化时,温升及降温速度过快,产生较大的热应力引起裂纹。运行中机组振动过大,也可能导致裂纹发展。

(3)裂纹的检查方法:

①目前对汽缸加工面的检查,多采用砂轮机打磨后,用 10% ~15% 硝酸水溶液酸浸,再以 5~10 倍的放大镜进行观察的方法,也可采用着色法检查。对于个别较严重的裂纹,为了查找裂纹的原因,可用 γ 射线或超声波检查。

②对已探明的汽缸裂纹做进一步的检查工作。在裂纹周围 100 mm 范围内打磨光滑,表面粗糙度 Ra 3.2 以下,用超声波探伤法确定裂纹的边界;裂纹深度可以采用钻孔法或使用目前国内生产的裂纹探测仪进行检查。

③用 20% ~30% 硝酸酒精溶液进行酸浸检查,主要检查裂纹有无扩展和确定制造厂原补焊区的范围;使用超声波探伤仪检查裂纹附近有无砂眼、疏松、夹层等隐蔽缺陷。

④对原补焊区进行光谱定性分析,对裂纹尖端进行金相检验以确定裂纹的性质(穿晶或沿晶)。

⑤对原补焊区、热影响区、裂纹附近(约距裂纹 5 mm)以及汽缸母材进行硬度测量。每区至少测量三点,取平均值,硬度值最高不能超过 HB300。

裂纹的处理:

(1)铲除法:对于汽缸表面裂纹,可先用手提砂轮将裂纹磨掉,或用凿子、锉刀将裂纹铲除,并在裂纹两端钻止裂孔,然后用细砂纸打磨光滑,再进行着色探伤检查。

(2)补焊法:

①查明汽缸裂纹较深,经强度核算必须补焊处理。

②首先采用机械或砂轮打磨的方法,去除裂纹及其周围的疏松、气孔、夹渣等缺陷。

③裂纹去净后,应对坡口进行修正,一般坡口斜度为10°~12°,并以适合焊接为宜,坡口外10 mm范围应打磨,使其露出金属光泽。

④按金属焊接工艺进行补焊。

⑤焊后对焊缝打磨光滑,然后进行着色探伤检查,应无裂纹。

4. 汽缸滑销检查、测量

高中压缸:

(1)检查测量高中压外缸前后猫爪联系螺栓各部间隙、后猫爪横向键各部间隙。

(2)拆卸高中压缸前后立销,清理检查,并测量其配合间隙。

(3)测量高压内缸上、下、前、后纵向键的间隙。

低压缸:

(1)塞尺测量低压外缸纵、横滑销两侧面总隙。

(2)用钢直尺测量低压外缸联系螺栓与螺孔沿膨胀方向间隙,压铅丝或用塞尺测量其水平面间隙。

(3)用塞尺检查测量低压内缸猫爪与低压外下缸平面的接触情况和内缸猫爪联系螺栓平面间隙。

(4)检查测量低压内缸纵、横向键间隙。

(5)塞尺检查低压外下缸与台板的接触情况。

(三)汽缸检修质量标准

高中压缸质量标准:

用5~10倍放大镜外观检查(必要时着色检查)缸体无裂纹,无锈蚀,无严重蒸汽吹损。汽缸接合面平整,涂料清除干净,无吹蚀沟槽。

汽缸扣空缸自由状态下塞尺检查接合面间隙≯0.10 mm,紧1/3螺栓检查0.05 mm塞尺不入。

用合像水平仪测量汽缸与轴承箱纵、横向水平,横向水平偏差≤0.20 mm/m,纵向水平应与转子扬度保持一致。

中、低压转子联轴器中心调整合格后,用百分表、内径千分尺测量前、中低压轴承箱挡油环洼窝与转子同轴度:左右 $a-b$≤0.05 mm,下部 $c-(a+b)/2$≤0.025 mm;前、后端轴封洼窝与转子同轴度:左右 $a-b$≤0.05 mm,下部 $c-(a+b)/2$≤0.025 mm。

用深度尺、游标卡尺测量前轴承箱与高中压外缸间轴向左右距离尺寸为 290±0.30 mm;中压轴承箱与高中压缸间轴向左右距离尺寸为 222±0.30 mm;A 低压缸与 B 低压缸距离 620 mm。

用百分表或塞尺测量高压内缸与高中压转子同轴度:左右 $a-b$≤0.05 mm,下部 $c-(a+b)/2$≤0.025 mm。

汽缸接合面螺栓、螺孔栽丝丝扣光滑,无毛刺及损伤,配合松紧适宜,组装时涂黑铅粉或二硫化钼粉。

汽缸内更换的零部件必须打光谱,符合材质要求。

低压缸质量标准:

用5~10倍放大镜外观检查或着色检查缸体无裂纹,拼缸连接螺栓无松动。汽缸水平接合面涂料清理干净,表面平整、光滑、无锈蚀。

扣缸检查中分面间隙,内缸:自由状态下塞尺检查≯0.30 mm,紧1/3螺栓检查,0.05 mm 塞尺不入。外缸:自由状态下塞尺检查≯0.30 mm,紧1/3螺栓检查,0.05 mm 塞尺不入。

低压外缸油挡洼窝与低压转子同轴度,左右 $a-b$≤0.05 mm,下部 $c-(a+b)/2$≤0.025 mm。

低压内缸与低压转子同轴度,左右 $a-b$≤0.05 mm,下部 $c-(a+b)/2$≤0.025 mm。

用合像水平仪测量低压汽缸中分面与轴承箱纵、横向水平偏差≤0.20 mm/m,纵向水平与转子扬度保持一致。

汽缸螺栓、螺孔栽丝丝扣完整光洁,无毛刺及损伤,配合松紧合适,组装时涂以黑铅粉或二硫化钼粉。

低压外下缸与台板接触密实,用塞尺四周检查,0.03 mm 塞尺不入。

(四)汽缸检修风险控制

确认盘车停止转动并断电。使用大锤或手锤时应检修工具完好。锤把不得沾有油污,并做大锤脱手的防护措施。不准戴手套抡锤或单手抡大锤。

确认冷油器油、水阀门均已隔离好,作业现场严禁火种。将冷油器及油管内的存油放入专用的油桶内,工作过程中必须设有专职人员进行监护,禁止明火,并备有消防器材。清洗冷油器换热片时,换热片放置在安全地方。清洗工作过程中,禁止用钢丝刷,应使用比换热片材质软的刷子清洗,清洗换热片人员做好防止被换热片割伤的安全措施。

工作人员应穿防滑鞋。工作时,工作人员互相提醒注意,工作地点洒上油后应立即擦净油污,抹布丢放到指定区域或地点。确认滤网前后阀门隔离,已经泄压并排空余油,并用容器接好溶脂防止污染,作业现场严禁火种。未经允许禁止在换热片上或附近进行电焊、火焊作业。

使用电气用具应检查导线有无破损并正确使用电动工具。使用电器工具必须有漏电保护器,绝缘合格、无裸露电线。临时电源线不能私拉乱接,不能落地,现场严禁使用花线。湿手禁止触摸电动工具。

在吊拆、装泵时应由专人指挥,吊前要检查吊具是否合格。吊拆、装泵时要固定牢靠,防止转动伤人,防止设备摔坏。起吊时,应平稳小心,出现卡涩时应在消除后再起吊,严禁强行起吊。

高空作业人员必须正确佩戴合格的安全带。高处作业时,作业点的下方应设置围栏挂警示牌,小零件及时放入工具袋。高处作业不准上下抛工器具、物件。行车起吊时,下方禁止人员逗留、行走。起吊物体加减垫片时,严禁将手指放入下部。脚手架上堆放物件时应固定,杂物应及时清理。

应该缓慢、均匀地松联轴器螺栓,避免速度过快。螺栓拆卸不出时,可采用乙炔火焰快速加热的方法拆除。加热后的零部件,工作人员严禁用手直接接触。对孔时禁止将手指放入螺栓孔内。

使用刮刀时,对面不能够站人。安装时要小心谨慎,不得强行安装,以免损坏设备。严格按照检修工艺标准步骤进行各部解体,不得野蛮操作。

五、汽缸检修特殊问题处理方法

1. 汽缸裂纹的处理方法

汽缸裂纹多产生于下列部位:

①各种变截面处,如调节汽门座、抽汽口与汽缸连接处、汽缸壁厚突变处等。

②汽缸法兰接合面,多集中在调节级前的喷嘴室区段及螺孔周围。

③缸上的制造厂原补焊区。

产生裂纹的原因有以下几个方面:

①铸造工艺不当。汽缸各处壁厚不同,凝固速度不同,产生的应力也不同,可把汽缸拉裂(形成表面裂纹或隐形裂纹);铸造缺陷,如夹渣、气孔等,亦可造成裂纹。

②补焊工艺不当。补焊工艺不当或焊条使用不当及补焊中的缺陷(如未焊透、夹渣、气孔等),也易造成裂纹。

③汽缸时效处理不当。不能消除材料内部的应力。

④运行操作不当。运行中启动、停机、负荷变化过速、参数波动过大等,会使汽缸各部分产生过大温差应力,引起裂纹。运行时机组振动过大,也可导致汽缸产生裂纹。

在现场的工作条件下,对裂纹的处理一般采取打磨法、打磨补焊法和钻孔止裂法。

(1)打磨法

裂纹短也比较浅而且汽缸壁比较厚的情况下,一般的现场处理方法是用角向磨光机、直磨机或用扁铲、锉刀将裂纹打磨掉,并在磨口附近打磨成光滑过渡,然后着色检验,直到裂纹全部清除。

(2)打磨补焊法

如果裂纹深度很深,已经超过了汽缸强度允许范围,打磨后就要进行补焊。汽缸补焊一般可热焊接和冷焊接,双层缸结构的高中压内缸和单层缸结构的高中压缸一般均采用较高性能的耐热合金钢,焊接需要热焊接,焊后需要热处理。高中压外缸和低压内缸采用的汽缸材质要求的标准就相对低一些,其补焊工艺要用冷焊接方式,焊接母体焊前预热,开始补焊后不再预热,而是清扫后直接施焊。

(3)钻孔止裂法

钻孔止裂法是在裂纹的两端各钻一孔,将裂纹截断隔离并防止裂纹继续延伸的方法。这种方法适用于裂纹较浅,且出现裂纹的部位既难以打磨也无法铲除的情况,是一种临时性措施。在裂纹的终结点部位用直径 6 mm 以下的钻头垂直向下钻孔,如加工位置宽敞,可采用手枪电钻、风钻等工具;如加工位置狭窄,可以 90°手扳钻。钻孔深度应该和裂纹深度相同,以尽量降低汽缸强度。在钻孔接近裂纹时,钻头应采用 150°圆钻角钻头,这样可以缓冲两端发展。

2. 螺母丝扣咬死的处理方法

螺栓的丝扣上可能出现毛刺或氧化层脱落时,拆卸时可能拧不动。可先浇螺栓松动剂边拧动边喷浇,使得螺栓松动剂渗入螺栓丝扣中。如果仍不能将螺母顺利拆卸下来,只能选择破坏螺母的方法。破坏螺母的方法有两种:一种是用液压劈开器将螺母劈开;另一种是用割炬将螺母割开。用破坏螺母的方法解体的螺栓,在检修过程中必须进行金属探伤检查,必要时热处理,同时要用车床或专用扳手将螺栓丝扣修复。

3. 汽缸泄漏的处理方法

汽缸泄漏多数发生在上下缸水平接合面高压轴封两侧,因为该处离汽缸接合面螺栓较远,温度变化较大,温度应力也较大,往往使汽缸产生塑性变形,而造成较大的间隙,使这些部位发生泄漏。一般情况下,汽缸泄漏的原因除了制造厂设计不当之外,有以下三种原因:汽缸法兰螺栓预紧力不够;汽缸法兰涂料不佳;汽缸法兰变形严重。

根据汽缸泄漏的情况,大致有下列几种处理方法。

(1)用适当的填料密封

用亚麻仁油加铁粉做涂料涂于泄漏处或接合面间隙大处,以消除泄漏。该涂料配制方法:将亚麻仁油用电炉煎熬约 6 h,待亚麻仁油内水分蒸发完为止,使亚麻仁油有一定的黏性即可。加入 25% 的红粉、25% 的铁粉和 50% 的黑粉,搅拌均匀成糊状就可使用。或用 80~100 目的铜网经热处理使其硬度降低,然后剪成适当的形状,铺在接合面的漏汽处,再配以汽缸密封剂。此法仅适用于缸内外压差不大(如中低压缸),间隙小于 0.1 mm,且变形面积不大的接合面漏汽处理。

(2)汽缸接合面加装齿形垫

当汽缸接合面局部间隙较大,漏汽严重时,可在上下汽缸接合面上开宽 50 mm、深 5 mm 的槽,中间镶嵌 1Cr18Ni9Ti 的齿形垫。齿形垫厚度一般比槽的深度大 0.05~0.08 mm 左右,并可用同等形状的不锈钢垫片加以调整。

(3)汽缸接合面堆焊

当汽缸漏汽发生在低压汽缸的低压轴封处时,一般采用局部堆焊来消除漏汽。堆焊前将汽缸平面清理干净,用氧-乙炔焰焊嘴加热堆焊,堆焊后用小平板或平尺进行研刮,使其与法兰平面平齐。汽缸接合面变形较大或是漏汽严重时,在下缸的接合面补焊一条或两条10~20 mm宽的消除间隙密封带,然后用平尺或是扣上缸测量,并涂红丹研刮,直到消除间隙。此操作的工艺也很简单,焊前预热汽缸至150 ℃,然后在室温下分段退焊或跳焊。选用奥氏体焊条,如A407、A412,焊后用石棉布覆盖保温缓冷,待冷却室温后进行打磨修刮。对于工作温度高的汽缸,因其材料焊接性能差,为防止汽缸裂纹,一般不采用堆焊方法来处理漏汽缺陷。

(4)汽缸接合面涂镀

当低压汽缸接合面大面积漏汽,间隙在0.50 mm左右时,为了减小研刮汽缸接合面的工作量,可采用涂镀工艺。用汽缸作阳极,涂具作阴极,在汽缸接合面上反复涂刷电解溶液。溶液的种类可按汽缸材料和研刮工艺而定。涂镀层的厚度可按汽缸接合面间隙大小而定。喷涂就是用专用的高温火焰喷枪把金属粉末加热至熔化或达到塑性状态后喷射于处理过的汽缸表面,形成一层具有所需性能的涂层方法。其特点就是设备简单,操作方便,涂层牢固,喷涂后汽缸温度仅为70~80 ℃,不会使汽缸产生变形,而且可获得耐热、耐磨、抗腐蚀的涂层。需要注意的是,在涂镀和喷涂前都要对汽缸接合面进行打磨、除油、拉毛,在涂镀和喷涂后要对涂层进行研刮,保证接合面的严密。

(5)汽缸接合面研刮

如果上缸接合面变形在0.05 mm范围内,以上缸接合面为基准面,在下缸接合面涂红丹或是压印蓝纸,根据痕迹研刮下缸。如果上缸的接合面变形量大,在上缸涂红丹粉,用大平尺研出痕迹,把上缸研平。或是采取机械加工的方法把上缸接合面找平,再以上缸为基准研刮下缸接合面。汽缸接合面的研刮一般有两种方法:

①不紧接合面的螺栓,用千斤顶微微推动上缸前后移动,根据下缸接合面红丹的着色情况来研刮。这种方法适合结构刚性强的高压缸。

②紧接合面的螺栓,冷紧1/3汽缸螺栓,根据塞尺检查接合面的严密性,测出数值及压出的痕迹,修刮接合面。这种方法可以排除汽缸垂弧对间隙的

影响。

研刮前必须将前后轴承室和汽缸各疏水、抽汽孔封闭好,以防铁屑、砂粒落入。将汽缸法兰平面上的氧化层用旧砂轮片打磨掉。汽缸接合面间隙最大处不能研刮。砂轮机研磨到汽缸接合面间隙等于或小于 0.10 mm 时,应改用刮刀精刮。刮刀或锉刀等研刮工具只能沿汽缸法兰纵向移动,不能横向移动,以免汽缸法兰平面上产生内外贯穿的沟槽,影响研刮质量。用油墨或红丹粉检查平面时,必须将汽缸法兰平面上的铁屑揩净,以防汽缸在往复移动时拉毛平面。研刮标准为每范围内有 1~2 个印痕,并用塞尺检查接合面间隙小于 0.05 mm。

达到标准后用"00"号砂纸打磨,最后用细油石加汽轮机油进行研磨,使汽缸法兰表面粗糙度约为 0.1~0.2 μm。研刮结束后,应合缸测量各轴封、隔板等处的汽缸内孔的轴向尺寸,以确定是否需要镗汽缸各孔。

第四节　隔板和隔板套检修

一、解体注意事项

①上缸或上内缸吊开后,应及时向各隔板套连接螺栓内注入松动剂或煤油浸泡。同时测量检修前的隔板套、隔板(或静叶环)水平中分面间隙和隔板或隔板套挂耳间隙,并将有关数据记录在检修卡片上。

②隔板套、隔板(静叶环)按顺序做好编号,以防组装过程中错装造成返工。各螺母做好编号,以便回装时原螺栓配原螺母。各隔板套、隔板(静叶环)连接螺栓,拆时应小心谨慎,防止螺母、垫圈、扳手或锤头掉入抽汽孔内,若有异物掉入抽汽孔,应及时设法取出。

③对于静叶环部分螺母需热松,故采用电加热方法进行。

④确认吊装顺序,做好记录后,并分别吊出上半隔板套、隔板(静叶环)至指定位置,检查中分面有无漏汽痕迹,并做好记录。

⑤检查下半隔板(静叶环)中分面有无抬起,压板底部有无脱空现象。

⑥下半部件待转子吊出后逐个做好编号,再用吊车逐个吊出,放置在检修现场指定位置,并整齐有序。物件下应垫木板或橡胶板。

⑦隔板套、隔板(静叶环)全部吊出后,应立即将各抽汽口封堵好,以防检修

过程中异物落入。

⑧对具有隔板套的隔板,应用专用工具将各级隔板抽出,并做好标记。绝对禁止用钢丝绳直接穿入叶片中进行起吊。在起吊隔板过程中,吊车要找正。当隔板有卡涩时,应用铜锤轻轻敲击,待隔板活动后再继续吊起。注意不能摩擦、碰撞,不能强行起吊。

二、清理检查和修整

①隔板(静叶环)解体后,清除叶片正反面的积垢。严禁使用砂轮机或角向磨光机,防止增加叶片表面的粗糙度,改变叶片型线。

②隔板(静叶环)与隔板套或与汽缸的轴向配合面均用砂布清理干净,其余部位可用钢丝刷将浮垢清除。

③对隔板(静叶环)逐级宏观检查,重点检查进、出汽侧有无与叶轮、叶片摩擦的痕迹;铸铁隔板的静叶片铸入处有无裂纹和剥落现象;静叶片有无伤痕、卷边、松动、腐蚀、裂纹或组合不良现象;隔板(静叶环)、隔板套的挂耳有无松动、损伤现象。焊接隔板中分面处的两端静叶应重点检查有无脱焊、开裂、漏焊或腐蚀吹薄等现象;隔板套有无裂纹并进行隔板(静叶环)严密性检查。

④用小锤逐片轻敲静叶片做音响检查,是否发音清脆,衰减适当,对有疑问的静叶片应用放大镜或着色法做进一步检查。对静叶片裂纹、缺口等缺陷进行整修,小缺口或小裂纹用圆锉修成圆角,裂纹较长时应在裂纹顶端打止延孔。出口边卷曲严重,应做必要的热校正,较大缺口应补焊。

⑤宏观检查喷嘴片和喷嘴室,用小铜棒轻击喷嘴片做音响检查,并检查喷嘴固定端的销钉和靠近汽缸平面处的密封键。

三、检修工艺

1.隔板解体

隔板解体前,要逐件核对各部件的编码记号,同一级隔板两侧的编号左右(电、炉侧)应有区别。机组大修中一般不拆卸喷嘴组,只在有较大缺陷时才做处理,但应清理干净,并进行着色探伤检查。

在隔板中分面的连接螺栓螺纹上喷上松动剂,拆除螺母的防松装置,拆卸螺母,螺栓、螺母成套放在专用的箱架上保管。

专人指挥起吊上隔板,在起吊过程中,应缓慢平稳,不得歪斜或强行起吊,严防碰伤叶片。若有卡涩现象,应停止起吊,待查明原因、采取措施后才允许继续起吊。上隔板吊开后,检查接合面漏汽冲刷痕迹,并做好记录。

下隔板吊出后,应立即将汽缸内的疏水孔、抽汽口等封堵,防止落物。上隔板在指定区域的木块上翻转后,吊入专用隔板架上。下隔板用吊环直接吊出,放在专用隔板架上。

隔板在拆装过程中经常发生隔板卡死、不易吊出的情况,解决方法:用行车吊住隔板轻微受力,然后用铜棒左右敲击隔板,或采用顶丝将隔板顶起后找平,再进行起吊。

对于下隔板,可以用行车吊隔板的一侧,用铜锤敲打另一侧,使隔板活动,然后吊出。还可以根据现场情况,用槽钢横跨汽缸加以固定,用丝杆提紧隔板,同时敲打隔板,或用千斤顶把隔板顶松动,然后吊出。

2. 隔板的清理检查

清理隔板,通常采用刮刀、砂布、钢丝刷等工具进行人工清扫,再用压缩空气吹扫干净。

检查隔板焊缝、加强筋有无裂纹、损伤等现象。检查各静叶喷嘴是否有伤痕、卷边、松动、裂纹等现象,隔板及蒸汽流道是否有吹蚀、结垢等情况,并对隔板体及其静叶做着色探伤检查。检查隔板凹槽、定位键及挂耳有无吹蚀、拉毛、裂纹等现象。

隔板静叶局部损坏的处理方法及工艺:

隔板静叶小裂纹处理:用小圆锉将裂纹锉去,倒圆角;若裂纹较长,可在裂纹根部钻 $\Phi 2$ mm 左右的止裂孔,防止裂纹进一步扩展;若需补焊,应有补焊工艺技术措施。

静叶进汽侧凹凸不平处理:先用小锉刀或小砂轮机修光,再用#1 砂布打磨光滑。

静叶出汽侧变形、卷边等处理:首先根据蒸汽流道形状制作一块斜垫铁,用火焊加热局部变形处,加热温度需根据静叶材质确定,然后将斜垫铁敲入汽道,用榔头均匀敲击校正静叶。整形后,应缓慢冷却后做探伤检查。

3. 隔板测量检查

(1)隔板挠度(弯曲)测量

此项工作只在隔板变形产生摩擦或通流间隙减少时进行。将隔板平放在地上,进汽侧朝下,用长平尺搁在隔板水平中分面处。在左右两侧各选择对称点,用深度游标卡尺进行测量,并与原始数值进行比较。测量时,将平尺放置位置和测点位置做好记号,使每次测量均在相同的位置进行,便于分析隔板变形过程。

(2)隔板中分面间隙的测量和调整

在汽缸内将上隔板合在下隔板上,用塞尺检查隔板接合面的间隙,不符合要求的要进行修刮。其工艺方法如下:

拆卸下隔板接合面螺栓、圆销和方键,清理干净后吊入汽缸内,在接合面上涂一层薄薄的红丹,将上隔板合上轻轻地推动上隔板,吊开上隔板,修刮中分面上的亮点,视情况,可先用角向砂轮机打磨,再用细锉刀和铲刀进行修刮。

在整个修刮过程中,应经常用平尺检查隔板接合面的平直度。

测量隔板内孔的椭圆度:隔板接合面修刮完毕后,都要合上隔板,用内径千分尺测量内圆椭圆度,作为调整隔板洼窝中心的原始依据之一。

4.隔板洼窝中心的测量和调整

在机组整个轴系中心调整合格,检查完高中压外缸、高压内缸的洼窝中心后,将清理、修理好的下隔板吊入汽缸,各道下轴承装复,将汽轮机转子吊入汽缸。

测量隔板洼窝中心常以下半隔板安装汽封处的洼窝为基准。盘动转子,用百分表或塞尺测出隔板两侧及下部三个值,下部间隙可采用压铅块的方法测量,并做好记录。

根据测量的隔板洼窝中心、隔板椭圆度和隔板中分面与汽缸中分面的高低等数据综合进行调整,使隔板的中心与转子中心一致,同时尽可能使隔板中分面与汽缸中分面平行。

隔板高低调整:改变悬挂销下部垫片厚度来达到要求,左右的调整采用异型定位键偏移方法处理。

隔板组装时,隔板中分面高出汽缸水平接合面。此情况往往是由于挂耳下部没有清理干净或找中心时加了垫片等原因,出现这种情况必须返工处理。隔板组装后,应及时用直尺检查中分面的平齐情况。

隔板、汽封找中心工作也可以用假轴或拉钢丝的办法进行,以轴承箱挡油环洼窝中心为基准找正假轴或拉紧钢丝,对所有隔板进行找正测量,调整时必须考虑假轴或钢丝与转子挠度之间差值的修正。

5. 隔板膨胀间隙的测量与调整

(1) 径向膨胀间隙

左右两侧径向间隙用塞尺测量,顶部、下部径向间隙用压铅丝法测量。当径向间隙局部过小时,可用砂轮机进行局部打磨;若整圈间隙偏少,则需对隔板进行车削。

(2) 轴向膨胀间隙

将隔板吊入汽缸内,在隔板两侧轴向各装一只百分表,用撬棒在隔板两侧轴向前后撬动,百分表指针变化的读数即为隔板的轴向膨胀间隙。间隙不符合标准时应进行调整。在隔板进汽侧处的六个销钉上进行修锉或点焊可以使隔板的轴向位置符合要求,此时应综合考虑对轴向通流间隙的影响,并保证隔板出汽侧的密封效果。

四、故障处理方法

1. 上隔板压销螺栓拆不出

对于难以拆卸的螺栓,不可硬拆,应先浇注煤油或松动剂,浸泡一段时间,然后用螺钉旋具、手锤轻敲螺栓,可正反方向施力使其松动或用小铜棒轻敲压块,待松动剂渗入明显、有气泡外冒时再松螺栓。对位置不方便且难以拆卸的,可用一个螺孔小于螺栓头的螺母与螺栓施焊后,用扳手将螺栓拆下。但对于实在拆不下的螺栓,可用钻头钻孔取出螺栓再攻螺纹。

2. 隔板卡涩

①用行车吊住隔板,用紫铜棒对其敲振,在不是很紧的情况下一般可以慢慢取出。若隔板套内隔板吊不出时,可将隔板套带起少许,隔板套平面垫以紫铜棒,用大锤向下敲击水平面,使隔板与隔板套脱开。

②隔板套内隔板拆卸时可对隔板套适当加热,也可将隔板套对应位置打孔攻螺纹,用螺栓将其顶出,然后将隔板套的螺孔堵住。

③实在难以拆卸的隔板,可用专用工具固定在汽缸或隔板套平面上,用螺栓将隔板拉出,或用千斤顶顶出。

④隔板吊出后,应对隔板和内缸或隔板套的配合尺寸仔细测量,要查清是轴向间隙变小还是隔板拉毛或隔板在运行中塑性变形所致。对于轴向间隙小或变形隔板可上车床找正,接合面光平,并保证足够的配合间隙。严禁采用锤击的方法强行将落不到位的隔板或隔板套打入槽道。

3. 上下隔板或隔板套中分面有间隙

检查下隔板或下隔板套的挂耳是否和上部相碰,在修整中,此处间隙应做测量。检查隔板中分面横向定位键有无装错或变形,必要时进行修锉处理,并检查其螺钉有无高出横键的现象。检查隔板压销和螺栓是否高出隔板套,如存在应修锉。

4. 隔板静叶出现裂纹

脱焊静叶边缘的小裂纹,可将有裂纹处的部分修去。低压缸的较大静叶也可根据其位置打直径 4 mm 止裂孔,对较大的裂纹应顺纹路磨出坡口,用奥 507 焊条冷焊。焊接隔板的脱焊可用角向磨光机、风动砂轮将裂纹清除,用奥 507 焊条冷焊。

5. 铸铁隔板缺陷

铸铁隔板使用时间较长后,静叶浇铸处有时出现裂纹,裂纹较多或严重时,应考虑更换新隔板。在更换隔板前,为了在运行中防止裂纹继续发展和静叶片脱落,通常用钻孔后攻螺纹,拧入沉头螺钉的方法来加固。如取直径为 5~6 mm 的螺钉,间距约 10~15 mm,拧入后必须铆死锉平,并做好防松措施。若裂纹已发展到覆盖在静叶上的铸铁脱开,甚至剥落的程度,则可将脱开或剥落部分车去一环形凹槽后,镶入一相应的碳钢环带,并用螺钉固定点焊。

6. 隔板磨损

如磨损轻微,可不做处理,但必须查明原因,采取相应的措施,防止再次发生磨损。如发生严重的磨损,会使隔板产生永久弯曲或裂纹,应仔细清除磨损的金属积层,检查隔板本身有无裂纹,并测量隔板的挠度,裂纹可进行补焊处理。已产生永久弯曲的隔板,在隔板强度允许时,可将凸出部分车去,以保证必需的隔板与叶轮的轴向间隙。必要时还应做隔板的强度核算及打压试验。严重损坏及强度不足的隔板应予以更换。

7. 隔板静叶局部缺损

机组安装或检修后,吹管没有吹净,在运行中隔板静叶可能受到损伤,而产生局部缺损。

如果缺损的面积在 300 mm^2 范围内,可将伤口用直磨机磨成平滑过渡的形式。如果缺损的面积超过 300 mm^2,就需要补焊。为防止焊接过程中隔板变形,须用工具将隔板固定后进行补焊。

第五节　转子检修

一、转子起吊

1. 起吊前的准备工作

①检查起吊转子专用工具、吊索、钢丝绳,应完好无损。

②安装转子起吊时限位导轨,检查滑动面是否良好,并涂润滑油。

③将放转子用的专用支架放在汽轮机平台的指定位置,支架洼窝上应垫好毛毡等软性材料。

④确认联轴器螺栓已取出,对轮止口已脱开且不少于3 mm。

⑤对于可倾瓦轴承,用压板将前、后轴承下瓦块压好,防止起吊时将瓦块带出损伤。

⑥对于带推力轴承的转子,应取出推力瓦块。

⑦确认各种检修前测量已结束,且记录完整无缺。

2. 转子起吊

①在整个起吊过程中,由专人指挥,由熟练的起重工操作。

②用专用起吊工具将转子挂好,微速起吊,刚起吊后,用合像水平仪调整转子水平,应与下缸水平一致,其误差不得大于0.10 mm/m,扬起方向应与下汽缸扬起方向相符,否则不得起吊。

③转子起吊过程中,在转子前、后、左、右均应派专人扶稳并监视动静部分之间不应有任何卡涩、碰撞现象,发现问题应立即叫停并汇报起吊指挥人。

④转子吊出后,应立即平稳地放置在专用转子支架上,支架洼窝上应垫好毡垫,并做好保护工作。

3. 转子起吊过程中的注意事项

①使用专用起吊工具时,吊点必须合适,不能碰伤轴颈。

②转子起吊必须调平,否则动静间容易产生摩擦。

③起吊转子过程中,汽缸各级处都要有人检查动静间是否发生摩擦。

④转子起吊时,联轴器的止口必须脱开。

二、转子的清理与检查

汽轮机转子的清理,实际上是对叶片的清理。尽管对大容量机组配套的锅炉给水品质要求很高,但是汽轮机经过长期连续运行,在转子和隔板的叶片上均有各种成分组成的结垢。结垢对汽轮机的效率有很大影响,同时对汽轮机的安全运行也会产生影响。

由于结垢在蒸汽中的溶解度与蒸汽压力和温度有关,一般在中压和低压部分结垢较严重,但是对于汽轮机大修来说,为了提高机组内效率和发电的经济性,对整个汽轮机转子的清理是不可忽视的。

1. 叶片的清理和检查

(1) 叶片清理

叶片清理的方法主要有手工清理、喷砂清理、苛性钠溶液加热清洗、高压水冲洗等。

① 手工清理,就是用刮刀、砂布、钢丝刷等工具配合直接由人工进行叶片清理。这种方法比较笨拙,在清理量比较小、锈蚀不是很严重的机组中使用。

② 喷砂清理。喷砂是借助风力或水力进行的。此法有较多缺点,如尘土飞扬、环境污染严重、缩短叶片的使用寿命等。为了使喷砂取得较好的效果,必须对砂种、砂粒度、压力、喷嘴型式等进行合理的选择。

③ 苛性钠溶液加热清洗。叶片上锈垢80%以上是SiO_2,其不能溶于水,在检修过程中,用30%～40%浓度的苛性钠(NaOH)溶液加热到120～140 ℃浸泡叶片,使得SiO_2与苛性钠发生化学反应生成硅酸钠(Na_2SiO_3),可以用水冲洗掉。

④ 高压水冲洗。高压水的压力选择在20 MPa左右,对汽轮机转子逐级、逐叶片进行清洗,清洗后用压缩空气吹干,防止转子生锈。冲洗前,需对附近的电气设备做好防水措施。这种方法除垢率高,冲洗后的设备不会造成变形、裂纹、损伤及金相组织的破坏。

(2) 叶片检查

由于叶片受力情况比较复杂,工作条件恶劣,汽轮机事故多发生在动叶片上。为此,在检修中应特别重视对叶片的检查。检查时要对叶片进行逐级逐片的检查,用肉眼检查两次,第一次在转子吊出汽缸后,第二次在将叶片清理干净之后。

① 叶片检查的内容

a. 重点检查有无裂纹的部位:铆钉头根部及拉筋孔周围;叶片工作段向叶

根过渡处；叶片进、出口边缘受到腐蚀或损伤的地方，表面硬化区及焊有硬质合金片的对缝处；叶根的断面过渡处及铆孔处。

b. 检查围带的铆接牢固程度，铆钉头有无剥落及裂纹。

c. 检查拉筋脱焊、断裂、冲蚀的情况。

d. 检查叶片的冲蚀损伤情况。

e. 检查末级叶片司太立合金片有无裂纹、脱落情况。

f. 检查叶片积垢情况。

g. 叶片振动频率检查。

h. 叶根探伤检查。

② 检查裂纹的方法

a. 听音法。对带有围带的叶片，可用 100 g 的小铜锤敲打叶片，听其声音，无断裂且连接牢固的叶片，声音清脆，反之声音嘶哑。

b. 荧光探伤法。叶片清洗干净后，涂上荧光粉，然后擦去。将转子或叶片置于暗室中检查，若有裂纹，留在裂纹中的荧光粉会发出光亮。

c. 着色法。

d. 酸浸法。

除上述方法外，在现场还使用各种检查仪进行无损探伤，如磁粉探伤、超声波探伤、X 光探伤等。

2. 叶轮的清理与检查

（1）叶轮清理

叶轮清理随叶片清理同时进行。

（2）叶轮晃动度及瓢偏检查

汽缸解体以后，测量转子弯曲的同时，进行转子叶轮晃动度及叶轮瓢偏检查。

（3）叶轮及键槽探伤检查

转子清理后，对叶轮面、叶轮键槽要进行探伤检查，发现裂纹应及时进行处理。

① 键槽探伤检查

a. 键槽裂纹产生的原因有：键槽根部应力集中；加工装配质量差；材料性能差；蒸汽品质不良，在应力集中区产生应力腐蚀，从而加剧应力集中，促使裂纹形成；运行工况变化剧烈，反复出现温差，造成键槽产生疲劳裂纹。

b. 叶轮键槽探伤。用超声波进行叶轮键槽探伤。键槽裂纹一般都产生在键槽根部靠近槽底部分。

c. 键槽裂纹的处理方法。键槽裂纹的处理可采用镶套、挖修裂纹法或挖修裂纹补焊法。

②叶轮轮缘探伤检查

a. 轮缘裂纹产生的原因有：轮缘受叶片离心力的作用而承受很大的应力；叶根槽加工倒角不足；表面粗糙或叶片装配不当都会加剧应力集中。

b. 叶轮轮缘探伤。用超声波或着色法进行。轮缘裂纹多发生在叶根槽处和沿圆周方向。

c. 轮缘裂纹的处理方法。轮缘发生裂纹后，可根据具体情况采取补焊、更换等方法。

(4) 叶轮变形检查及校正

①叶轮变形检查

a. 测量叶轮各部分晃动度。

b. 测量叶轮各个部分的瓢偏度。

c. 测量机组轴向通流间隙，与上一次大修组装记录比较。

②造成叶轮变形的主要原因

a. 机组超出力运行或通流部分严重结垢，致使隔板前后压差过大引起变形，并与叶轮摩擦引起弯曲。

b. 运行中汽缸与转子热膨胀，控制不好或推力瓦烧坏，导致隔板与叶轮摩擦，引起变形。

③变形叶轮的校正

对于变形的叶轮，最好将其取下再加热校直，也可以在转子上直接进行冷校，后者仅限于整锻叶轮。

a. 校正碟状变形。首先消除应力退火，叶轮下部用16个螺旋千斤顶支持外沿，按规定的升温速度升到预定温度后保持恒温一段时间，然后继续升到预定温度，在恒温下加力并保持一段时间，卸力后测量校正结果。如未达到校正要求，可继续进行第二次加力校正，并适当加大压力直至达到校正要求。

b. 校正瓢偏。根据各部位瓢偏值的不同，叶轮下部的支撑千斤顶采用不同的布置和施加不同的力,然后升到预定温度保持恒温,先用主千斤顶适当加力,然后把瓢偏最大处的支撑千斤顶向上顶。

c.用机械加工消除残余变形。由于叶轮变形不规则,用上述方法校正的结果通常仍会有少量残余变形,残余变形量可用机械加工进行消除。为此将叶轮放在立车车床上,按其轮缘找正,加工轮毂端面。如果轴孔残余变形量超出圆锥度的允许值,而且孔的直径小于原始值,可同时加工轮孔。

(5)叶轮松动

检查汽轮机超温、超速运行时材料蠕胀,以及在高温下叶轮发生应力松弛等原因,都可能导致叶轮松动。

通过测量叶轮的瓢偏或叶轮轮毂膨胀间隙变化来检查叶轮松动情况。松动的叶轮可采用金属涂镀、加大轴颈直径来保证紧力,一般不采用在轴孔内镶套,因为镶套会减弱轮毂强度。

3.转子检查

转子清理工作结束后,应立即进行全面仔细的检查。

转子表面检查一般有宏观检查、无损探伤、显微组织检查、测量检查等几种。

(1)宏观检查

宏观检查就是不借助任何仪器设备,用肉眼对转子做一次全面仔细的检查,即对整个转子的轴颈、叶轮、轴封齿、推力盘、平衡盘、联轴器、转子中心孔、平衡重量等逐项用肉眼进行检查。

(2)无损探伤

转子应先用"00"号砂纸打磨光滑,然后做着色探伤,若有裂纹,应采取措施将裂纹除尽。对于发现异常的转子或焊接转子,除了宏观检查外,还应对焊缝做超声波探伤。对于叶片叶根的可疑裂纹,还可用 X 光或 γ 线拍摄照片检查。但是射线对微裂纹不敏感,往往不能查明有微裂纹的叶根,最好将叶片拆下逐片探伤。

(3)显微组织检查

对转子的可疑部位,应进行显微组织检查。

(4)测量检查

轴承解体后,在各联轴器螺栓拆卸之前,用合像水平仪检查轴颈的扬度。

各轴颈的扬度应符合各转子组成一条光滑连续曲线的要求，即相邻轴颈的扬度基本一致。所测扬度与安装或上次大修相比应无大的变化。解体时测量轴颈扬度应考虑温度的影响，一般在室温状态下进行，若轴颈温度高，应记下当时的温度。在各转子联轴器螺栓解体脱开后，再复测一次自由状态下的轴颈扬度，并做好记录。

测量轴颈椭圆度和锥度的工作属于正常标准项目。如果汽轮机在运行中有振动，轴合金剥落及轴颈研磨前后，应更加仔细地测量轴颈椭圆度及锥度。椭圆度和锥度应不大于 0.02 mm。

三、转子的检修工艺

某电厂超超临界机组汽轮机高中压转子为整锻结构，转子总长 8278.2 mm，总重 25 t（包括叶片）。大轴轮盘联轴器是整锻成一体后车削的。转子前轴颈为 Φ381 mm，后轴承为 Φ431.8 mm，主油泵直接连接在前轴端面上，危急保安器安装在主油泵伸出端，双推力盘在后端轴颈处，转子无中心孔。

低压转子 A/B 为整锻转子，低压 A 转子总长度为 8800 mm，总重量为 66 t。低压 B 转子总长度为 8812.7 mm（含调整垫片），总重量为 65 t。低压正反向共 14 级叶轮。转子#3、4、5 轴颈均为 Φ482.6 mm，#6 轴颈为 Φ532 mm。与高中压转子和发电机转子采用刚性联轴器连接，联轴器处有止口。

1. 转子起吊前的测量工作

测量各道径向轴承的两侧、顶部间隙和各道油挡的径向间隙。

测量各对联轴器的同心度。机组大修解体之前及机组大修轴系中心找正后均应进行此项工作。其测量方法：将联轴器分成 8 等份，百分表架装在静止部件上，指针垂直联轴器圆周面，按汽机运转方向盘动转子一周，记录各点的读数。对轮螺栓连接前后进行比较，变化不大于 0.02 mm。

测量高中压转子的推力间隙和高中压转子、低压 A/B 转子的定位尺寸，测量各对轮与轴承箱挡油环座端面的距离，作为修前动静间隙计算的依据。

拆卸对轮螺栓（拆对轮螺栓前，应将调整轴承标高抽去的垫片装上，以免两轴颈高低不一致，损坏螺栓和螺孔），拆除一根正式螺栓即装一根工艺螺栓，全部正式螺栓拆除后，再拆除工艺螺栓。

把顶开螺栓装到发电机转子联轴器上，顶开联轴器法兰，联轴节止口为 12.70 mm，顶开距离不得少于 13 mm，然后卸下顶力螺栓，这样就将低压 B 转子与发电机转子分开了;拆低压 A 转子联轴器和低压 B 转子联轴器。把顶开螺栓装到低压 B 转子联轴器上,其余同上;拆高中压转子联轴器和低压 A 转子联轴器。把顶力螺栓装到低压 A 转子联轴器节,把顶缸专用工具及液压千斤顶装到高中压缸上,用转子联轴器的顶力螺栓把高中压转子顶向汽轮机端。为了使高中压转子和汽缸内的静止部件(如隔板)之间随时保持间隙,高中压汽缸也必须用液压千斤顶顶向汽机端。因此,液压千斤顶和联轴器顶力螺栓必须同时工作,并用百分表监视高中压转子与高中压汽缸的相对及绝对位移,百分表左右各一,顶开时应注意观察是否同步。联轴器止口为 12.7 mm,顶开距离不得少于 15 mm。

测量各联轴器中心,做好记录,并与上次大修装复记录进行比较。

测量高中压缸、低压 A/B 缸通流部分间隙,注意:应在推力瓦组合好贴紧工作面的情况下进行,并测量高中压转子、低压转子轴向定位尺寸。

转子在规定位置上测量第一次后,将转子顺转 90°再进行第二次测量,目的是校验第一次测量的正确性。所测数据左右两侧对称点的间隙或同一点两次测量的结果相差较大时,应查找原因,并进行复测。

测量结果与上次大修(或安装)记录进行比较,间隙不符合要求应进行调整。调整方法为:

轴向间隙的调整:调整隔板或隔板套的轴向位置,常采用在隔板的一侧车削需要的调整量,在另一侧加同等量的调整垫片或用捻牢的埋头螺栓凸出量进行调整,必须注意保证隔板出汽侧凸肩密封。

径向间隙的调整:间隙偏大更换阻汽片,间隙偏小可用刮刀或锉刀修刮阻汽片来达到要求。

测量各高、中、低压汽封径向、轴向间隙;测量各轴承座油挡间隙及其洼窝中心,并做好记录。测量各轴颈扬度和轴颈的下沉量,做好记录,并与上次大修装复记录进行比较。转子各轴颈扬度的测量在修前、修后(轴系校中心后)在同一条件下进行测量,修前测量与联轴器复查中心同时进行,为调整联轴器中心提供参考依据;修后测量是在机组装复后进行。每次测量某一方向的轴颈扬度,合像水平仪应放在轴颈中部的中心线上,同一位置测量得出数值后,将水平仪换 180°方向再测量一次,两次读数的算术平均值即为轴颈的扬度值。转子轴颈扬度向机头侧扬为正"+",向发电机端扬为负"-"。合像水平仪精度为

0.01 mm/m,扬度值单位为"格",每格倾斜 0.01 mm/m。测得轴颈扬度与机组安装或上次大修数据进行比较,应基本一致。

测量转子叶轮、推力盘、联轴器端面的瓢偏度:将被测表面处清理干净,有毛刺应修平。将圆周分成 8 等份并逆时针方向编号。测量前,在转子两端装好临时止推支架压板,压板用大于 12 mm 厚的钢板制成,在头部堆铜焊,并将其锉成光滑的圆头,以防在盘动转子时拉毛主轴凸肩,压板将下瓦压住,防止转子盘动时轴颈将下瓦带出。

在被测表面左右两侧最大直径处相对 180°各装一只百分表,百分表指针垂直于端面,读数置于"50"处,盘动转子一周,检查百分表的读数应能回原。然后每转一等份记录一次,直至完成为止。百分表指针应安装在转子顶部且垂直于大轴中心线,盘动转子每转一等份记录一次数据,要求连续测两遍。

2. 转子起吊步骤及注意事项

确定各联轴器螺栓已全部拆出,两联轴器已顶开退出止口,各轴承外油挡已拆除,各轴承上半部分全部吊开,推力瓦块已全部取出,两联轴器之间插入 1 mm 厚紫铜皮或白铁皮,便于转子起吊。承放转子的支架已摆好,并已清理干净。转子上的所有测量工作全部完毕,已做好记录,并向质监、有关领导汇报,待同意后,方可起吊转子。

转子的起吊要采用专用吊具,应有专人负责。转子微起后,应调整转子轴颈扬度,与其在汽缸中的轴颈扬度相差≯0.2 mm/m。起吊过程中,转子的两端应有熟练的技工扶持,至少有 8 人监视动静部分的情况,一旦发现有碰、擦现象,应立即停止起吊,查明原因并调整好位置后再进行起吊。

转子吊出后应平稳地放在专用支架上,轴颈及推力盘等部件应用塑料布包好。

3. 转子就位

转子全部检修工作完毕且合格,下隔板、下轴封体、径向汽封全部组装好,各部间隙符合质量要求,下轴瓦装复,非工作推力瓦装复,各轴颈已清洗干净。

用专用吊具将转子调整水平,转子两端及叶轮处有专人扶持、监护,缓慢吊入汽缸,落到离轴瓦约 150 mm 时,应在轴瓦和转子轴颈上浇上清洁的汽轮机油,转子落离轴瓦约 5 mm 时,应推动转子贴紧非工作瓦后再将转子缓慢落下。装入推力工作瓦片,并用压板压好推力瓦,盘动转子,确认无卡涩、摩擦等现象。

整个就位过程中,不允许有动静摩擦、碰撞和压推力瓦的现象。

4.转子检修

用砂布、钢丝刷手工清理转子各部件,除尽锈、垢,露出金属光泽。

外观检查转子的轴颈、叶轮、轴封齿、推力盘、联轴器、中心孔、平衡块等部件是否有裂纹、损伤、磨损、松动等情况,应特别检查转子轴封、隔板汽封等位置的摩擦情况。仔细检查各级叶轮的叶片、叶根、拉金、复环、铆钉头等处是否有裂纹、松动、摩擦、卷边等现象,叶片若有损伤、打凹、吹损等异常情况,应将毛刺、尖角等用油石修整光滑。

着色探伤检查转子各级叶轮的叶根部位、拉金、复环、平衡槽(孔)和叶片锁紧键等,并按金相监督要求,检查中心孔堵板情况。

测量检查:

转子轴颈扬度、晃度、瓢偏度测量(测量方法同前所述)。

转子轴颈椭圆度、锥度测量:测量前,先用金相砂纸和细油石涂上汽轮机油沿圆周方向来回移动,直至轴颈打磨光滑为止,再用煤油擦洗干净,并用白布揩擦检查。用外径千分尺在同一横断面上测出上下、左右两个直径的数值,其最大值与最小值之差即为轴颈椭圆度。用外径千分尺在同一轴颈的纵向断面测量前、中、后三处的直径,其最大值与最小值之差即为轴颈的锥度。

5.轴颈修理

转子表面损伤的修理:转子表面的磨损、毛刺、凹坑等,可用细齿锉刀修整倒圆角,并用细油石或金相砂纸打磨光滑,最后着色探伤复查被修整的部位,应无裂纹。

轴颈抛光:将转子吊在专用支架上,不用轴颈支承。用长砂纸绕在轴颈上,加适量的汽轮机油,由 1~2 人将长砂纸牵动做往复移动,研磨约半小时,应停下,将磨下的污物清理后再继续研磨,直至轴颈表面粗糙度 Ra 为 0.8 时,将长砂纸调到对面 180°方向,用同样的方法对轴颈的另一半进行研磨。最后用金相砂纸贴在轴颈上,外面仍用长砂纸绕着用同样的方法进行精磨,直到表面粗糙度 Ra 为 0.4 时,可认为轴颈研磨合格。

6.推力盘的检查修理

检查推力盘表面应无毛刺、磨损、腐蚀麻点、划沟及凹凸不平现象。

当推力盘有轻微的磨损时,可采用生铁平板进行研刮的方法处理。

大修中一般只测量推力盘的径向晃度和端面瓢偏度,只是在推力盘经过研刮处理的情况下检查推力盘的不平度。将平尺靠在推力盘的端面上,用塞尺检查平尺与推力盘之间的间隙,0.02 mm 塞尺不入即为合格,否则应进行处理。

7. 质量标准

高中压转子:

检查转子叶轮、轴、联轴器、垫片、推力盘等部件应光洁,无锈垢、无裂纹、无严重摩擦损伤。平衡块、锁键、中心孔堵板及其他锁紧零件紧固、不松动。

着色探伤检查转子各级叶轮的叶根部位、拉金、叶片、复环、平衡槽(孔)和叶片锁紧键等,应无裂纹和松动。

转子跳动值:叶轮处 ≯0.04 mm,轴颈和联轴器处 ≯0.02 mm,危急遮断器短节处 ≯0.10 mm,振动检测点处 ≤0.02 mm。

外径千分尺测量轴颈椭圆度、不柱度 ≯0.02 mm。

推力盘工作和非工作端面瓢偏度 ≯0.02 mm;联轴器端面瓢偏度 ≯0.02 mm,带垫片测量瓢偏度 ≯0.03 mm;转子轴向位移、差胀检测点处瓢偏度 ≤0.02 mm;联轴器垫片厚度差 ≤0.02 mm。

低压转子:

检查转子叶轮、轴、联轴器、盘车齿轮光洁无锈垢,无摩擦损伤、无裂纹。

检查转子上平衡块、锁键、中心孔堵板及其他锁紧零件牢固、不松动。

将各级叶轮上叶片及复环、拉金锈垢清除干净,着色检查无裂纹、无松动、无损伤。

转子跳动值测量:轮盘处 ≯0.04 mm,轴颈联轴器处 ≯0.02 mm。

外径千分尺测量轴颈椭圆度、不柱度 ≯0.02 mm。

联轴器端面瓢偏度、晃动度 ≯0.02 mm。

转子轴向位移、差胀及振动检测点凸缘端面瓢偏度和圆周晃动度 ≤0.02 mm。

四、转子的缺陷处理

1. 转子表面损伤的处理

一般来说,转子表面是不允许碰伤的,但是转子在运行中,由于蒸汽内杂质等将转子表面打出凹坑,动静部分碰磨,会使表面磨损和拉毛等;在检修中不小心时,也会碰出毛刺、凹坑等损伤。对于这些轻微的损伤,可用细齿锉刀修理或倒圆角,并用细油石或金相砂纸打磨光滑。注意打磨时沿圆周方向来回打磨,不能轴向打磨。最后要复查被修整的部位,应无裂纹存在。

2. 轴颈的研磨

当转子轴颈磨损或拉毛严重或椭圆度、锥度大于标准时,应用专用工具车削和研磨轴颈。

3. 叶片损伤原因分析和处理措施

(1) 机械损伤

由于加工粗糙,安装和检修工艺不严,从锅炉到汽轮机的蒸汽系统中残留有焊渣、焊条头、铁屑等杂物,随高速汽流通过滤网或冲破滤网进入汽轮机,将叶片打毛、打凹、打裂。另外,由于加工粗糙,设计不合理,汽轮机内部残留的型砂、汽封梳齿的碰磨、磨损掉下的铁屑等将叶片打坏、打伤。由于安装、检修工艺不严,螺帽、销子未加保险,运行中因振动而脱落,杂物遗留在汽轮机内部等,将叶片打伤、打毛、打裂。

对于叶片被打毛的缺陷,仅用细锉刀将毛刺修光即可。对于打凹的叶片,若不影响机组安全运行,原则上不做处理。一般不允许用加热的方法将打凹处敲平,因为加热会使叶片金相组织改变,并且受热不均,会使打凹处因疲劳而产生裂纹。对于机械损伤在出口边产生的微裂纹,通常用细锉刀将裂纹锉去,并倒成大的圆角,形似月亮弯。对于机械损伤造成进、出口边有较大裂纹的叶片,一般采取截去或更换措施。当截去某一叶片时,要做动平衡。

(2) 水击损伤

汽轮机水击多半是在启动和停机时,由于操作不当,或设计安装对疏水点选择不合理或检修工艺马虎,杂物将疏水孔阻塞而引起的。水骤然射击,在叶片上应力突增,同时叶片突然受水变冷,故水击往往使前几级叶片折断,末几级叶片损伤。

水击后的叶片常使进汽侧扭向背弧,并在进出汽边产生微裂纹,成为疲劳断裂的发源点。另外水击引起叶片振动,首先将拉筋折断,破坏叶片的分组结构,改变叶片的频率特性,进而使叶片产生共振面将叶片破坏。

水击损伤轻微的叶片一般不做处理,损伤严重的叶片应予换新。

(3) 水蚀损伤

对于水蚀损伤的叶片一般不做处理,更不可用砂纸、锉刀等把水蚀区产生的尖峰修光。因为这些水蚀区的尖峰像密集的尖针竖立在叶片水蚀区的表面，当水滴撞来时，能刺破水滴，有缓冲水蚀的作用。所以，水蚀速度往往在新机组投产第 1~2 年最快，以后逐年减慢。

(4) 更换叶片

当叶片损伤严重或断裂时，需要更换叶片。

①根据所坏叶片的组号，选定对应组号的新叶片，将其用汽油或煤油擦洗，去掉保护层，按照图纸的配合公差进行仔细查核，且应完全符合所要求的尺寸。

②拆叶片，必须根据装配图纸及记录，结合叶片结构选用必要的专用工具，拟订拆装方案。

③不同形式的叶根在轮缘上的装配情况也不同，但不管其结构如何，在组合时叶根间隙都必须相互严密贴合；同时应保证叶片和隔金对转子叶槽的良好贴合，贴合的严密程度可用 0.04~0.05 mm 的塞尺来检查。

④叶片在径向和轴向的位置要正确。装长叶片时，其进汽边与半径方向通常有稍许偏差。因此，在装新叶片之前，参照制造厂的有关规定。

第六节　汽封和盘车装置检修

一、汽封检修

汽封是一种密封蒸汽的装置，按其不同位置，分高压前轴封、中压后轴封、高中压间轴封、低压前轴封、低压后轴封、径向汽封和隔板汽封等。

1. 汽封检修应具备的条件

①检修工具准备齐全。

②解体后，汽封各部间隙测量完毕。

③汽轮机解体工作结束，将汽封套吊出汽缸。

2. 汽封的拆装

机组每次大修时，均应将轴封和隔板汽封的汽封块拆下进行清理检查，具体步骤如下。

①拆前应仔细检查汽封齿的磨损情况，做好记录，供分析有关问题时参考。

②拆下固定汽封的压板。沿各汽封套的各凹槽中取出汽封块，并做好标

记。最好采用分环绑扎的方式挂以标牌,或装在专用的汽封盒内并做好标记。

③拆下的弹簧片按材质和尺寸的不同分别保管,注意不能丢失或混淆。

④对于因汽封块锈蚀而取不出的汽封块,应先用松动剂或煤油浸泡,用细铜棒插在汽封齿之间,用手锤在垂直方向敲打铜棒来振松汽封块。如果汽封块上下能活动,可用专用起子或铜棒倾斜敲打汽封块,使汽封块从槽道中滑出来。严禁用起子或锐性工具击打汽封块的端面,防止打伤汽封块。

⑤对于汽封块锈蚀严重的,应用松动剂或煤油充分浸泡,然后用直径10 mm 的铜棒弯成相应汽封的弧形,或将报废的汽封块顶着汽封块的端面,用手锤将汽封块打出来。手捶打击的力量不能过大,更不能用圆钢代替铜棒。

⑥当汽封块卡死取不出时,可用车床将汽封块车去,并做好记录,准备备件。

⑦汽封块组装应具备的条件有:

a. 汽封块清理、修理结束,并符合要求。

b. 隔板(隔板套)、汽封套修理及洼窝找中心工作结束。

c. 汽封块的径向间隙调整结束。

d. 汽封块与汽封套轴向间隙配准,动静部分轴向间隙配准,汽封块整圈膨胀间隙配准。

⑧将清扫合格的汽封块背弧和汽封套槽道内涂二硫化钼或高温防锈剂,按解体时所做标记依次回装。汽封块、弹簧片应齐全。汽封块与槽道配合应适当,如果装配过紧,应用细锉修锉,严禁将装配过紧的汽封块强行打入槽道内。

⑨组装好的汽封块、压块、弹簧片,不得高于汽封套或隔板接合面。汽封齿径向和轴向无明显错开现象,汽封块接头端面应研合,无间隙。

⑩组装合格后的整圈汽封,总膨胀间隙为 0.30~0.60 mm。

3. 汽封的检查、整修

①检查汽封套、隔板汽封凹槽、汽封块、弹簧片时,确保无污垢、锈蚀、断裂、弯曲变形和毛刺等缺陷。汽封套在汽封洼窝内不得晃动,其各部间隙应符合制造厂的规定,以确保其自由膨胀。

②弹簧片要用砂布擦干净,检查其弹性。良好的弹簧片应能保证汽封块在对应凹槽内良好的退让性能,不合格的应更换备件。注意核对弹簧片材质和规格,避免将低温处的弹簧片用到高温处。检查弹性的方法是:用手将汽封块压

入,松手后又能很快复位,并听到清脆的"嗒"声为好。

③汽封块梳齿轻微磨损、发生卷曲时,应用钢丝钳扳正扶直,并用汽封专用刮刀将梳齿刮薄、削尖,尽量避免将齿尖刮出圆角。如果汽封块磨损严重,应更换备品。

④对于可调式汽封块,检查时应拆除汽封块背弧的压板及螺栓,将其清理干净,螺孔应用丝锥重新过丝,螺栓涂高温防锈剂后装复。

⑤对于通流部分汽封,检查径向汽封齿(阻汽片)是否松脱、倒伏、缺损、断裂,齿尖是否磨损。对轻度摩擦、碰撞造成的磨损、倒伏,应将其扳直,去除毛刺;对损坏严重的,应重新镶齿。

⑥J形汽封最容易损坏,应根据损坏程度,予以更换。J形汽封损坏的原因有两个:一是蒸汽中带有的铁屑和杂质进入汽封片中;二是检修中多次反复平直,造成根部断裂。

4. 汽封检修注意事项

①汽封块没有敲击活动之前,不能在汽封端部用铜棒硬性敲击汽封块,防止把汽封块砸变形。另外,不能用螺钉旋具或扁铲打入两块汽封块的对缝处,将汽封块撑开,防止损坏汽封块面和汽封齿。

②汽封间隙测量时,要仔细检查转子是否在工作位置,汽封齿有无掉齿现象。

③汽封块安装时,相邻的汽封环接口不能在一条线上,要错开接口,即第一环长的一块放在中间,则第二环就要将长的一块汽封放在端部。这样,相邻两环接口就相互错开。

④无论是用压铅丝方法测量汽封间隙,还是用粘胶布的方法测量汽封间隙,都要注意粘牢,不能有任何松动,否则测出间隙不准确。

⑤组装汽封块时,汽封块不能装反,更不能将低温处的弹簧片用在高温处,防止运行中弹力消失,使汽封间隙变大。

⑥汽封块装复用手向下压并松开,汽封块应能弹动自如,不卡涩,各段汽封齿处应圆滑,不应有高低。

⑦汽封块的压板及其螺钉应低于中分面 0.50~0.80 mm。

⑧汽封块与隔板体或汽封套的轴向配合间隙为 0.05~0.10 mm。

5. 汽封间隙的测量及调整

汽封检修非常重要的工作就是间隙的测量及调整,包括轴端汽封和隔板汽封。高压缸前汽封间隙每增加 0.10 mm,轴封漏汽量就会增加 1~1.5 t/h;高压部分各级隔板汽封间隙每增加 0.10 mm,级效率将降低 0.4%~0.6%。如果隔板汽封漏汽量增加,转子的轴向推力将加大,在一定程度上会影响汽轮机的安全运行。因此,汽封间隙在每次检修过程中均按标准进行调整。

目前,测量汽封间隙的方法较多,现场常用的方法为粘胶布法。

(1)汽封间隙的测量方法

胶布放置在上、下、左、右四个角度上,胶布一般用白色医用胶布,在粘放前做试验,分别测出 1 层、2 层、3 层、4 层、5 层胶布的厚度。测量胶布厚度时,卡尺不能吃力,因为胶布是软件,卡尺吃力就会造成厚度变小。现场使用的胶布一般是 1 层 0.25 mm、2 层 0.55 mm、3 层 0.80 mm、4 层 1.10 mm。在粘胶布前,汽封表面要清扫干净,不能有灰、锈、油,在清扫干净以后,最好用酒精清洗一遍,再用高压风吹遍,胶布才会粘实。汽封块要用楔子顶住,使其不能退让。另外,胶布不能粘在汽封块接缝处。胶布粘好以后,转子汽封凸凹台要涂一层红丹粉,吊回转子到工作位置,组合上半汽封套及隔板套,将转子盘动 2 圈及以上,在盘动过程中始终要保持转子在工作位置。吊出转子,检查胶布摩擦痕迹情况。根据胶布和红丹粉接触程度,判断汽封间隙大小。

下面以三层胶布为例介绍:

当三层胶布未接触时,表明汽封间隙大于 0.75 mm;三层刚见红色痕迹为 0.75 mm;三层有深红色痕迹为 0.65~0.70 mm;三层表面压光颜色变紫为 0.55~0.60 mm;三层表面磨光呈黑色或磨透,第二层刚见红色为 0.45~0.50 mm。

(2)汽封间隙调整的原则

①运行时,汽缸上下总存在温差,下缸温度低于上缸温度,故下部汽封间隙应大于上部汽封间隙,且越靠近汽缸中部,下部间隙应越大。

②转子正常顺时针旋转,使左侧间隙应大于右侧间隙。

③由于转子静挠度存在,使得静挠度最大处的汽封下部间隙应最大,上部为最小。

④为了防止汽封与转子之间摩擦,汽封块应留有足够的退让间隙。

(3)汽封径向间隙的调整方法

各制造厂对汽封间隙都有明确的规定值。对于轴端汽封,径向间隙一般为 0.50~0.70 mm;对于枞树形汽封,径向间隙为 0.30~0.45 mm;对于铜齿的低压汽封,径向间隙为 0.30~0.40 mm;对于 J 形汽封,径向间隙为 0.40~0.65 mm;对于隔板汽封,径向间隙为 0.50~0.70 mm。

机组在实际运行中,汽封齿经常与转子发生摩擦,可按经验对汽封标准间隙的分配进行重新调整。在现场检修过程中,应按各电厂给定的汽封间隙标准值进行调整。汽封径向间隙的调整可以分为间隙过大调整、间隙过小调整两种情况。

①汽封径向间隙过大调整。当汽封齿损坏或汽封块严重变形使间隙严重超标时,应更换新汽封块,若汽封间隙超出标准值不是很大,一般采用加工汽封块定位内弧的方法。

②汽封径向间隙过小调整。当汽封套或汽封块变形或更换新汽封块时,会使部分汽封间隙过小,因此最合理的调整方法是加工修整汽封齿,但这种方法加工精确度要求较高、难度较大,而且耗费时间较长。

另一种比较简单、有效的方法是捻挤汽封定位内弧。这种方法在检修现场就可以实现。其具体方法为:先用游标卡尺测量汽封定位内弧与圆弧面之间的距离,然后用尖铲或样冲在定位弧侧面敲击出冲孔,则定位内侧背弧就会沿径向挤压出一个凸起点,测量凸起点与圆弧面之间的距离,两次测量值之差就是汽封间隙在此点增大的值。间隙变化值如果与理想变化值不符,可进一步调整。若间隙调整过大,可用组锉将凸起点锉掉一点;若间隙调整过小,就再将冲孔冲大一点,直到汽封间隙合适为止。需要注意的是,在每块汽封上应多捻出几个凸起点,且应分布均匀。汽封定位内弧捻挤后,如果汽封退让间隙小于标准,应将汽封块圆弧面车去相应量,以达到足够的退让间隙。这种捻挤方法存在间隙不易调整均匀、汽封背弧容易漏汽、机组运行时间较长、捻挤的汽封背弧凸起点容易被磨损变形等缺点。

(4)汽封轴向间隙的调整方法

当检修中发现汽封轴向间隙不符合标准时,应予以调整,通常采用轴向移动汽封套或汽封环的方法,也可采用局部补焊或加销钉的方法进行调整。在调整汽封轴向间隙需使汽封套向进汽侧方向移动时,不能采用加销钉或局部补焊的方法,必须采用加装与凸缘宽度相同的环形垫圈用沉头螺钉固定或满焊后加工的方法,以确保进汽侧端面的严密性。对于隔板汽封,不允许用改变隔板轴向位置的方法来调整,可采用将汽封块的一侧车去所需的移动量、另一侧补焊的方法来调整轴向间隙。当隔板汽封轴向间隙与隔板轴向通流间隙调整方向一致时,才能改变隔板轴向位置。

6.汽封检修工艺

某电厂超超临界机组汽轮机高中压和低压 A 缸轴封、高中压和低压 A 缸前后轴封、高压和低压 A 缸隔板汽封都是高低齿迷宫式椭圆汽封,其汽封齿的内径垂直方向略大于水平方向,低压 B 缸前、后轴封为光轴斜平齿汽封。

汽封环每六块组成一圈,分别装于上、下汽封套和隔板汽封槽道内,用圆柱型弹簧或板式弹簧支撑。梳齿是在汽封块内圆车削出来的,上汽封体、上隔板两侧装有压块,以固定汽封。

轴封体分为上、下两半,水平接合面用定位销定位,装于汽缸汽封洼窝的槽道中,左右两侧各有一个挂耳,底部有定位键,使轴封体与汽缸同心。轴封体与汽缸之间均留有径向、轴向膨胀间隙。

(1)轴封体检修

轴封体解体后,用钢丝刷和砂布清理锈垢、毛刺等,检查轴封体有无损伤、吹蚀等现象。

将上、下两半轴封体合在一起,用塞尺检查中分面间隙,用红丹检查接合面接触面积,视情况进行研刮。

测量轴封体的椭圆度:同一人用内径千分尺测量上、下内径值和水平接合面上、下 10~15 mm 处交叉测量的内径值,其平均值之差,即为轴封套的椭圆度。

轴封体洼窝中心和膨胀间隙的测量、调整与隔板洼窝中心的测量、调整同时进行,工艺方法和过程也相同。

(2)汽封的拆装和修理

轴封、隔板汽封的汽封块,每次大修时应全部拆卸。首先拆卸轴封体、隔板水平接合面上汽封压块的螺钉,用弧形紫铜棒将汽封块轻轻打出,如果生锈打不出,可浇上煤油浸泡,加以活动再向外打出即可。

汽封块拆卸后,应检查汽封块的编号是否完全,否则应重新打上记号。汽封块和低压 A 缸弹簧片均应分组捆扎,并放在专用箱架内,以免装复时错乱。

用钢丝刷、砂布或锉刀等工具清理汽封块、弹簧片和轴封体及隔板 T 型槽上的锈垢、毛刺。

检查各汽封齿有无卷边、倒伏、磨损等缺陷。若汽封齿有轻微卷边、倒伏,可用鸭嘴钳夹正并刮尖。若严重磨损或倒伏,则应更换。

(3) 轴封、汽封径向间隙测量与调整

一般是边测量边调整,先调整下半部分,后调整上半部分。

采用压胶布方法测量径向间隙:

①胶布厚度约 0.25 mm,各层胶布宽度依次减少 5～7 mm,呈阶梯状粘贴在一起。

②贴胶布前,应将轴封、汽封块上的污物清理干净。每块轴封、汽封块上必须在两端各贴一道胶布,两端所贴的胶布离轴封、汽封块端部约 20 mm。所贴胶布层数,按各轴封、汽封的径向间隙标准的上下值分别加减一层,按汽封齿尖高低紧贴在汽封块上,并按转子转动方向增加胶布层数。

③轴封、汽封块的胶布必须贴牢、贴服,不得有脱空、拱起、毛边等现象。

④吊入吹扫干净的转子,在转子汽封处涂上少许红丹,盘动转子一周后吊开,再逐级、逐块进行检查,做好详细记录,同时抽测胶布厚度。

⑤全部轴封、汽封所贴胶布,必须经质监人员和技术人员验收后,方可拆去胶布。

汽封间隙不合格时,应进行调整。调整方法为:捻打、车削汽封块内弧凸肩或修刮汽封齿,可以改变汽封齿的径向间隙。

(4) 轴封、汽封轴向间隙的测量和调整

轴封、汽封轴向间隙的测量和调整应结合通流部分动静间隙同时进行,测量方法也相同。

若同一轴封体内各道汽封均需向同一个方向移动相同值,可调整轴封体的轴向调整垫片,应注意使轴封体的轴向膨胀间隙同时符合要求。

若同一轴封体内只有个别汽封块轴向位置不对,则将该汽封块一侧车去调整量,另一侧点焊(三点)补偿车去的量,并锉修平整。

隔板汽封轴向间隙不符合标准时,应结合通流部分动静间隙进行调整,可移动隔板的轴向位置,也可以只调整汽封块的轴向位置。

7. 汽封检修过程中特殊问题的处理方法

(1) 汽封块锈死的处理方法

汽封块锈死、拆卸不动的现象在检修过程中经常遇到。无论如何敲击汽封块、喷洒各种松动剂都无效果,汽封块和汽封槽道之间已经锈死。在这种情况下,汽封块的拆卸只能采取破坏性措施。用装有定位极限和切割片的角向磨光机,将汽封块劈开成两半或三半,然后敲击或用铜棒砸出。

(2)上半部汽封定位销锈死的处理方法

①轴向固定式汽封

由于其定位螺栓是一根穿透各圈汽封的长螺栓,敲击旋出比较困难,一般情况下锈死的概率比较大,而且锈死后只有钻出来是唯一的选择。钻出又细又长的螺栓比较困难,可以采取焊接加长杆钻头,螺栓孔本身是一段一段的,铁屑会随着钻出孔部分的漏孔处排出。

②压销固定式汽封

如果压销螺栓锈死,采取钻取的方法比较方便,若条件允许,应将汽封套运到装有固定摇臂钻的地方去钻取压销螺栓。如果检修现场有磁座钻,也可以在现场钻取。将上半部汽封套翻过来,使接合面处于水平位置,汽封套下部要垫平稳,在汽封套接合面中吸附磁座钻,将压销螺栓中心找到,用中心钻钻出中心孔,换上合适的钻头。一般钻头直径比螺栓齿根径小 1~1.5 mm,钻孔深度要与螺栓长度基本相同。内孔钻够深度后,将螺纹向孔中心砸,使得螺栓外径明显变小,再将螺栓旋出。清理螺孔,并用丝锥过一遍后再清扫。

二、盘车装置检修

1. 概述

盘车装置是带动机组轴系缓慢转动的机械装置。机组停机后的盘车,使转子连续转动,避免因汽缸自然冷却造成的上、下温差使转子弯曲。机组必须在盘车状态下才能冲转,否则无法启动;机组冲转前盘车,使转子连续转动,避免因阀门漏汽和汽封送汽等因素造成的温差使转子弯曲;较长时间的连续盘车可以消除转子因停机长期停运和存放或其他原因引起的非永久性弯曲。

盘车装置安装在汽轮机和发电机之间的轴承座上,由电动机和齿轮系组成,这个齿轮系由电动机通过一个无声链驱动,在齿轮箱中的一个可移动小齿轮与套在汽轮机转子联轴器法兰上的齿圈啮合,冲动时,可移动小齿轮,借助于碰击齿轮在没有冲击的情况下立即脱开,并闭锁,不再投入。当转速下降到预定值时,盘车装置将自动投入。盘车类型一般为交流伺服电机驱动,自动脱开及啮合,盘车转速为1.5 转/分。

2. 解体

(1)拆除供油管和相应法兰。

(2)拆除盘车装置的安装用螺栓。

(3)拆解盘车装置,将盘车装置起吊放置在专用支架上,禁止啮合齿轮与地板接触。

(4)移去链盖,移去操作把和盖子,测量记录驱动链的偏差。

(5)拆卸内齿轮,把盘车装置上部转向下,把盘车装置放在支架上。

(6)齿隙测量:在一侧固定齿轮轴,在另一个齿轮面长度方向的中间安装一指示表,通过指示表测量齿轮轴的间隙。

(7)测量记录齿接点:对互锁齿轮负荷齿轮面侧的所有侧面刷上深蓝色或红丹,转动齿轮,让深蓝色面朝向其他控制方向的齿轮齿,检查其他齿轮齿面蓝色标记的形状和尺寸。

(8)测量并记录轴和轴套筒间的间隙,拆解空转齿轮和啮合齿轮。

(9)测量并记录轴和套筒间的间隙:用外径千分尺测量并记录每根轴的直径,用柱形表或内径千分尺测量并记录每个套筒的直径,计算轴和套筒间隙并记录。

3. 检查测量和修理装复

(1)装复的顺序按解体时逆向顺序进行。

(2)盘车装置装复后,测量电机联轴器中心。

(3)装复试验工作。

第七节　汽轮机常见故障及案例分析

一、汽轮机常见故障

1. 汽缸热变形

汽缸热变形是由上、下缸温差和法兰变形引起的。一般上、下缸最大温差发生在调节级区域。因上缸温度高于下缸温度,上缸的热变形量大于下缸,这就引起汽缸向上拱起,出现拱背变形,使下缸底部动静体之间的顶隙减小,甚至发生动静体摩擦。所以停机后应及时将盘车装置投入其中,以减小上、下缸温差。

上、下缸温差产生的原因有:

(1) 由于下缸布置有抽汽和疏水管道等,因而上、下缸具有不同的散热面积和重量。在相同加热或冷却条件下,上缸温度要比下缸高。

(2) 汽轮机内部因蒸汽上升凝结时的放热大于凝结水下流时的放热,又因汽轮机 0 m 层气温比运行层低,致使汽缸外部的冷空气由下而上流动而冷却下缸。这样在汽缸内外形成的水气流动,致使上缸的温度高于下缸。

(3) 下缸保温条件较差,又连接有抽汽管道等,这不但使保温层不易严密,而且保温层也易脱落,致使下缸散热较快。

为了控制上、下缸温差在规定范围内,在起动时,必须严格控制温升速度;应尽可能同时投入高压加热器,下缸的疏水门应开足;安装时,下缸应采用优质保温材料,或加厚下缸的保温层厚度。此外,应设法改进保温结构,以改善下缸表面的贴合,避免脱落。还可在下缸下部装设挡风板,以减小对流通风对下缸的冷却。

运行中应注意:

(1) 汽缸变形时,可能造成汽缸水平或垂直接合面不严密而漏汽。这种漏汽多发生在高、低压端轴封附近。有时也会导致因蒸汽漏入轴承中而使润滑迅速受到破坏。

(2) 低压缸变形可能造成空气漏入凝汽器,使真空遭受破坏。

(3) 汽缸变形严重时,会造成轴封的磨损和汽缸内动静部分的碰撞,并使机组的振动加大。

造成汽缸变形的原因有:

(1) 运行时,汽缸温度长时间超过材料允许温度。

(2) 汽缸隔板与汽缸内壁的顶隙过小,使隔板膨胀时顶住汽缸。

(3) 汽缸外部的保温材料不好或部分脱落,造成汽缸各部分温度偏差过大;或冬季在汽轮机车间打开了一扇窗户,使冷风吹到汽缸一侧。

(4) 滑销卡涩,不能保证汽缸的正常膨胀。

当出现如下情况时,汽缸容易发生裂纹:

(1) 汽缸材料质量不好,尤其是老、旧汽轮机的铸铁材料因蠕胀而裂开。

(2) 汽轮机运行方式不合理,如:在暖机不良的情况下开机;负荷经常剧烈变动;汽轮机常受水冲击;排汽温度过高时,汽缸突然受冷(如循环水泵停止工作导致真空过低,排汽温度较高时,突然又投入循环水泵)。

(3)汽轮机长期剧烈地振动。

(4)转动部件损伤后,强力地冲击汽缸。

汽缸出现裂纹后,往往首先使汽缸保温材料局部潮湿、渗水,然后逐渐漏汽;低压汽缸出现裂纹会漏入空气,使真空下降。

鉴于以上各种造成汽缸损伤的原因,在汽轮机运行中应注意以下几点:

(1)按汽缸材料和结构特点,科学地规定其工作最高温度界限,运行时注意,不允许长时间超过此温度。

(2)定期监视汽缸各处的热膨胀值。

(3)尽量防止汽轮机运行方式的剧烈变化。

(4)保持滑销的清洁,不允许有油污卡涩。

(5)经常监视汽缸接合面有无漏汽、渗水现象。

(6)保持汽缸保温良好并尽量防止严冬时冷风吹至汽缸一侧。

(7)经常注意机组各处的振动和异音,发现异常,及时分析处理。

大容量中间再热式汽轮机的高中压汽缸的水平法兰厚度约为汽缸壁厚的4倍,因此法兰的变形会影响汽缸的变形。在起动时,法兰处于单向加热状态,其内外壁会形成明显的温差,这除了会引起热应力外,还会沿法兰的垂直和水平方向引起热变形。尤其是法兰的水平变形,往往会影响到汽缸横截面的变形,对汽轮机的安全威胁较大。

起动时,由于法兰内侧的温度高于外侧,其内侧的热膨胀值大于外侧,使得法兰在水平方向发生热变形。法兰的这种变形又会影响到汽缸各横截面的变形,汽缸中间段横截面变成了立椭圆,即垂直方向直径大于水平方向直径,而且上、下法兰间产生内张口;而汽缸前后两端横截面则变形为横椭圆,即水平方向直径大于垂直方向直径,而且上、下法兰间产生外张口。前者使水平方向动静部分顶隙变小,后者使垂直方向顶隙减小。如果法兰热变形过大,就有可能引起动静体间的摩擦,同时还会使法兰接合面局部发生塑性变形,上、下缸接合面出现永久性的内外张口,这样就会出现法兰接合面漏汽、螺栓被拉断或螺母接合面被压坏等现象。为了使法兰内、外壁的温差控制在 80～100 ℃ 以内,在起动时要控制好温升速度,而且要正确使用法兰螺栓加热装置。

上、下缸温差会使汽缸发生拱背变形,同样会引起转子的热变形。转子在其热挠度较大的情况下起动,不仅可产生动静体间的摩擦,其偏心值产生的不平衡离心力也将使汽轮机发电机组产生剧烈振动。因此,对转子的热挠度有非常严格的限制。起动盘车时,转子偏心值应不超过 0.25 mm;机组冲转时,转子的偏心值应小于 0.05 mm。然而,转子的最大弯曲偏心值不易直接测量,现场通常用装在轴径附近某处的千分表测量其挠度来计算。

2. 通流部分积垢及损伤

汽轮机的通流部分是指汽轮机内部喷嘴、静叶和动叶所组成的蒸汽流通部分。通流部分的工作状况是直接影响机组安全和经济运行的关键,应予以足够重视。

(1) 冲蚀

冲蚀是蒸汽对喷嘴、静叶片、动叶片表面的一种机械性损坏。冲蚀现象一般在汽轮机低压段较严重,这是因为汽轮机低压段蒸汽湿度越来越大,在后几级中有小水珠和较大的水滴出现,这些水珠和水滴被高速蒸汽携带着流过喷嘴、静叶片和动叶片表面,使它们表面受到严重的撞击、侵蚀。这种冲蚀现象使得喷嘴、叶片表面变得粗糙,增大了汽流的摩擦损失,严重时可把叶片冲刷出一定深度的凹痕及缺口,使叶片强度降低。喷嘴和叶片被冲蚀的程度与蒸汽的体积、质量和湿度有关,蒸汽的湿度越大,含盐量(指蒸汽中含有的碳酸钙、碳酸钠等)越多,其冲蚀越严重。

另外,由于水珠的重量大,被蒸汽带动时其流速小于蒸汽的流速,所以进入动叶时的相对速度方向与蒸汽不一致,水珠的相对进入角大于蒸汽,因而打到叶片的背面,以致低压段动叶片背面的顶部受到严重的冲蚀。

高压段叶片被冲蚀的可能性较小,这是因为高压段长期在过热蒸汽下工作,不存在水滴。但是,有些机组因经常操作不合理或蒸汽品质长期不合格,也会造成高压段严重的冲蚀。高压段被冲蚀的原因如下:

①进入汽轮机的新蒸汽质量长期不符合要求,如汽压、汽温过低和蒸汽中夹杂水分,以及气流长期以不正确的方向进入叶片和喷嘴。

②虽然蒸汽品质良好,但长期在低负荷下工作,焓降比较集中地发生在调节级,因此这一级喷嘴的射流速度比正常运行时高很多,不但喷嘴排汽口受到冲蚀,而且射入动叶片的进汽角也要改变,使叶片受到冲蚀。

一般情况下,减轻通流部分被冲蚀的办法为:对于高压段,要严格掌握锅炉和汽轮机的合理运行方式,保证汽轮机进汽压力和温度合格,含盐量最少,合理地调整汽轮机负荷,减少机组的起、停次数,尽量避免在低负荷下工作等;对于低压段,在低压端加装去湿装置,规定在一定负荷下打开低压汽缸疏水门以排出疏水,叶片使用强度大、质硬和耐冲蚀的材料,以及在叶片背面顶部镶装硬质合金等。

(2) 腐蚀

汽轮机通流部分的腐蚀,包括金属锈蚀和电化腐蚀。

金属锈蚀发生的主要原因是锅炉给水处理得不好,蒸汽内含有碱性或酸性物质使金属锈蚀。此外,最常见的是蒸汽内含有二氧化碳(CO_2)和空气,空气中的氧和二氧化碳起化学反应使金属锈蚀。如果蒸汽内含有氮的酸类,则对叶片的锈蚀作用更强,尤其在低压区会发生严重的锈蚀。如果蒸汽中含有氧化氮气体,也会使金属锈蚀,这时若还有二氧化碳,则锈蚀更为严重。另外,若停机后主汽门关不严,蒸汽漏入汽轮机,也会造成通流部分锈蚀。防止通流部分锈蚀的措施是:

①认真监督锅炉给水的品质,定时进行给水和蒸汽化验。

②主汽门必须关闭严密,停机后应打开汽缸疏水门。

③采用抗锈蚀的材料制造叶片。

电化腐蚀主要是由于外来的杂乱电流引起的,它的伤痕是针孔或虫蛀形孔。这种腐蚀多数伴随锈蚀现象发生。杂散电流的来源很多,一般是由于主轴在复杂散乱磁场中的电磁感应作用而引起的,也有可能是由励磁机和发电机转子上漏过来的直流电引起的。由于原因很难肯定,所以也难预防。但在机组检修时,尽量搞好励磁机和发电机的绝缘是很有必要的。

(3) 积垢

汽轮机的任何一级都有积垢的可能性。通流部分积垢,会造成以下不良影响:

①喷嘴、叶片表面由于积垢而变得粗糙,使汽流的摩擦损失加大,效率下降。

②由于通流部分积垢,汽流通流面积减小,使汽轮机功率减小。

③由于隔板上的喷嘴积垢,汽流通流面积减小,压力差增大,增大了隔板的弯曲应力。动叶上积垢,同样会增大叶轮前后的压力差,从而使转子上的轴向推力增大,严重时甚至会使推力瓦片的乌金熔化。

④有些水垢还有腐蚀作用,使叶片强度降低,导致叶片在工作时容易断裂。

通流部分积垢的原因主要是给水内含有大量的无机盐类,其来源是未经处理或处理不合要求的补充水。在中、低压锅炉中,无机盐类之所以会由蒸汽带走,主要原因是汽水分离效果不好,被潮湿蒸汽溶解。

在锅炉过热器内或蒸汽管道内沉积下来的水垢,当锅炉负荷变动或起动时,也会被蒸汽带出积在汽轮机的喷嘴和叶片上。当锅炉运行不正常时,例如汽包中发生泡沫、汽水共腾等现象,则使汽轮机有更多的积垢机会。因此,叶片积垢的问题不只是牵涉到锅炉补给水的纯度问题,还与锅炉的构造及运行有关。

汽轮机通流部分的积垢,一般动叶片比静叶片严重得多。分析其原因,主要是由于静叶中汽流速度大,蒸汽中带来的盐分不易聚积下来,而动叶片中蒸汽做功后流速下降,易于聚积。动叶片的积垢,还由于离心力的作用而使它的积沉厚度由叶根向叶顶不等。积垢的原因不同,其颜色和形状也不同,常见的一种白色积垢不但积聚在动叶上,甚至连整个转子凡有蒸汽达到的地方都会沉积,这种积垢多是由于补给水中所含的钠盐(钠、硫酸钠和氧化钠等)引起的。还有一种积垢,打开汽缸、转子,暴露在空气中颜色逐渐由无色变成白色,这是因为这种积垢的成分是氢氧化钠,在空气中会逐渐变成碳酸钠。

除白色积垢外,还有深色的积垢。有时会看到棕色像锈斑一样的积垢,这种积垢多半是铁的氧化物与其他盐类的混合物。

积垢的清除一定要根据积垢的成分来决定。可溶于水的积垢,可以用低温的湿蒸汽来清洗掉。这时汽轮机应减低负荷,以低速运转,然后进行冲洗。

湿蒸汽的获得,要根据锅炉情况而定,如果锅炉不能供给低温湿蒸汽,就要在主蒸汽管道上加装喷射凝结水制成湿蒸汽的冲洗装置。冲洗汽轮机时,应根据凝结水水质的化验确定冲洗的情况,开始时凝结水含盐量增多,但到一定时间后如果凝结水含盐量不再增加,则这时说明冲洗已经完毕。

对于不溶解于水的积垢,可用手工和机械方法清除,近年来也有用10%的氢氧化钠(烧碱)溶液加热清洗的,但使用这种方法一定要控制溶液的浓度,防止机件被腐蚀。

用这种方法清洗后,应将汽轮机内部用清水多次洗净。

(4)机械性损伤

①调节级的摩擦和碰撞

调节级喷嘴与动叶片的间隙虽然很小,但正常运行时它们之间发生摩擦、碰撞的机会却极为少见。因为在正常运行情况下,汽轮机转子的轴向推力方向总是由高压端向低压端的,转子的反方向位移只有在机组突然甩负荷、高压轴封严重损坏及调节级叶轮前因凝汽器抽吸作用而压力下降时才可能发生。

调节级喷嘴和动叶片发生摩擦、碰撞时,汽缸内部的声音及转子轴向位移都会发生显著变化,汽轮机运行人员发现这种情况时应果断行动,破坏真空紧急停机。

②压力级的机械性损伤

压力级的机械性损伤有两种:一种是由于隔板损伤引起的,另一种是由于动叶片损伤引起的。

隔板的损伤主要是发生变形、弯曲和裂纹。当发生这些故障时,会造成隔板轴封的损坏、隔板和叶片的摩擦和碰撞、汽轮机的轴向推力增加以及推力轴承损坏等。

汽轮机运行中,发现汽缸内部有间歇声响,轴承振动剧增,在接近额定负荷时,推力轴承温度升高,负荷降低后上述现象也随着消失,说明可能是隔板弯曲变形引起隔板轴封磨损。

隔板弯曲变形的原因,除了隔板机械强度或材料不合格、隔板在汽缸中留有的间隙不够等制造和安装上的原因外,也可能是由于运行不合理引起的。运行方面的原因分析如下:

a.隔板上静叶积垢严重,隔板前后压力差增大,将隔板压弯曲。

b.锅炉运行不好,进入汽轮机的蒸汽带水,由于水珠速度较蒸汽低而阻塞静叶通道,增大隔板前后压力差,将隔板压弯。

c.运行时间太久,铸铁隔板由于材料的蠕变而弯曲变形。一般汽轮机铸铁隔板在连续运行 50000~80000 h 后,便可能出现隔板材料金相组织变化,隔板胀大变形、弯曲。

隔板弯曲如果是暂时性的,可以适当地采用减少负荷、清洗积垢、在运行中防止水冲击事故等措施。但如果隔板的变形是永久性的,而且已使轴封间隙、隔板与叶轮之间的间隙减小到危险程度时,则必须停机检修。

隔板产生裂纹,多数是由于材料弹性疲劳引起的,运行中不易发现,只有在运行情况逐渐恶化、汽耗率加大、轴封破坏、叶轮与隔板有显著的摩擦时,才能在运行中发现。

此外,隔板和叶片的机械性损伤,还可能是由于叶片或围带的折断部分、汽缸内部松动掉下的零件被蒸汽冲动而打坏引起的;有时还因为推力轴承损坏、转子轴向位移,而使动叶片与隔板发生碰撞或摩擦等。这些情况可由汽轮机负荷变化时内部发生不正常的响声并随着转子轴向位移增大得知。发生这类问题时,必须紧急停机,进行检修。

3. 轴封损坏

轴封的间隙很小,除因检修、安装和结构方面造成的故障外,由于运行上的问题也可能使轴封损坏,影响汽轮机正常工作。

轴封损坏的主要表现:轴封信号管冒汽量异常增多,轴承润滑油中进水,轴封内部有碰触声响,严重时汽轮机振动加大。

造成轴封损伤的具体原因有:

(1)转子受热弯曲或永久变形,引起轴封磨损。多数情况是在停机不久转子热弯曲最大时再次起动所造成的。有时也可能是由于汽轮机的振动较大,使汽轮机轴的局部地方与轴封摩擦引起的。

(2)汽缸变形,轴封的某一侧磨损。

(3)汽缸保温不好、热膨胀不均匀,引起轴封的碰触、磨损。

(4)汽轮机长时间空转,排汽温度过高,突然又很快地升高负荷,使温度发生很大的变化,气缸很快被冷却,而下汽缸的支撑部分仍维持着较高的温度,这时轴封下半部将发生碰触、磨损并引起汽轮机的振动。

(5)由于积垢使轴封环卡死、失去弹性,在轴封发生碰触时轴封片没有退让的作用。

(6)由于不遵守汽轮机运行规程而引起转子和汽缸的不均匀热膨胀,使轴封磨损。

防止轴封损伤的办法有:

(1)汽轮机转子在弯曲或振动超过允许值的情况下不准运行。

(2)经常检查给水及蒸汽的品质,以防汽轮机内部结垢。

(3)不允许汽轮机运行工况经常发生剧烈的变化。

(4)经常注意保持汽缸的保温层完整。

(5)不允许汽轮机长时间空转及在排汽温度过高、排汽温度剧烈变化的情况下长时间运转。

(6)防止转子发生较大的轴向位移,轴向位移超过允许值时,必须迅速停机。

在运行中发现轴封有严重碰触和损坏的征象时,应采取果断措施,迅速停机检查。

4.转子大轴弯曲

汽轮机转子在制造前后都经过极为严格的检验,所以大轴由于制造原因产生的折断、变形是很少见的。但是,转子因运行操作不合理,发生事故的可能性却是有的。运行中转子发生的主要事故是大轴弯曲。

大轴弯曲的原因包括：

(1)汽轮机停机后,转子在冷却过程中,汽缸下部较汽缸上部冷却得快,形成汽缸上、下的温度差,这样,由于静止的转子上半部温度高于下半部,其热膨胀程度不同,使得大轴向上弯曲。在停机一段时间后(小型转子为 2~4 h,中型汽轮机为 3~10 h),转子向上弯曲值达到最大值。若超过这段时间,转子的弯曲值又逐渐减小,直到上、下缸温度一致时,转子又重新伸直。汽轮机从停机到大轴弯曲再到最大程度的时间要由试验得知。

对于没有连续盘车(电动盘车)装置的汽轮机,在转子弯曲较大的一段时间内是不允许起动的。因为这时起动将会使轴封磨损、叶轮、隔板、动叶之间发生摩擦和碰撞,甚至会引起很大的振动及转子的永久变形等严重故障。在特殊情况下,若必须起动汽轮机,则应当延长暖机升速和带负荷的时间。

(2)汽轮机起动时由于操作不合理(如转子在静止时暖机,长时间地向轴封送汽),造成汽缸内上、下温度不一致,引起转子弯曲变形。

(3)由于暖机不够充分,在转子热弯曲较大时起动汽轮机,导致大轴和轴封片摩擦,使大轴局部受热产生不均匀的热膨胀而引起轴的弯曲变形。由于轴的弯曲加剧了摩擦,使轴的弯曲力不断加大,当其弯曲力超过了材料的弹性限度,就会形成轴的永久变形。

(4)由于运行时振动较大,造成转子弯曲。发生这种情况时,其振动值是随着转速的升高而加大的。这时应立即停机,否则会造成轴、轴封、动叶片、叶轮和隔板的严重损坏。

(5)在制造和检修时,叶轮、轴套等套装件在轴上装配尺寸不对,紧力不合适,运行一段时间后,因轴内应力过大而弯曲变形。

预防大轴弯曲的措施:

(1)根据转子的结构特点,科学地制定规程,严格规定起动条件、操作程序、暖机升速、超越临界转速和带负荷的时间界限。

(2)明确规定热态起动时的注意事项、控制时间和操作方式。

(3)严禁在机组受到水冲击和振动较大的情况下继续运行。

(4)检修前后都要严格地检查转子的弯曲情况。当转子上更换零件时,一定要严格按规定尺寸装配,凡加热过的地方应设法消除应力。

5.主轴承和推力轴承故障

主轴承和推力轴承能否正常工作除了取决于它们的制造、安装和检修方面的质量外,还取决于汽轮机工况的变化和供油系统能否顺利地供油。运行中对主轴承和推力轴承的监视项目主要有轴瓦温度、润滑油进油情况和温度、轴承振动及其内部有无异音等。

主轴承故障:

(1)润滑油油量不足或中断,会引起轴承温度升高,严重时会使乌金熔化,其主要原因多是主油泵及供油管路出现故障。

(2)润滑油不清洁,油中有杂质带入轴承,导致破坏油膜使乌金熔化。

(3)轴承振动过大,引起乌金脱落或产生裂纹,破坏油膜。

(4)润滑油中有水,使油的黏性下降,进而在轴瓦内不能形成油膜。

(5)冷油器工作失常,使轴承进油温度过高。

(6)轴承外壳热变形过大,造成转子轴颈与轴瓦的接触面受力不均匀,并且使轴瓦沿长度方向上不能全面与轴颈接触,引起乌金部分磨损和发热。

推力轴承故障:

推力轴承出现故障的主要危害是使推力瓦片乌金熔化,这时应尽快去掉汽轮机的负荷并快速停机,否则将严重损坏到汽缸内的通流部分。

造成推力轴承故障的原因是轴向推力增加,使推力轴承过负荷,将推力瓦片的乌金熔化。轴向推力增加的原因很多,常见的有下述几点:

(1)当汽轮机发生水冲击时,大量水珠被蒸汽带入汽轮机,水珠对动叶片的轴向分力很大；同时由于水珠流速慢,堵塞了动叶通道,增加了动叶前后的压力差,使轴向推力加大。

(2)隔板轴封间隙增大,漏汽增多,使叶轮前后压力差加大。

(3)隔板接合面间隙过大,漏汽增多。

(4)动叶通道结垢,蒸汽通流面积减小,叶轮前后压力差加大。

(5)新蒸汽温度急剧下降,转子收缩快于汽缸,由于靠背轮对转子位移有制动作用,故推力轴承上承受的轴向推力增加。

(6)润滑油的供给系统不正常,必然造成推力轴承发生故障。

主轴承及推力轴承故障的预防措施:

(1)注意监视供油设备(主油泵、辅助油泵、冷油器、减压阀、溢油阀、油箱、注油器及油管)的工作是否正常。

(2)不断地监视轴承温度,特别是推力轴承温度,只要有少许的升高都可能使乌金熔化,发现轴承温度升高时,必须查明原因,予以消除。

(3)定时测量轴承的振动值和转子的轴向位移值,并注意汽轮机各监视段的压力变化,发现异常应查明原因,果断处理。

二、汽轮机故障案例分析

1. 事故经过

1994年2月13日,内蒙古某电厂2号炉过热器集汽联箱检查孔封头泄漏,2号机滑停检修。2月14日0时40分2号机加热装置暖管,0时55分负荷滑降至70 MW,倒轴封,1时00分停高加疏水泵,1时01分负荷降至50 MW,停2号低加疏水泵,1时03分发电机解列,1时07分汽轮机打闸,1时14分投盘车,1时25分停循环泵做防止进冷水、冷汽措施。惰走17分钟,盘车电流36 A,大轴晃动0.048 mm,高压内缸内壁温度406 ℃,高压外缸内壁上、下壁温分别为416 ℃、399 ℃,高压外缸外壁上、下壁温均为344 ℃,中压缸内壁上、下壁温分别为451 ℃、415 ℃。2月14日锅炉检修结束,21时00分点火升压。2月15日0时15分准备冲动。

冲动前2号汽轮机技术状况:大轴晃动0.05 mm,整体膨胀20 mm,中压缸膨胀12 mm,高压内缸胀差1.0 mm,中压缸胀差−0.3 mm,低压缸胀差−1.1 mm,高压内缸内壁上、下温差0,表指示温度均为282 ℃[高压内缸内上壁温度一个测点已坏(共4对测点元件),热工人员将上缸温度表电缆也接在了下缸温度测点上,因此实际指示的全是下缸温度],高压外缸上内壁温度 293 ℃,下缸内壁温度 293 ℃,中压缸上内壁温度 268 ℃,下缸内壁温度 210 ℃。润滑油压 0.11 MPa,油温 42 ℃,调速油压 1.8 MPa。

21 时 00 分轴封送汽管道暖管(汽源由 1 号机抽供),22 时 00 分轴封送汽,开电动主闸门旁路门暖管至主汽门前,22 时 15 分开电动主汽门,关旁路门,管道疏水倒疏扩,22 时 17 分投至 Ⅰ 级旁路(减温水未投)、Ⅱ 级旁路,22 时 40 分法兰加热管道暖管。

冲动前蒸汽参数:主汽温度:左侧 372 ℃,右侧 377 ℃;再热汽温度:左侧 340 ℃,右侧 340 ℃;主汽压力:左侧 2.7 MPa,右侧 2.7 MPa。

0 时 35 分开始冲动,0 时 37 分升速至 500 转/分,2 瓦振动超过 0.10 mm(最大到 0.13 mm),打闸停机,0 时 57 分转速到零投至盘车装置(惰走 7 分钟),盘车电流 34 A,大轴晃动指示 0.05 mm。

经全面检查未发现异常,厂领导询问情况后同意二次起动。

第二次冲动前 2 号汽轮机技术状况:大轴晃动 0.05 mm,高压缸胀差 2.5 mm,中压缸胀差 1.0 mm,低压缸胀差 2.7 mm,高压内缸上内壁温度 320 ℃,下缸内壁温度 320 ℃,中压上缸温度 219 ℃、下缸温度 127 ℃,串轴 -0.05 mm。真空 73.32 kPa,油温 40 ℃,调速油压 1.95 MPa,润滑油压 0.108 MPa。

第二次冲动的蒸汽参数:主汽温度:左侧 400 ℃,右侧 400 ℃;再热汽温度:左侧 290 ℃,右侧 290 ℃;主汽压力:左侧 3.5 MPa,右侧 3.5 MPa。

3 时 10 分冲动,3 时 12 分转至 500 r/min,2 瓦振动 0.027 mm,3 时 25 分转速升至 368 r/min,3 瓦振动 0.13 mm,立即打闸,开真空破坏门。3 时 40 分投盘车装置(惰走 15 分钟),盘车电流 34 A,做防止进冷汽措施,大轴晃动指示 0.05 mm。

6 时 30 分抄表发现晃动表指示不正常,通知检修处理(晃动表传杆磨损,长度不足且与大轴接触不良),9 时 0 分处理好,晃动传动杆处测的大轴实际晃动值 0.15 mm,确认大轴弯曲。

解体检查设备损坏情况:高压转子调节级处是最大弯曲点,最大弯曲值 0.39 mm,1~2 级复环铆钉有不同程度磨损,高压缸汽封 18 圈被磨,隔板汽封 9 圈被磨,磨损 3.5 mm,均需要更换。

2. 原因分析

2月14日机组停运后,汽轮机缸温406 ℃,锅炉的低温(350 ℃)蒸汽经轴封供汽漏入汽缸,汽缸受到冷却,大轴发生塑性弯曲(为防止粉仓自燃,2月17日锅炉点火烧粉压力升至0.5 MPa时,发现了轴封供汽门漏汽),解体检查发现轴封供汽门不严密。

第一次起机时和第二次起机前大轴晃动度指示一直为0.05 mm(实际上大轴晃动表传动杆已磨损,不能真实反映出大轴晃动的实际值),运行人员没有及时分析和发现大轴晃动表失灵,造成假象。

第一次冲动按规程热态升速,2瓦振动超过0.1 mm,最大至0.13 mm。打闸停机后在没有查清2瓦振动真正原因的情况下又决定第二次冲动,使转子弯曲进一步加大,停机盘车过程中发现有金属摩擦声。

3. 暴露问题

大轴晃度表传动杆磨损、损坏。在两次起机前大轴晃度值一直是0.05 mm,没有变化,起动时又没有确认大轴晃动表的准确性,误认为大轴晃度值0.05 mm为合格,反映出工作人员在工作中存在麻痹思想。

高压内缸内上壁一个温度测点元件损坏,热工就将其温度表电缆并接在高压内缸内下壁温度测点上,使得高压内缸内壁上、下温差不能真正地反映出来。

执行规程不严格。第一次起动过程中,2瓦振动超过0.1 mm(最大0.13 mm),打闸停机后,没有认真分析找出原因和进一步确定主要表计(如大轴晃度表、缸温记录表)的准确性,也没有采取一定的措施,盘车不足4小时,就盲目地进行第二次起动。

生产管理存在问题。如运行人员监盘抄表不认真、停机后维护质量差,致使在高压缸进入低温蒸汽后,缸温记录表不能反映出缸温的变化;运行人员分析能力差,停机后高压内缸内壁上、下温差一直为零,运行人员没有认真分析和及时发现问题;2号机大轴晃动表传动杆早已磨损,一直无人知道;轴封供汽门不严,未能及时处理。

参 考 文 献

[1] 赵鸿逵. 热力设备检修基础工艺[M]. 北京:中国电力出版社,2007.

[2] 崔元媛. 热力设备检修[M]. 北京:北京理工大学出版社,2014.

[3] 郝杰. 热力设备检修[M]. 北京:化学工业出版社,2012.

[4] 胡月红. 热力设备检修[M]. 北京:机械工业出版社,2012.

[5] 李润林,孙为民. 热力设备安装与检修[M]. 北京:中国电力出版社,2006.

[6] 郭延秋. 大型火电机组检修实用技术丛书:锅炉分册[M]. 北京:中国电力出版社,2006.

[7] 郭延秋. 大型火电机组检修实用技术丛书:汽轮机分册[M]. 北京:中国电力出版社,2003.